大学计算机规划教材

SQL Server 数据库技术及应用教程
（第 2 版）
（SQL Server 2016 版）

张治斌　主编

苏庭波　副主编

张红娟　郑伟　彭守旺　等编著

电子工业出版社

Publishing House of Electronics Industry

北京·BEIJING

内容简介

本书系统全面地讲解数据库技术的概念、原理及 SQL Server 2016 的应用，内容包括：数据库系统概述、数据模型、数据库设计、SQL Server 2016 基础、数据库的创建与管理、表的创建与管理、数据的输入与维护、数据查询、视图、索引、T-SQL 语言、游标和函数、存储过程、触发器、数据库的备份和还原、数据库的安全管理等。本书免费提供电子课件、源代码等教学资源，登录华信教育资源网（www.hxedu.com.cn）注册后下载。

本书内容丰富、结构清晰，讲解通俗易懂，在讲述基本知识的同时，注重操作技能和解决实际问题能力的培养。本书给出大量例题，并使用一个贯穿全书的"学籍管理系统"进行讲解，突出了实用性与专业性，使读者能够快速、准确、深入地学习 SQL Server 2016。本书适合作为高等学校本科和高职高专层次软件、网络、信息及计算机相关信息技术类专业的教材，也可作为等级考试、职业资格考试或认证考试等各种培训班的培训教材。

未经许可，不得以任何方式复制或抄袭本书之部分或全部内容。
版权所有，侵权必究。

图书在版编目（CIP）数据

SQL Server 数据库技术及应用教程：SQL Server 2016 版 / 张治斌主编. —2 版. —北京：电子工业出版社，2019.6
ISBN 978-7-121-36484-6

Ⅰ. ①S… Ⅱ. ①张… Ⅲ. ①关系数据库系统－高等学校－教材 Ⅳ. ①TP311.132.3

中国版本图书馆 CIP 数据核字（2019）第 089243 号

责任编辑：冉 哲
印　　刷：北京虎彩文化传播有限公司
装　　订：北京虎彩文化传播有限公司
出版发行：电子工业出版社
　　　　　北京市海淀区万寿路 173 信箱　邮编　100036
开　　本：787×1 092　1/16　印张：19.25　字数：492.8 千字
版　　次：2012 年 8 月第 1 版
　　　　　2019 年 6 月第 2 版
印　　次：2024 年 6 月第 4 次印刷
定　　价：52.00 元

凡所购买电子工业出版社图书有缺损问题，请向购买书店调换。若书店售缺，请与本社发行部联系，联系及邮购电话：(010) 88254888，88258888。
质量投诉请发邮件至 zlts@phei.com.cn，盗版侵权举报请发邮件至 dbqq@phei.com.cn。
本书咨询联系方式：ran@phei.com.cn。

前　　言

本书系统全面地讲解数据库技术的概念、原理及 SQL Server 2016 的应用。本书主要特点如下。

1．适合教师教学，学生学习

本书内容覆盖 SQL Server 2016 数据库技术应用的各个方面。除第 1、4 章之外，每章都包括教学内容、实训及习题三部分。教学内容部分介绍了 SQL Server 2016 的操作和使用方法，例题遵循由浅入深的原则，从简单数据库操作到复杂的程序编写，再到系统的建立与整合。实训部分一般先分析设计要求，再引导读者进行操作训练。最后通过习题部分让读者自己完成数据库的设计。采用这种组织方式，既符合教师讲课习惯，又便于学生学习。

2．适用面宽、实用性强

使用 SQL Server 2016，无论设计何种数据库应用，其基本方法和技巧都是相同的，主要区别在于编程语言的访问方式不同。本书所举案例的数据库操作方法适用于多种数据库编程语言，读者可以根据不同的需要设计出符合要求的数据库。

3．突出必需、够用的原则

本书在理论讲解方面以"必需、够用"为度，在知识结构方面精心编排，融"教、学、练、做"于一体。另外，除第 1、4 章之外本书每章都安排了例题、实训和习题，并且循序渐进，便于读者加深记忆和理解，也便于教师指导学生边学边练，学以致用。

4．例题丰富，便于理解和练习

本书内容充实、例题丰富、图文并茂、系统性强。每个知识点都配备了例题，使读者能够快速入门并理解和掌握。读者通过例题可以边学习边实践，快速、全面地掌握 SQL Server 的使用方法和技巧。

5．用一个项目贯穿全书

本书使用一个贯穿全书各个章节的"学籍管理系统"进行讲解，使读者全面、系统地掌握数据库系统的规划和设计方法，并将所学的数据库技术和程序设计方法加以综合应用。除第 1、4 章之外每章均安排了实训环节，实训完成之后其实就是完成了"学籍管理系统"的设计。

6．提供教学资源

为了便于教学，本书免费提供配套的电子课件、源代码等教学资源，可直接用于课堂教学，也方便自学。使用本书作为教材的教师可登录华信教育资源网（www.hxedu.com.cn）注册后下载。

本书由张治斌担任主编，苏庭波担任副主编，参加编写的作者有张治斌（第 1~5 章），苏庭波（第 6~8 章），韩建敏（第 9 章），张红娟（第 10、11 章），郑伟（第 12、15 章），彭守旺（第 13 章），刘瑞新、缪丽丽（第 14 章），全书由张治斌统稿。本书在编写过程中得到了许多同行的帮助和支持，在此表示感谢。由于作者水平有限，书中错误之处难免，欢迎读者对本书提出宝贵意见和建议。

本书适合作为高等学校本科和高职高专层次软件、网络、信息及计算机相关信息技术类专业的教材，也可作为等级考试、职业资格考试或认证考试等各种培训班的培训教材。

作　者

目 录

第 1 章　数据库系统概述 ··············· 1
1.1　数据库技术的发展历史 ············· 1
1.1.1　人工管理阶段 ················ 1
1.1.2　文件系统阶段 ················ 2
1.1.3　数据库系统阶段 ·············· 3
1.2　数据库系统的基本概念 ············· 4
1.3　数据库系统的结构 ················· 5
1.3.1　数据库系统的三级模式结构 ····· 5
1.3.2　数据库系统的二级映像 ········· 6
习题 1 ································· 7

第 2 章　数据模型 ······················· 9
2.1　现实世界、信息世界和计算机世界 ···· 9
2.1.1　现实世界 ···················· 9
2.1.2　信息世界 ··················· 10
2.1.3　计算机世界 ················· 10
2.1.4　三种世界的转换 ············· 11
2.2　概念模型 ························ 11
2.2.1　概念模型的基本概念 ········· 11
2.2.2　概念模型的表示 ············· 13
2.3　数据模型 ························ 16
2.3.1　数据模型的基本概念 ········· 16
2.3.2　常用的数据模型 ············· 17
2.4　关系模型 ························ 22
2.4.1　关系模型的组成 ············· 22
2.4.2　关系的数学定义 ············· 23
2.4.3　关系代数 ··················· 24
2.4.4　传统的集合运算 ············· 25
2.4.5　专门的关系运算 ············· 27
2.5　实训——学籍管理系统概念模型设计 ·· 29
习题 2 ································ 32

第 3 章　数据库设计 ···················· 34
3.1　规范化 ··························· 34
3.1.1　函数依赖 ··················· 34
3.1.2　范式 ······················· 35
3.2　数据库设计的特点 ················ 39
3.3　数据库设计的步骤 ················ 40
3.3.1　需求分析阶段 ··············· 40
3.3.2　概念结构设计阶段 ··········· 40
3.3.3　逻辑结构设计阶段 ··········· 41
3.3.4　物理结构设计阶段 ··········· 43
3.3.5　数据库实施阶段 ············· 43
3.3.6　数据库运行和维护阶段 ······· 44
3.4　关系型数据库管理系统 ············ 44
3.5　实训——学籍管理系统设计 ········ 45
习题 3 ································ 47

第 4 章　SQL Server 2016 基础 ··········· 50
4.1　SQL Server 2016 简介 ·············· 50
4.1.1　SQL Server 2016 新特点 ······· 50
4.1.2　SQL Server 2016 的版本介绍 ··· 52
4.2　SQL Server 2016 服务器组件和
　　　 管理工具 ·························· 52
4.2.1　服务器组件 ················· 53
4.2.2　管理工具 ··················· 53
4.3　安装 SQL Server 2016 ·············· 54
4.3.1　JDK 与 JRE 的下载、安装和
　　　　　 环境变量的设置 ············ 54
4.3.2　安装 SQL Server 2016 及其
　　　　　 组件 ······················ 58
4.3.3　启动 SQL Server 2016 服务 ···· 63
4.4　SQL Server 2016 的管理工具 ········ 63
4.4.1　SSMS ······················ 64
4.4.2　Navicat Premium ············ 65
习题 4 ································ 65

第 5 章　数据库的创建与管理 ············ 67
5.1　SQL Server 数据库基础知识 ········ 67

5.1.1　数据库常用对象 …………… 67
　　　5.1.2　系统数据库 ………………… 68
　　　5.1.3　文件和文件组 ……………… 68
　5.2　数据库的创建 …………………… 69
　　　5.2.1　使用 SSMS 创建数据库 …… 69
　　　5.2.2　使用 T-SQL 语句创建数据库 … 71
　5.3　查看和修改数据库 ……………… 75
　　　5.3.1　使用 SSMS 查看和修改
　　　　　　数据库 ………………………… 75
　　　5.3.2　使用 T-SQL 语句修改数据库 … 75
　5.4　删除数据库 ……………………… 78
　　　5.4.1　使用 SSMS 删除数据库 …… 78
　　　5.4.2　使用 T-SQL 语句删除数据库 … 79
　5.5　数据库操作 ……………………… 79
　　　5.5.1　分离数据库 ………………… 80
　　　5.5.2　附加数据库 ………………… 81
　　　5.5.3　数据库快照 ………………… 82
　5.6　实训——学籍管理系统中数据库的
　　　 创建 …………………………………… 83
　习题 5 ……………………………………… 84
第 6 章　表的创建与管理 ………………… 86
　6.1　表的基本概念 …………………… 86
　6.2　表的数据类型 …………………… 87
　6.3　设计表 …………………………… 92
　6.4　创建表 …………………………… 94
　　　6.4.1　使用 SSMS 创建表 ………… 95
　　　6.4.2　使用 T-SQL 语句创建表 …… 96
　6.5　修改表 …………………………… 99
　　　6.5.1　使用 SSMS 修改表 ………… 99
　　　6.5.2　使用 T-SQL 语句修改表 …… 102
　6.6　删除表 …………………………… 104
　　　6.6.1　使用 SSMS 删除表 ………… 104
　　　6.6.2　使用 T-SQL 语句删除表 …… 105
　6.7　实训——学籍管理系统中表的创建 … 105
　习题 6 ……………………………………… 106
第 7 章　数据的输入与维护 ……………… 109
　7.1　向表中添加记录 ………………… 109
　　　7.1.1　使用 SSMS 向表中添加记录 … 109
　　　7.1.2　使用 T-SQL 语句向表中
　　　　　　添加记录 …………………… 110
　7.2　修改表中的记录 ………………… 111
　　　7.2.1　使用 SSMS 修改表中的记录 … 112
　　　7.2.2　使用 T-SQL 语句修改表中的
　　　　　　记录 ………………………… 112
　7.3　删除表中的记录 ………………… 113
　　　7.3.1　使用 SSMS 删除表中的
　　　　　　记录 ………………………… 113
　　　7.3.2　使用 T-SQL 语句删除表中的
　　　　　　记录 ………………………… 113
　7.4　实训——学籍管理系统中数据的
　　　 输入与维护 …………………………… 115
　习题 7 ……………………………………… 117
第 8 章　数据查询 ………………………… 119
　8.1　查询语句 ………………………… 119
　8.2　单表查询 ………………………… 120
　8.3　连接查询 ………………………… 130
　8.4　嵌套查询 ………………………… 133
　8.5　集合查询 ………………………… 138
　8.6　实训——学籍管理系统的查询操作 … 139
　习题 8 ……………………………………… 141
第 9 章　视图 ……………………………… 144
　9.1　视图的基础知识 ………………… 144
　　　9.1.1　视图的基本概念 …………… 144
　　　9.1.2　视图的优点和缺点 ………… 144
　9.2　创建视图 ………………………… 145
　　　9.2.1　使用 SSMS 创建视图 ……… 145
　　　9.2.2　使用 T-SQL 语句创建视图 … 146
　9.3　查询视图 ………………………… 147
　　　9.3.1　使用 SSMS 查询视图 ……… 147
　　　9.3.2　使用 T-SQL 语句查询视图 … 147
　9.4　查看视图信息 …………………… 148
　9.5　修改视图 ………………………… 149
　　　9.5.1　使用 SSMS 修改视图 ……… 149
　　　9.5.2　使用 T-SQL 语句修改视图 … 150
　9.6　通过视图修改表数据 …………… 151
　9.7　删除视图 ………………………… 152

9.7.1　使用 SSMS 删除视图·············152
　　9.7.2　使用 T-SQL 语句删除视图······152
9.8　实训——学籍管理系统中视图的
　　　创建···153
习题 9···154

第 10 章　索引·····································156

10.1　索引的基础知识·······························156
　　10.1.1　SQL Server 中数据的存储与
　　　　　　访问···································156
　　10.1.2　索引的优缺点·······················156
　　10.1.3　索引的分类··························157
　　10.1.4　建立索引的原则····················157
10.2　创建索引···158
　　10.2.1　使用 SSMS 创建索引············158
　　10.2.2　使用 T-SQL 语句创建索引·····160
10.3　查看和修改索引·······························161
　　10.3.1　使用 SSMS 查看和修改
　　　　　　索引·······································161
　　10.3.2　使用 T-SQL 语句查看和修
　　　　　　改索引···································162
10.4　统计索引···163
10.5　删除索引···164
　　10.5.1　使用 SSMS 删除索引············165
　　10.5.2　使用 T-SQL 语句删除索引·····165
10.6　实训——学籍管理系统中索引的
　　　创建···166
习题 10··167

第 11 章　T-SQL 语言、游标和函数······169

11.1　T-SQL 语言简介·······························169
　　11.1.1　SQL 语言与 T-SQL 语言········169
　　11.1.2　T-SQL 语言的构成·················169
11.2　注释符和标识符·······························170
　　11.2.1　注释符·································170
　　11.2.2　标识符·································171
11.3　常量与变量······································171
　　11.3.1　常量·····································172
　　11.3.2　变量·····································172
11.4　运算符与表达式·······························175

　　11.4.1　运算符·································175
　　11.4.2　表达式·································177
11.5　流程控制语句···································177
　　11.5.1　BEGIN…END 语句块············178
　　11.5.2　IF…ELSE 语句······················178
　　11.5.3　CASE 语句···························180
　　11.5.4　循环语句······························183
　　11.5.5　无条件转向语句·····················184
　　11.5.6　返回语句······························185
　　11.5.7　等待语句······························185
11.6　批处理与脚本···································186
　　11.6.1　批处理·································186
　　11.6.2　脚本·····································187
11.7　游标···188
　　11.7.1　声明游标······························188
　　11.7.2　使用游标······························190
11.8　函数···194
　　11.8.1　标量函数······························194
　　11.8.2　用户自定义函数·····················198
11.9　实训——学籍管理系统中用户自定义
　　　函数的设计···································204
习题 11··206

第 12 章　存储过程·······························207

12.1　存储过程的基本概念·························207
　　12.1.1　存储过程的定义与特点·········207
　　12.1.2　存储过程的类型·····················208
12.2　创建存储过程···································208
　　12.2.1　使用 SSMS 创建存储过程·····209
　　12.2.2　使用 T-SQL 语句创建存储
　　　　　　过程·······································209
12.3　执行存储过程···································212
　　12.3.1　执行不带参数的存储过程······212
　　12.3.2　执行带参数的存储过程·········213
12.4　查看存储过程···································214
　　12.4.1　使用 SSMS 查看存储过程·····214
　　12.4.2　使用系统存储过程查看
　　　　　　用户存储过程·························215
12.5　修改存储过程···································216
　　12.5.1　使用 SSMS 修改存储过程·····216

12.5.2 使用 T-SQL 语句修改存储
过程 217
12.6 删除存储过程 218
12.6.1 使用 SSMS 删除存储过程 218
12.6.2 使用 T-SQL 语句删除存储
过程 218
12.7 实训——学籍管理系统中存储过程的
设计 218
习题 12 220

第 13 章 触发器 221

13.1 触发器的基本概念 221
13.1.1 触发器的类型 221
13.1.2 触发器的优点 222
13.2 创建触发器 222
13.2.1 使用 SSMS 创建触发器 222
13.2.2 使用 T-SQL 语句创建
触发器 223
13.3 查看触发器 235
13.3.1 使用 SSMS 查看触发器
源代码 235
13.3.2 使用系统存储过程查看
触发器信息 236
13.4 修改触发器 237
13.4.1 使用 SSMS 修改触发器 237
13.4.2 使用 T-SQL 语句修改
触发器 237
13.5 禁用与启用触发器 238
13.5.1 使用 SSMS 禁用与启用
触发器 238
13.5.2 使用 T-SQL 语句禁用与启用
触发器 239
13.6 删除触发器 239
13.6.1 使用 SSMS 删除触发器 239
13.6.2 使用 T-SQL 语句删除
触发器 240
13.7 实训——学籍管理系统中触发器的
设计 240

习题 13 244

第 14 章 数据库的备份和还原 246

14.1 备份和还原的基本概念 246
14.1.1 备份和还原的必要性 246
14.1.2 数据库备份的基本概念 246
14.1.3 数据库还原的基本概念 248
14.2 备份数据库 248
14.2.1 创建备份设备 249
14.2.2 备份语句 251
14.2.3 使用 SSMS 备份数据库 253
14.3 还原数据库 255
14.3.1 使用 T-SQL 语句还原
数据库 255
14.3.2 使用 SSMS 还原数据库 256
14.4 实训——数据库的导入与导出 258
14.4.1 数据库表数据导出 258
14.4.2 数据库表数据导入 261
习题 14 263

第 15 章 数据库的安全管理 265

15.1 数据库的安全性 265
15.1.1 数据库系统的安全性 265
15.1.2 SQL Server 的安全机制 266
15.1.3 用户和角色管理 269
15.1.4 权限管理 282
15.2 数据库的完整性 285
15.2.1 数据完整性的基本概念 286
15.2.2 实体完整性的实现 287
15.2.3 域完整性的实现 289
15.2.4 参照完整性的实现 293
15.3 实训——学籍管理系统中的安全与
保护 297
习题 15 298

参考文献 300

第1章 数据库系统概述

数据库技术是计算机科学技术中发展最快的领域之一,也是应用最广泛的技术之一,已成为计算机信息系统与应用系统的核心技术和重要基础。

本章主要介绍数据库的基本知识,包括数据库的发展历史、概念描述、体系结构等。

1.1 数据库技术的发展历史

在 20 世纪 60 年代,随着数据处理自动化的发展,数据库技术应运而生。在计算机应用领域中,数据处理越来越占主导地位,数据库技术的应用也越来越广泛。数据库是数据管理的产物。数据管理是数据库的核心任务,内容包括对数据的分类、组织、编码、存储、检索和维护。从数据管理的角度看,数据库技术到目前共经历了人工管理阶段、文件系统阶段和数据库系统阶段。

1.1.1 人工管理阶段

人工管理阶段是指计算机诞生的初期,即 20 世纪 50 年代后期之前。这个时期的计算机主要用于科学计算。从硬件看,起初没有磁盘等直接存取的存储设备,后来可以将数据存储在磁带上;从软件看,没有操作系统和管理数据的软件,数据处理方式是批处理。那时的数据管理非常简单,通过大量的分类、比较和表格绘制的机器运行数百万个穿孔卡片或读写磁带来进行数据的处理和存储。

1. 人工管理阶段的数据管理的特点

这个时期的数据管理具有以下 4 个特点。

(1) 数据基本不保存

该时期的计算机主要应用于科学计算,由于技术限制,因此一般不需要将数据长期保存,只是在计算某个课题时将数据输入,用完后不保存原始数据,也不保存计算结果。

(2) 没有对数据进行管理的软件系统

程序员不仅要规定数据的逻辑结构,而且还要在程序中设计物理结构,包括存储结构、存取方法、输入/输出方式等。因此,程序中存取数据的子程序随着存储的改变而改变,数据与程序不具有一致性。卡片或磁带都只能顺序读取。

(3) 没有文件的概念

数据的组织方式必须由程序员自行设计。数据是面向应用的,一组数据只能对应一个程序。即使两个程序用到相同的数据,也必须各自定义、各自组织,数据无法共享、无法相互利用和互相参照,从而导致程序与程序之间有大量重复的数据。因此,程序与程序之间有大量的冗余数据,数据不能共享。

(4) 数据不具有独立性

当数据的逻辑结构或物理结构发生变化后,必须对程序做相应的修改,这就加重了程序员的负担。

2. 人工管理阶段程序与数据之间的关系

这个阶段程序与数据之间的关系如图 1-1 所示。

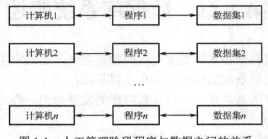

图 1-1　人工管理阶段程序与数据之间的关系

1.1.2　文件系统阶段

20 世纪 50 年代后期至 60 年代中期,这时在硬件方面,外存储器有了磁盘、磁鼓等直接存取的存储设备;在软件方面,操作系统中已经有了专门用于管理数据的软件,称为文件系统。在处理方式上,不仅有了批处理,还能够联机实时处理。

1. 文件系统阶段的数据管理的特点

这个时期的数据管理具有以下 4 个特点。

(1) 数据可以长期保存

由于计算机大量用于数据处理,经常对文件进行查询、修改、插入和删除等操作,因此,数据需要长期保留在外存储器中,便于反复操作。

(2) 由文件系统管理数据

操作系统提供了文件管理功能和访问文件的存取方法,使得程序和数据之间有了数据存取的接口。程序可以通过文件名和数据打交道,不必再寻找数据的物理存放位置。至此,数据有了物理结构和逻辑结构的区别,但此时程序和数据之间的独立性尚不充分。

(3) 文件的形式已经多样化

由于已经有了直接存取的存储设备,文件也就不再局限于顺序文件,还有索引文件、链表文件等,因此,对文件的访问可以是顺序访问,也可以是直接访问。

(4) 数据具有一定的独立性

文件系统中的文件是为某个特定应用服务的,因此,系统不容易扩充,仍旧有大量的冗余数据,数据共享性差,独立性差。

2. 文件系统阶段程序与数据之间的关系

这个阶段程序与数据之间的关系如图 1-2 所示。

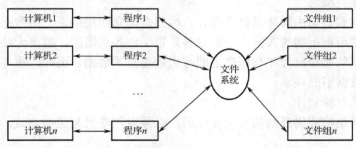

图 1-2　文件系统阶段程序与数据之间的关系

1.1.3 数据库系统阶段

数据库系统的萌芽出现于 20 世纪 60 年代。当时的计算机开始广泛地应用于数据管理，对数据的共享提出了越来越高的要求。由于传统的文件系统已经不能满足人们的需要，因此能够统一管理和共享数据的数据库系统便应运而生。在这个阶段中，数据库中的数据不再是面向某个应用或某个程序，而是面向整个企业或整个应用的，处理的数据量急剧增长。在硬件方面，磁盘容量越来越大，读写速度越来越快；在软件方面，编制越来越复杂，功能越来越强大。在处理方式上，联机处理要求更多。

1. 数据库系统阶段的数据管理特点

这个时期的数据管理具有以下 4 个特点。

（1）采用复杂的结构化的数据模型

数据库系统不仅要描述数据本身，还要描述数据之间的联系。这种联系是通过存取路径来实现的。数据结构化是数据库系统与文件系统的根本区别。

（2）较高的数据独立性

数据和程序彼此独立，数据存储结构的变化尽量不影响用户程序的使用。数据与程序的独立把数据的定义从程序中分离出去，加上数据由数据库系统管理，从而简化了程序的编制和减轻了程序员的负担。

（3）最低的冗余度

数据库系统中的重复数据被减到最低程度，这样，在有限的存储空间内可以存放更多的数据，并缩短存取时间。数据冗余度低，共享性高，易于扩充。

（4）数据控制功能

数据库系统具有数据的安全性，以防止数据的丢失和被非法使用；具有数据的完整性，以保护数据的正确性、有效性和相容性；具有数据的并发控制，避免并发程序之间的相互干扰；具有数据的恢复功能，在数据库被破坏或数据不可靠时，系统有能力把数据库恢复到最近某个时刻的正确状态。

2. 数据库系统阶段程序与数据之间的关系

这个阶段的程序与数据之间的关系如图 1-3 所示。

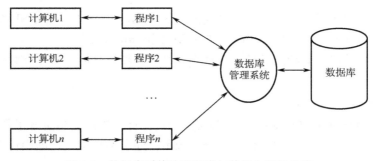

图 1-3 数据库系统阶段程序与数据之间的关系

事实上，只要有大量的信息需要处理，需要大量数据支持工作，都可以使用数据库技术。

1.2 数据库系统的基本概念

数据库系统作为信息系统的核心和基础，涉及一些常用的术语和基本概念。

1. 数据

数据（Data）是数据库中存储的基本对象。数据不仅仅指的是具体的数字和文字，还包括图形图像、声音、人的身体状况记录、计算机运行情况等，这些形式的数据经过数字化后都可以存储到计算机中。因此，数据是人们用各种物理符号把信息按一定格式记载下来的有意义的符号组合。

例如，学生张斌的数据库系统考试成绩为 93 分，93 就是数据。学生张斌还有学号、姓名、性别、出生日期、学院名称等信息。所以可这样来描述该学生：

（2019230065，张斌，女，2001-10-9，计算机学院）

这些描述也是数据，它们都可以经过数据化处理后被计算机识别。通过这些数据可以掌握该学生的基本信息，却无法正确理解数据的含义，例如，数据 2019230065 的含义是学号还是身份证号，从数据中无法知道。可见，数据的形式还不能完全表达其内容，需要解释。因此，数据和关于数据的解释是不可分的。数据的解释是指对数据含义的说明，称为数据的语义。数据与其语义是不可分的。

2. 数据库

数据库（DataBase，简称 DB），即存放数据的仓库。这个仓库就是计算机存储设备。数据库中的数据并不是简单的堆积，数据之间是相互关联的。严格地讲，数据库是长期存储在计算机内的、有组织的、可共享的大量数据的集合。数据库中的数据按照一定的数据模型组织、描述和存储，具有较小的冗余度、较高的数据独立性和易扩展性，并可为各种用户共享。

3. 数据库管理系统

数据库管理系统（DataBase Management System，简称 DBMS）是专门用于管理数据库的计算机系统软件，介于应用程序与操作系统之间，是一层数据管理软件。数据库管理系统能够为数据库提供数据的定义、建立、维护、查询和统计等操作功能，并实现对数据完整性、安全性进行控制的功能。

现今广泛使用的数据库管理系统有微软公司的 Microsoft SQL Server 和 Microsoft Access，甲骨文公司的 Oracle 和 MySQL，IBM 公司的 DB2 和 Informix 等。

数据库管理系统的主要功能包括：数据库定义、数据库存取、数据库管理、数据库建立和维护。

4. 数据库系统

数据库系统（DataBase System，简称 DBS）是指在计算机系统中引入了数据库后的系统，由计算机硬件、操作系统、数据库管理系统、应用程序和用户构成，即由计算机硬件、软件和使用人员构成。数据库系统是一个计算机应用系统。

计算机硬件是数据库系统的物质基础，是存储数据库及运行数据库管理系统的硬件资源，主要包括主机、存储设备、I/O 通道等，以及计算机网络环境。

软件主要包括操作系统及数据库管理系统本身。此外，为了开发应用程序，还需要各种高级语言及其编译系统，以及各种以数据库管理系统为核心的应用程序开发工具。

数据库管理系统是负责数据库存取、维护和管理的系统软件，是数据库系统的核心，其功能的强弱是衡量数据库系统性能优劣的主要指标。

数据库中的数据由数据库管理系统进行统一管理和控制，用户对数据库进行的各种操作都是由数据库管理系统实现的。

应用程序（Application）是在数据库管理系统的基础上，由用户根据应用的实际需要开发的、处理特定业务的程序。

用户（User）是指管理、开发、使用数据库系统的所有人员，通常包括数据库管理员（DBA）、程序员和终端用户。

综上所述，在数据库系统中，数据库中包含的数据是存储在存储介质上的数据文件的集合；每个用户均可使用其中的部分数据，不同用户使用的数据可以重叠，同一组数据可以为多个用户共享；数据库管理系统为用户提供对数据的存储组织、操作管理功能；用户通过数据库管理系统和应用程序实现数据库系统的操作与应用。数据库强调的是数据，数据库管理系统强调的是系统软件，数据库系统强调的是系统。

数据库系统在整个计算机系统中的地位如图 1-4 所示。

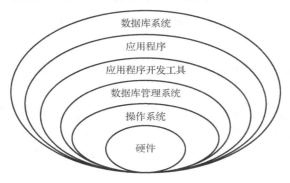

图 1-4 数据库系统在整个计算机系统中的地位

1.3 数据库系统的结构

数据库系统虽然是一个庞大、复杂的系统，但它有一个总的框架。虽然数据库系统软件产品众多，建立在不同的操作系统之上，但从数据库系统管理角度看，数据库系统通常采用三级模式结构。这是数据库管理系统内部的系统结构。

1.3.1 数据库系统的三级模式结构

数据库系统通常采用三级模式结构：模式、外模式和内模式，如图 1-5 所示。

1．模式

模式也称为逻辑模式，是对数据库中全体数据的逻辑结构和特征的描述，是所有用户的公共数据视图。

模式是数据库系统模式结构的中间层，既不涉及数据的物理存储细节和硬件环境，也与具体的应用程序和开发工具无关。模式实际上是数据库数据在逻辑级上的视图。一个数据库只能有一个模式。数据库模式以某种数据模型为基础，综合考虑了所有用户的需求，并将这些需求有机地整合成一个逻辑整体。模式只是对数据库结构的一种描述，而不是数据库本身，是装配数据的一个框架。例如，数据记录由哪些数据项构成，数据项的名字、类型、取值范围等，而且要定义数据之间的联系，定义与数据有关的安全性、完整性要求。

数据库系统提供模式描述语言（模式DDL）来严格地表示这些内容。

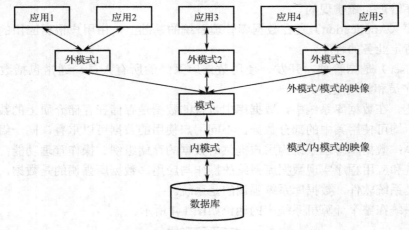

图1-5 数据库系统的三级模式结构

2．外模式

外模式也称为子模式或用户模式，是数据库用户看到的数据视图，是与某个应用有关的数据的逻辑表示。

外模式是模式的子集，它是每个用户的数据视图。由于不同用户的需求不同，看待数据的方式不同，对数据的要求不同，使用的程序设计语言也不同，因此不同用户的外模式描述是不同的。即使是模式中的同一个数据，在外模式中的结构、类型、保密级别等方面都可以不同。一个数据库可以有多个外模式。

数据库系统提供外模式描述语言（外模式DDL）来描述用户数据视图。

3．内模式

内模式也称为存储模式，是数据在数据库系统内部的表示或底层的描述，即对数据库物理结构和存储方式的描述。

一个数据库只能有一个内模式。例如，记录的存储方式是顺序存储、链式存储还是按哈希（Hash）方式存储；索引按照什么方式组织；数据是否压缩，是否加密等。

数据库系统提供内模式描述语言（内模式DDL）来描述数据库的物理存储。

1.3.2 数据库系统的二级映像

数据库系统的三级模式是对数据的三个抽象级别，它把数据的具体组织留给DBMS管理，使用户能逻辑地、抽象地处理数据，而不必关心数据在计算机中的表示和存储。为了实现这三个层次上的联系和转换，数据库系统在这三级模式中提供了两层映像：外模式/模式的映像和模式/内模式的映像。

1．外模式/模式的映像

模式描述的是数据的全局逻辑结构，外模式描述的是数据的局部逻辑结构。对于每个外模式，数据库都有一个外模式/模式的映像，它定义并保证了外模式与模式之间的对应关系。这些映像定义通常包含在各自的外模式中。

当模式改变时（例如，增加新的关系、新的属性、改变属性数据类型等），外模式/模式的映像要进行相应的改变（由 DBA 负责），以保证外模式保持不变。应用程序是根据数据的外模式编写的，因此应用程序不必修改，保证了数据与程序的逻辑独立性，即数据的逻辑独立性。

2. 模式/内模式的映像

数据库的内模式依赖于它的全局逻辑结构，即模式。因为一个数据库只有一个模式，也只有一个内模式，所以模式/内模式的映像也是唯一的。它定义并保证了模式与内模式之间的对应关系。

如果数据库的存储结构改变了，那么模式/内模式的映像也必须进行相应的修改（仍由 DBA 负责），使得模式保持不变，保证数据与程序的物理独立性，即数据的物理独立性。

正是由于上述二级映像功能，才使得数据库系统中的数据具有较高的逻辑独立性和物理独立性。二级映像保证了数据库外模式的稳定性，从而从底层保证了应用程序的稳定性。数据与程序之间的独立性使得数据的存取由 DBMS 管理，用户不必考虑存取路径等细节，从而简化了应用程序的编制，大大减少了应用程序的维护和修改工作。

习题 1

一、选择题

1. 在下面所列出的条目中，数据库管理系统的基本功能是_____。
   A．数据库定义　　　　　　　　B．数据库的建立和维护
   C．数据库存取　　　　　　　　D．数据库和网络中其他软件系统的通信
2. 在数据库的三级模式结构中，内模式有_____。
   A．1 个　　　B．2 个　　　C．3 个　　　D．任意多个
3. 在下面列出的条目中，数据库技术的主要特点是_____。
   A．数据的结构化　　　　　　　B．数据的冗余度小
   C．较高的数据独立性　　　　　D．程序的标准化
4. _____是按照一定的数据模型组织的，长期存储在计算机内，可为多个用户共享的数据的聚集。
   A．数据库系统　　　　　　　　B．数据库
   C．关系数据库　　　　　　　　D．数据库管理系统
5. 数据库（DB）、数据库系统（DBS）、数据库管理系统（DBMS）三者之间的关系，正确的表述是_____。
   A．DB 和 DBS 都是 DBMS 的一部分
   B．DBMS 和 DB 都是 DBS 的一部分
   C．DB 是 DBMS 的一部分
   D．DBMS 包括 DBS 和 DB
6. 用于描述数据库中数据的物理结构的是_____。
   A．逻辑模式　　　　　　　　　B．用户模式
   C．存储模式　　　　　　　　　D．概念模式

7. 用于描述数据库中全体数据的逻辑结构和特征的是_____。
   A．公共数据视图　　　　　　　　B．外部数据视图
   C．内模式　　　　　　　　　　　D．存储模式
8. 用于描述数据库中数据库用户能够看得见和使用的局部数据的逻辑结构和特征的是_____。
   A．逻辑模式　　B．外模式　　C．内模式　　D．概念模式
9. 数据库三级模式体系结构的划分，有利于保持数据库的_____。
   A．数据对立性　　B．数据安全性　　C．结构规范化　　D．操作可行性

二、问答题

1. 什么是数据？数据有什么特征？数据和信息有什么关系？
2. 什么是数据库？数据库中的数据有什么特点？
3. 什么是数据库管理系统？它的主要功能是什么？
4. 什么是数据的整体性？什么是数据的共享性？为什么要使数据有整体性和共享性？
5. 试述数据库系统的三级模式结构及每级模式的作用。
6. 什么是数据的独立性？数据库系统中为什么能具有数据独立性？
7. 试述数据库系统中的二级映像技术及其作用。
8. 数据库设计过程包括几个主要阶段？

第2章 数 据 模 型

数据库不仅反映数据本身所表达的内容，而且还反映数据之间的联系。因为计算机不能直接处理现实世界中的具体事物，所以人们必须事先将具体事物转换成计算机能够处理的数据。在数据库系统的形式化结构中如何抽象、表示、处理现实世界中的信息和数据呢？这就是数据库的数据模型。通过数据模型这个工具可以抽象、表示和处理现实世界中的信息和数据。现今的数据库，基本上都是关系数据库。关系数据库应用数学方法来处理数据库中的数据。

本章主要介绍三种世界的概念，概念模型（E-R 图）和数据模型，以及关系模型和关系数据库。

2.1 现实世界、信息世界和计算机世界

在信息社会中，信息资源构成社会信息化的物质基础。信息（Information）就是通过各种方式传播的能被感受的声音、文字、图像、符号等。简单地说，信息就是新的、有用的事实和知识。

信息需要载体才能表示，例如，考试的分数信息用数字"93"表示，"93"就是数据。对每个人来说，"信息"和"数据"是两种非常重要的东西。"信息"可以告诉人们有用的事实和知识，"数据"可以更有效地表示、存储和抽取信息。信息和数据是数据库管理的基本内容和对象。信息是现实世界事物状况的反映，通过加工，它可以用一系列数据来表示。

不同的领域，信息和数据的描述也有所不同。人们在研究、处理信息和数据的过程中，常常把信息和数据的转换分为三个领域——现实世界、信息世界、计算机世界。这三个领域间的转换过程就是将客观现实的信息反映到计算机数据库中的过程。

2.1.1 现实世界

现实世界（Real World）就是人们所能看到、接触到的世界。信息的现实世界是指人们要管理的客观存在的各种事物、事物之间的相互联系，以及事物的发生、变化过程。客观存在的世界就是现实世界，它不依赖于人们的思想。现实世界存在无数事物，每个客观存在的事物都可以看作一个个体，每个个体都有属于自己的特征。例如，某个人有姓名、性别、年龄等特征。而不同的人，只会关心其中的一部分特征。并且，一定领域内的个体有着相同的特征。用户为了某种需要，必须将现实世界中的部分需求用数据库实现。此时，用户设定了需求及边界条件，这为整个转换提供了客观基础与初始启动环境。人们所见到的客观世界中的划定边界的一个部分环境就是现实世界。现实世界主要涉及以下 3 个概念。

1. **实体（Entity）**

现实世界中存在的可以相互区分的客观事物称为实体。例如，计算机、汽车、人。

2. **实体的特征（Entity Characteristic）**

每个实体都有自己的特征，利用实体的特征可以区别不同的实体。例如，计算机有型号、外观形状等特征，人有身高、体重等特征。现实世界就是通过每个实体的特征来相互区分的。

3. 实体集（Entity Set）及实体集间的联系（Relation）

具有相同特征或能用同样特征描述的实体的集合称为实体集。例如，所有老虎的实体集合就是老虎的实体集，所有人的实体集合就是人的实体集。

2.1.2 信息世界

信息世界（Information World）是现实世界在人们头脑中的反映。人们的思维以现实世界为基础，对事物进行选择、命名、分类等抽象工作之后，并用文字符号表示出来，就形成了信息世界。信息世界对现实世界的抽象重点在于数据框架性构造——数据结构，不拘泥于细节性的描述。信息世界主要涉及以下3个概念。

1. 实例（Example）

实体通过其特征的表示称为实例。实例与现实世界中的实体相对应。例如，学生赵金帅就是一个学生实体，这个学生实体就是一个学生的实例。

2. 属性（Attribute）

实体的特征在人们思想意识中形成的知识称为属性。一个实例可能拥有多个属性，其中能唯一标识实体的属性或属性集合称为码（Key）。每个属性的取值是有范围的，称为该属性的域（Domain）。属性与现实世界的特征相对应。例如，学生赵金帅有学号、姓名、性别、出生日期等属性。其中，由于学号能唯一标识该学生，因此学号就是该学生实例的码。性别的取值不是"男"就是"女"，则该属性的域就是（男，女）。

3. 对象（Object）及对象间的联系（Relation）

同类实例的集合称为对象，对象即为实体集中的实体用属性表示得出的信息集合。实体集之间的联系用对象联系表示。对象及对象之间的联系与现实世界的实体集及实体集之间的联系相对应。例如，所有学生实例的集合就是学生对象，即全体学生。每个学生之间都可能发生联系，例如，班干部和普通学生之间有管理联系。

按用户的观点对现实世界进行抽象，即对现实世界的数据信息进行建模，就得到概念模型（也称信息模型）。信息世界通过概念模型及过程模型、状态模型反映现实世界，它要能够准确、如实、全面地表示现实世界中的事物、事物间的联系和事物的变化情况。

2.1.3 计算机世界

计算机世界（Computer World）又称数据世界（Data World）。人们将信息世界中的信息经过抽象和组织，按照特定的数据结构（即数据模型）存储在计算机中，就形成了计算机世界。数据模型是一种模型，是对现实世界和信息世界数据特征的抽象。也就是说，数据模型是用来描述数据、组织数据和对数据进行操作的。通俗地讲，数据模型就是现实世界、信息世界的模拟。

计算机世界主要涉及以下4个概念。

1. 字段（Field）

用来标记实体的一个属性称为一个字段，它是可以命名的最小信息单位。例如，学生有学号、姓名、性别、出生日期等字段。字段与信息世界的属性相对应。

2. 记录（Record）

记录是有一定逻辑关系的字段的组合。它与信息世界中的实体（实例）相对应，一个记录可以描述一个实体。例如，某个学生的记录由他的学号（2015126503）、姓名（王胜利）、性别（男）、出生日期（1997年8月10日）等字段组成。一个记录在某个字段上的取值称为数据项（Item）。

3．文件（File）

文件是同一类记录的集合。它与信息世界中的对象相对应。

4．文件集（File Set）

文件集是若干文件的集合。计算机操作系统通过文件系统来组织和管理文件。文件集与信息世界中的对象集相对应。

文件系统通过对文件、目录、磁盘的管理，可以对文件的存储空间、读写权限等进行管理。

2.1.4 三种世界的转换

通常，人们首先将现实世界抽象为信息世界，然后将信息世界转换为计算机世界。也就是说，首先将现实世界中客观存在的事物及其联系抽象为某种信息结构，这种结构并不依赖于计算机系统，是人们认识的概念模型；然后再将概念模型转换为计算机上某个具体的DBMS支持的数据模型。这一转换过程如图2-1所示。

图2-1 信息的三种世界之间的转换

在转换过程中，每种世界都有自己的概念描述，但是它们之间又相互对应。三种世界之间的对应关系见表2-1。

表2-1 三种世界之间的对应关系

现 实 世 界	信 息 世 界	计算机世界
实体	对象或实例	记录
特征	属性	字段
实体集	对象或实体集	数据文件
实体间的联系	对象间的联系	数据间的联系
	概念模型	数据模型

2.2 概念模型

在把现实世界抽象为信息世界的过程中，实际上是抽象出现实系统中有应用价值的元素及其关联。这时所形成的信息结构就是概念模型。这种信息结构不依赖于具体的计算机系统。

2.2.1 概念模型的基本概念

概念模型用于信息世界的建模，是对现实世界的抽象和概括。它应真实、充分地反映现实世界中事物和事物之间的联系，有丰富的语义表达能力，能表达用户的各种需求，包括描述现实世界中各种事物及它们之间复杂的联系、用户对事物的处理要求和手段。概念模型是现实世界到信息世界的第一层抽象，是数据库设计人员进行数据库设计的有力工具，也是数据库设计人员和用户之间进行交流的语言。

因此，概念模型一方面应该具有较强的语义表达能力，能够方便、直接地表达应用中的各种语义知识；另一方面，还应该简单、清晰，易于用户理解。概念模型应很容易向各种数据模型转换，易于从概念模型导入到 DBMS 中成为有关的逻辑模型。概念模型不是某个 DBMS 支持的数据模型，而是概念级的模型。概念模型中主要涉及以下概念。

1．实体（Entity）

实体是可以互相区别的，具有相同性质、服从相同规则的一类事物（或概念）的抽象。实体可以是人，也可以是物，还可以是抽象的概念；可以指事物本身，也可以指事物之间的联系。概念模型中的实体其实是实体集中的一个实例，例如，一个学生、一门课、一次选课行为、学生和课程间的关系等都是实体。实体是信息世界的基本单位。

2．属性（Attribute）

实体所具有的某个特征称为属性。一个实体可以由多个属性来刻画，每个属性都有其取值范围和取值类型。例如，一个学生实体可以由学号、姓名、性别、出生日期、学院名称等属性组成，（2017210191，郭光明，男，1998-06-18，历史学院）这些属性值组合在一起表示了一个学生的基本情况。

3．码（Key）

能在一个实体集中唯一标识一个实体的属性称为码。码可以只包含一个属性，也可以同时包含多个属性。有多个码时，选择一个作为主码。最极端的一种情况就是所有属性组成主码，称为全码。

4．域（Domain）

某个（些）属性的取值范围称为该属性的域。例如，性别的域为（男，女），姓名的域为字符串集合，学院名称的域为学校所有学院名称的集合。

5．实体型（Entity Type）

具有相同属性的实体具有共同的特征和性质。用实体名及其属性名集合来抽象和刻画的同类实体称为实体型。例如，学生（学号，姓名，性别，出生日期，学院名称）是一个实体型。

6．实体集（Entity Set）

相同类型的实体集合称为实体集。例如，全体学生就是一个实体集。

7．联系（Relation）

现实世界的事物之间是有联系的，这种联系必然要在信息世界中加以反映。这些联系在信息世界中反映为实体（型）内部的联系和实体（型）之间的联系。实体（型）内部的联系主要表现在组成实体的属性之间的联系上。实体（型）之间的联系主要表现在不同实体集之间的联系上。

两个实体之间的联系有三种：一对一联系、一对多联系、多对多联系。

（1）一对一联系（1∶1）

设对于实体集 A 中的每个实体，实体集 B 中至多有一个实体与之联系，反之亦然，则称实体集 A 与实体集 B 具有一对一联系，记作 1∶1。例如，在通常情况下，一个公司只能有一个总经理，一个总经理也只能在一个公司任职，所以公司与总经理之间的联系即为一对一的联系。还有校长与学校、主教练与球队之间也都是一对一的联系。

（2）一对多联系（1：n）

设实体集 A 中的一个实体与实体集 B 中的多个实体相对应（相联系），反之，实体集 B 中的一个实体至多与实体集 A 中的一个实体相对应（相联系），则称实体集 A 与实体集 B 的联系为一对多的联系，记作 1：n。例如，一个公司可以有许多个职工，但一个职工只能属于一个公司，所以公司和职工之间的联系即为一对多的联系。还有学校和学生、球队和球员之间也都是一对多的联系。

（3）多对多联系（m：n）

设实体集 A 中的一个实体与实体集 B 中的多个实体相对应（相联系），而实体集 B 中的一个实体也与实体集 A 中的多个实体相对应（相联系），则称实体集 A 与实体集 B 的联系为多对多的联系，记作 m：n。例如，一个学生可以选修多门课程，一门课程可以被多个学生选修，所以学生和课程之间的联系即为多对多的联系；一个教师教过许多个学生，一个学生也被许多个教师教过，教师和学生之间的联系也是多对多的联系。

两个实体之间的联系可以用图形表示，如图 2-2 所示。

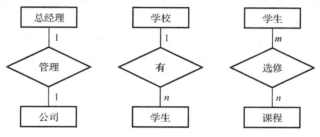

图 2-2 两个实体之间的联系

在现实世界，两个实体之间存在联系，多个实体之间也会存在联系。例如，课程、学生、教师三个实体之间存在联系。一门课程由多个教师讲解，一个学生可以选修多门课程，一个教师也可以讲授多门课程，如图 2-3 所示。同一个实体集内的各个实体之间也可以有某种联系。例如，公司的职工实体集中有总经理，也有一般员工，具有领导和被领导的联系，即一个总经理可以领导多个职工，而一个职工只能被一个总经理领导，因此这是一对多的联系，如图 2-4 所示。

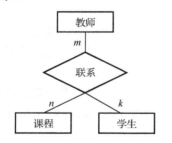
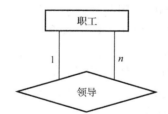

图 2-3 多个实体之间多对多的联系　　图 2-4 多个实体之间一对多的联系

2.2.2 概念模型的表示

概念模型的表示方法有很多，常见的有实体-联系法、扩充实体-联系法、面向对象模型法、谓词模型法等。其中，最著名也最常用的是 P.P.S.Chen 于 1976 年提出的实体-联系法（Entity-Relationship Approach）。该方法用 E-R（Entity-Relationship）图来描述信息世界的概念模型。E-R 方法也称为 E-R 模型。E-R 模型是抽象和描述现实世界的有力工具，是各种数据模型的共同基础。

E-R 图提供了表示实体、实体的属性及实体之间（或内部）联系的方法。在 E-R 图中，用长方形、椭圆形、菱形分别表示实体、属性、联系，在联系上还标注联系类型。

1. 实体

实体用长方形表示，并在长方形中标注实体名。

例如，教师实体、课程实体和职工实体如图 2-5 所示。

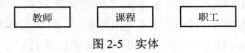

图 2-5 实体

2. 实体的属性

实体的属性用椭圆形表示，在椭圆形中标注属性名，再用无向边将该属性与对应实体连接起来。在多个属性中，如果有一个（组）属性可以唯一表示该实体，则可以在该属性下边加下画线，用来标识该属性，即主属性，也就是主码。

例如，学生实体有学号、姓名、性别、出生日期、学院名称等属性，其中学号为主属性。课程实体有课程编号、课程名称、学分等属性，其中课程号为主属性。学生和课程的实体及属性如图 2-6 所示。

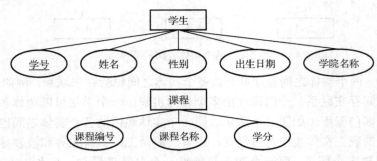

图 2-6 学生和课程的实体及属性

3. 实体间的联系

实体间的联系用菱形表示，在菱形中标注联系名，再用无向边将该联系与联系实体连接起来，同时在无向边旁标注联系的类型。通常，如果实体之间有同名属性，并且同名属性表示的含义也相同，则实体之间存在联系。

例如，学生实体与课程实体之间存在联系。因为每门课程都有许多个学生选修，但一个学生也可以选修多门课程，所以课程实体和学生实体之间有联系，联系类型为 $m:n$（即多对多），如图 2-7 所示。

如果一个 E-R 图中的实体比较多，实体的属性也比较多。为了使 E-R 图简单明了，可以先分别绘制各实体的 E-R 图，最后只将所有实体联系起来。

【例 2-1】 用 E-R 图来描述一个简单的仓库管理系统的概念模型。一个简单的仓库管理系统由仓库实体、管理员实体、货物实体、供应商实体等组成。由于有的仓库可能需要多个管理员管理，但一个管理员只能管理一个仓库，因此仓库实体是全码，如图 2-8 所示。

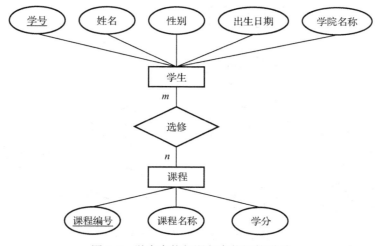

图 2-7　学生实体与课程实体间的联系

货物必须存储在仓库中，因此存储也可以是一个实体。由于有的仓库存储多种货物，也有的货物存放在多个仓库中，因此存储实体是全码。存储实体 E-R 图如图 2-9 所示。

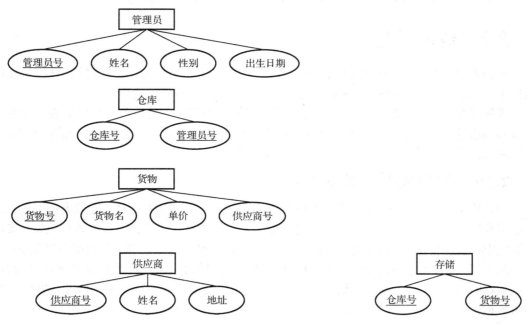

图 2-8　管理员实体、仓库实体、货物实体、供应商实体的 E-R 图　　　图 2-9　存储实体 E-R 图

一个仓库可以有多个管理员，但一个管理员只能管理一个仓库，所以管理员实体与仓库实体之间是 $1:n$ 的联系。一个供应商可以供应多种商品，一种商品也可以有不同的供应商，所以供应商实体与商品实体之间是 $m:n$ 的联系。

将所有实体联系起来，组成完整的仓库管理系统 E-R 图，如图 2-10 所示。

E-R 图是数据库设计人员根据自己观点，以及数据库用户的需求，对要设计的数据库系统的一种规划，所以不同的系统，E-R 图不尽相同。即使同一个系统，由于设计人员的不同，观点不同，需求不同，甚至不同时期，也不会完全相同。

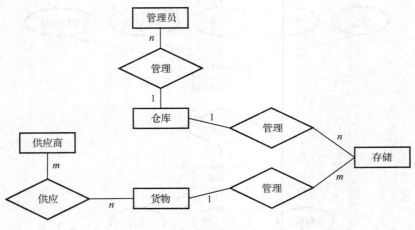

图 2-10 仓库管理系统 E-R 图

总之，E-R 方法是抽象和描述现实世界的有力工具，E-R 图为数据库设计提供了一个蓝图。用 E-R 图表示的概念模型与具体的 DBMS 所支持的数据模型相互独立，是各种数据模型的共同基础，因而比其他模型更一般、更抽象、更接近于现实世界。

2.3 数据模型

虽然概念模型不依赖于计算机系统，但现实世界的数据最终还是要存放到计算机系统的数据库中。这时就需要将概念模型转化为与数据库相关的具体数据模型。

数据模型（Data Model）是严格定义的一组概念的集合。这些概念精确地描述了系统的静态和动态特性，是数据库中用来对现实世界进行抽象的工具，是数据库系统的核心和基础，是描述数据的结构及定义在其上的操作和约束条件。

2.3.1 数据模型的基本概念

数据模型是对客观事物及其联系的数据描述，是概念模型的数据化，即数据模型提供表示和组织数据的方法。数据库管理系统是建立在一定的数据模型之上的，根据数据模型，实现在计算机中存储、处理、表示、组织数据。不同的数据模型对应不同类型的数据库管理系统。

从本质上讲，数据模型是确定逻辑文件的数据格式或数据组成。数据库技术在处理数据、组织数据时，从全局出发，对数据的内部联系和用户要求进行综合考虑。因此，数据模型通常由数据结构、数据操作和数据的完整性约束条件三部分组成。

1．数据结构

数据结构是相互之间存在一种或多种特定关系的对象元素的集合。在任何对象集合中，对象元素都不是孤立存在的，而是在它们之间存在着某种关系，这种对象元素相互之间的关系称为结构。

根据对象元素之间关系的不同特性，通常有 5 种基本结构：集合、线性结构、树状结构、图状结构（或网状结构）、关系结构。

这些对象元素是数据库的组成成分。数据结构刻画了数据模型中对象元素性质最重要的方面。因为，人们通常按照对象的数据结构的类型来命名数据模型。它是对系统静态特性的描述。

2．数据操作

数据操作是指数据库中各对象的实例允许执行的操作的集合，包括操作及有关的操作规则。数据库主要有检索和更新（包括插入、删除、修改）两大类操作。数据模型必须定义这些操作的确切含义、操作符号、操作规则及实现操作的语言。数据操作是对系统动态特性的描述。

3．数据的完整性约束条件

数据的约束条件是一组完整性规则的集合。完整性规则是给定的数据模型中数据及其联系所具有的制约和依存规则，用以限定符合数据模型的数据库状态及状态的变化，以保证数据的正确、有效、相容。数据模型应该反映和规定本数据模型必须遵守的基本的通用的完整性约束条件。此外，数据模型还应该提供定义完整性约束条件的机制，以反映具体应用所涉及的数据必须遵守的特定的语义约束条件。

2.3.2 常用的数据模型

在设计数据库全局逻辑结构时，不同的数据库管理系统对数据的具体组织方法不同。总的来说，当前实际的数据库系统中最常见的数据组织方法有以下5种：

- 层次模型（Hierarchical Model）。
- 网状模型（Network Model）。
- 关系模型（Relational Model）。
- 面向对象模型（Object Oriented Model）。
- 对象关系模型（Object Relational Model）。

其中，层次模型和网状模型统称为非关系模型，也统称为格式化模型。

1．层次模型（Hierarchical Model）

用树状结构来表示实体及实体之间联系的模型称为层次模型。层次模型是数据库系统中最早出现的数据模型。在现实世界中，有许多实体之间的联系就属于层次模型。例如，一个家族的家谱、一个单位的机构设置等。

（1）层次模型的定义及数据结构

数据库的数据模型如果满足以下两个层次联系，就称为层次模型：

① 有且仅有一个结点，没有双亲结点，这个结点称为根结点。
② 除根结点之外的其他结点有且只有一个双亲结点。

在层次模型中，每个结点表示一个实体集（或记录型），实体集之间的联系用结点之间的线段表示。层次模型中的联系称为父子关系或主从关系，而且联系类型只能是一对多的联系。通常把表示对应联系"一"的结点放在上方，最上方的结点称为根结点；把表示对应联系"多"的结点放在下方，称为上级结点的子结点。没有子结点的称为叶结点。层次模型像一棵倒立的树，只有一个根结点，有若干叶结点，如图2-11所示。

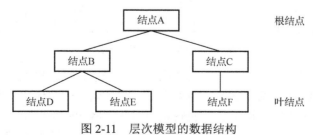

图2-11 层次模型的数据结构

在层次模型中，实体集使用记录型（或记录）表示。记录描述实体，可以包含若干字段；字段描述实体的特征，每个字段都必须命名，并且同一个实体中的字段不能重名；记录值表示实体特征的具体数据；记录之间的联系使用基本层次联系表示。

（2）层次模型的数据操作和完整性约束条件

层次模型的数据操作主要有查询、添加、修改和删除。在进行添加、修改和删除操作时，要满足以下层次模型的完整性约束条件：

① 在进行插入结点操作时，如果没有指明相应的父结点，则不能插入子结点。

② 在进行删除结点操作时，如果删除父结点，则相应的子结点值同时被删除。

③ 进行修改结点操作时，如果结点之间有关系，则应修改所有相应的结点，以保证数据的一致性。

（3）层次模型的优缺点

层次模型的优点有：

① 结构简单、清晰。

② 对于包含大量数据的数据库来说，采用层次模型来实现，效率很高。

③ 提供了良好的完整性支持。

层次模型的缺点有：

① 现实世界非常复杂，而层次模型表达能力有限，特别是不能表示多对多的联系。

② 数据冗余度增加，查询不灵活，特别是查询子结点必须通过双亲结点。

③ 对插入和删除操作的限制比较多。

④ 编写应用程序比较复杂，程序员必须熟悉数据库的逻辑结构，开发效率较低。

2．网状模型（Network Model）

在现实世界中，事物之间的联系并不能完全用层次模型表示，于是又产生了网状模型。

用网状结构来表示实体及实体之间联系的模型称为网状模型。在现实世界中，更多的实体之间的联系呈现出网状结构。例如，局域网中计算机的设置、公路交通的设置等。

（1）网状模型的定义及数据结构

数据库的数据模型如果满足以下两个联系，就称为网状模型：

① 有一个以上的结点没有父结点。

② 结点可以有多于一个的父结点。

由于网状模型中实体之间的联系是多对多的联系（复合联系），因此基于网状模型的层次数据库中联系的表达方式比较复杂，如图 2-12 所示。

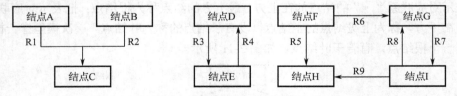

图 2-12　网状模型的数据结构

在网状模型中，实体集也使用记录型（或记录）表示。记录描述实体，可以包含若干字段；字段描述实体的特征，每个字段都必须命名，并且同一个实体中的字段不能重名；记录值表示实体特征的具体数据；记录之间的联系使用基本网状联系表示。实体集之间的联系用结点之间的有向线段表示，以表示每个结点之间的联系。因为联系不唯一，所以要为每个联系命名，并指出与该联系有关的父结点和子结点。

网状模型是一种比层次模型更具普遍性的结构，它去掉了层次模型的两个限制，允许多个结点没有父结点，允许结点有多个父结点，还允许两个结点之间有多种联系。因此，网状模型可以更直接地描述现实世界。

（2）网状模型的数据操作和完整性约束条件

网状模型的数据操作主要有查询、添加、修改和删除。在进行添加、修改和删除操作时，要满足以下网状模型的完整性约束条件：

① 支持记录码的概念。码即唯一标识记录的数据项的集合。
② 保证一个联系中父结点和子结点之间是一对多的联系。
③ 可以支持父结点和子结点之间的某种约束条件。

（3）网状模型的优缺点

网状模型的优点有：

① 能够更直接地描述现实世界，能够表示实体之间的多种复杂联系。
② 具有良好的性能，存取效率较高。

网状模型的缺点有：

① 网状模型结构比较复杂，不利于数据库的扩充。
② 操作复杂，不利于用户掌握。
③ 编写应用程序比较复杂，程序员必须熟悉数据库的逻辑结构，开发效率较低。

3．关系模型（Relational Model）

关系模型是数据模型中最重要的模型。目前，几乎所有的数据库管理系统都支持关系模型。数据库领域中当前的研究工作也都是以关系方法为基础的。

关系模型把世界看作由实体和联系构成的。在关系模型中，实体通常是以表的形式来表现的。表的每行描述实体的一个实例，表的每列描述实体的一个特征或属性。所谓联系，就是指实体之间的关系，即实体之间的对应关系。在现实世界中，几乎所有的实体和实体之间的联系都可以用关系模型表示，例如，学生、教师、课程信息等。

（1）关系模型的术语

现以学生表 Student 为例，介绍关系模型中主要涉及的一些术语。

① 关系（Relation）。一个关系对应通常所说的一张二维表，Student 表就是一个关系，表结构见表 2-2。

表 2-2 学生表 Student 的结构

学号 （StudentID）	姓名 （StudentName）	性别 （Sex）	出生日期 （Birthday）	出生地 （Address）	学院名称 （SchoolName）
2019021224	赵兰雅	女	2001-10-12	北京	软件学院
2019002406	张宇航	男	2001-11-02	上海	艺术学院
2019161336	刘峰勇	男	2000-09-12	广州	计算机学院
2019001203	李丰产	男	2000-01-23	成都	物理学院
2019021268	吴燕燕	女	2001-03-29	武汉	自动化学院

② 元组（Tuple）。表中的一行称为一个元组。例如，学生（2019021224，赵兰雅，女，2001-10-12，北京，软件学院）就是一个元组。

③ 属性（Attribute）。表中的一列称为一个属性。例如，StudentID，StudentName，Sex 就是属性的属性名，每个学生在属性上有具体的取值。

④ 主码（Primary Key）。表中的某个属性或属性组，它们的值可以唯一确定一个元组，且属性组中不含多余的属性，这样的属性或属性组称为关系的码或主码（也称为主键）。

⑤ 域（Domain）。属性的取值范围称为域。例如，Sex 的取值只能是男或女，Birthday 的取值只能是日期时间型数据，不能是字符型数据。

⑥ 分量（Element）。元组中的一个属性值称为分量，即行和列的交叉。例如，"张宇航"就是该学生在 StudentName 属性列的分量。

⑦ 关系模式（Relation Model）。关系的型称为关系模式，关系模式是对关系的描述。

关系模式的一般表示是：关系名（属性1，属性2，…，属性 n）。

例如，Student 表的关系模式可以描述为：

Student(StudentID, StudentName, Sex, Birthday, Address, SchoolName)

⑧ 联系（Contact）。在关系模型中，实体及实体之间的联系都是用关系来表示的。例如，Student（学生）和 Course（课程）之间的联系在关系模型中可以表示为：

Student(StudentID, StudentName, Sex, Birthday, Address, SchoolName)

Course(CourseID, CourseName, Credit)

Mark(StudentID, CourseID, Score)

关系模型把所有的数据都组织到表中。表是由行和列组成的，行表示数据的记录，列表示记录中的域。表反映了现实世界中的事实和值。

由于现在数据库管理系统的数据模型大都是关系模型，因此，关系名和属性名的命名应该遵守数据库命名规则：尽量不用汉字，最好用英文，尽量采用有意义的英文单词（全拼或缩写）。

（2）关系模型的数据操作和完整性约束条件

关系数据模型的数据操作主要包括查询、添加、修改和删除。数据之间还存在联系。联系可以分为三种：一对一联系、一对多联系、多对多联系。通过联系，就可以用一个实体的信息来查找另一个实体的信息。在进行添加、修改和删除操作时，要满足关系模型的完整性约束条件。关系的完整性约束条件包括三类：实体完整性、参照完整性和用户定义的完整性。

关系中的数据操作可看作集合或关系的操作，操作对象和操作结果都是集合（关系），即操作的结果是由原表中导出的一个新表。在关系操作过程中，使用关系操作语言。关系操作语言都是高度非过程的语言，它将数据的存取路径向用户隐蔽起来，用户只要指出"干什么"或"找什么"，不必说明"怎么干"或"怎么找"，从而大大地提高了数据的独立性，提高了用户的使用效率。

（3）关系模型与非关系模型

关系模型与非关系模型相比较，具有以下特点：

① 关系模型不同于非关系模型，它是建立在严格的数学概念基础之上的。

② 关系模型与非关系模型相比较，概念单一，结构清晰，容易理解。

③ 关系模型的存取路径对用户是透明的，从而简化了用户的工作，提高了效率。实际上，关系模型的查询效率往往不如非关系模型，所以必须对关系模型的查询进行优化，这就增加了开发数据库的难度。

④ 关系模型中的数据联系是靠数据冗余实现的。

（4）关系模型的优缺点

关系模型的优点有：

① 使用表的概念来表示实体之间的联系，简单直观。

② 关系型数据库都使用结构化查询语句，存取路径对用户是透明的，从而提高了数据的独立性，简化了用户的工作。

③ 关系模型是建立在严格的数学概念基础之上的，具有坚实的理论基础。

关系模型的缺点有：关系模型的连接等查询操作开销较大，需要较高性能计算机的支持，所以必须提供查询优化功能。

4．面向对象模型（Object Oriented Model）

面向对象数据库系统（Object Oriented DataBase System，简称 OODBS）是数据库技术与面向对象程序设计方法相结合的产物。

现实世界中的事物都是对象，对象可以看成一组属性和方法的结合体。例如，学生、汽车、数学定理都是对象。属性则表示对象的状态与组成。例如，学生具有学号、姓名、身高等属性；汽车具有颜色、型号、价格等属性；数学定理具有含义等属性。对象的行为称为方法。例如，学生可以进行学习、运动等行为（方法）；汽车可以静止或运行等；数学定理可以被运用等。在面向对象技术中，通过方法来访问与修改对象的属性，这样就将属性与方法完美地结合在一起。在现实世界中有许多对象来自同一个集合，例如，所有的学生都是人，则这些集合统称为类。类是对象的模板，它规定该类型的对象有哪些属性、哪些方法等。面向对象方法适于模拟实体的行为，核心是对象。

面向对象数据库系统支持的数据模型称为面向对象模型（OO 模型），即一个面向对象数据库系统是一个持久的、可共享的对象数据库，而一个对象是由一个 OO 模型所定义的对象的集合体。OO 模型中的主要术语有以下 3 个。

（1）对象（Object）

现实世界的任一实体都被称为模型化的一个对象，每个对象都有一个唯一的标识，称为对象标识。例如，学生王峰宇就是一个对象。

（2）封装（Encapsulation）

每个对象都将其状态、行为封装起来，其中状态就是该对象的属性值的集合，行为就是该对象的方法的集合。例如，学生王峰宇封装有学号、姓名、性别等属性，还封装有选修课程等方法。

（3）类（Class）

具有相同属性和方法的对象的集合称为类。一个对象是某个类的一个实例。例如，全体学生是学生类，每个学生是学生类的一个实例。

面向对象数据库系统其实就是类的集合，它提供了一种类层次模型，如图 2-13 所示。

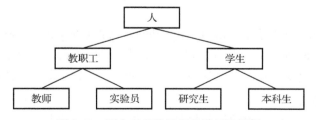

图 2-13　面向对象数据库的类层次模型

面向对象数据库的类层次模型与层次模型是两个完全不同的概念。由于面向对象数据库的类层次模型比较复杂，本书不详细讲解。

5．对象关系模型（Object Relational Model）

面向对象的方法和技术在计算机各个领域，包括程序设计语言、软件工程、信息系统的设计、计算机硬件设计等方面，都产生了深远的影响，也促进了数据库中面向对象模型的研究和发展。许多数据库厂商为了支持面向对象模型，对关系模型做了扩展，从而产生了对象关系模型。由于该模型比较复杂，因此本书不详细讲解。

综上所述，每种数据模型都有自己的特点，基于某种数据模型的数据库也都有自己的用途。因为当前最流行的是关系模型和基于关系模型的关系数据库，所以本书只讲解关系模型和关系数据库。

2.4 关系模型

关系数据库是采用关系模型作为数据组织方式的数据库。关系数据库是应用数学的方法来处理数据库中的数据，也就是说，它是建立在严格的数学概念基础之上的。

2.4.1 关系模型的组成

关系模型由关系数据结构、关系操作和关系完整性约束三部分组成。

1．关系数据结构

关系模型的数据结构简单清晰，关系单一。在关系模型中，现实世界的实体及实体间的各种联系均可用关系来表示。从用户角度看，关系模型中数据的逻辑结构就是一张二维表，由行、列组成。

2．关系操作

早期的关系操作能力通常用代数方式或逻辑方式来表示，分别称为关系代数和关系演算。关系代数是用对关系的运算来表达查询要求的方式。关系演算是用谓词来表达查询要求的方式。关系演算又可按谓词变元的基本对象是元组变量还是域变量分为元组关系演算和域关系演算。关系代数、元组关系演算和域关系演算三种语言在表达能力上是完全等价的。

随着关系模型的不断完善，关系理论的不断发展，关系模型又产生了一种介于关系代数和关系演算之间的语言——结构化查询语言（Structure Query Language，SQL）。SQL 不仅具有丰富的查询功能，而且具有数据定义和数据控制功能，它充分体现了关系数据语言的特点和优点，是关系数据库的标准语言，还能够嵌入高级语言中使用。

关系模型给出了关系操作的能力和特点，但不对 DBMS 的语言给出具体的语法要求。关系操作采用集合操作方式，即操作的对象和结构都是集合。这种操作方式也称为一次一集合（set-at-time）的方式。

关系模型中常用的关系操作包括：选择（Select）、投影（Project）、连接（Join）、除（Divide）、并（Union）、交（Intersection）、差（Difference）等查询（Query）操作和增加（Insert）、删除（Delete）、修改（Update）操作。其中，查询的表达能力是其最主要的部分。

3．关系的三类完整性约束

关系模型提供了完备的完整性控制机制，定义了三类完整性约束：实体完整性、参照完整性和用户定义的完整性。其中实体完整性和参照完整性是关系模型必须满足的完整性约束条件，应该由关系系统自动支持。用户定义的完整性是特定的数据库在特定的应用领域需要遵循的约束条件，体现了具体领域中的语义约束。

2.4.2 关系的数学定义

在关系模型中，数据在用户观点下是一个逻辑结构为二维表的数据模型。而关系模型是建立在关系（或集合）代数的基础之上的。

定义1 域（Domain）是一组具有相同数据类型的值的集合。

例如，自然数、正整数、所有字符集合，都是域。

定义2 设 $D_1, D_2, \cdots, D_n$ 为任意域，定义 $D_1, D_2, \cdots, D_n$ 的笛卡儿积（Cartesian Product）为：

$$D_1 \times D_2 \times \cdots \times D_n = \{(d_1, d_2, \cdots, d_n) | d_i \in D_i, i=1,2,\cdots,n\}$$

式中，每个元素 $(d_1, d_2, \cdots, d_n)$ 称为一个 n 元组（n-Tuple），简称为元组（Tuple）。元组中的每个值 d_i 称为一个分量（Component）。若 D_i（$i=1,2,\cdots,n$）为有限集，其基数（Cardinal Number）为 m_i（$i=1,2,\cdots,n$），则 $D_1 \times D_2 \times \cdots \times D_n$ 的基数为 $m=m_1 \times m_2 \times \cdots \times m_n$。

【例2-2】 设 D_1 为姓名域，D_2 为学院名称域，且 D_1={李婷婷，陈峰宇，赵晓田}，D_2={数学学院，计算机学院，物理学院}，则 D_1，D_2 的笛卡儿积为：

$D_1 \times D_2$={（李婷婷，数学学院），（李婷婷，计算机学院），（李婷婷，物理学院），（陈峰宇，数学学院），（陈峰宇，计算机学院），（陈峰宇，物理学院），（赵晓田，数学学院），（赵晓田，计算机学院），（赵晓田，物理学院）}。其中，（李婷婷，数学学院）、（陈峰宇，物理学院）等都是元组。

笛卡儿积可以表示为一个二维表，表中的每行对应一个元组，表中的每列对应一个域。如图2-14所示。

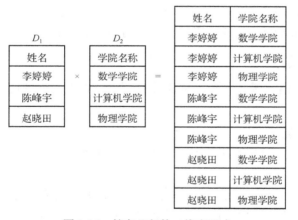

图2-14 笛卡儿积的二维表形式

定义3 $D_1 \times D_2 \times \cdots \times D_n$ 的任意一个子集称为 $D_1 \times D_2 \times \cdots \times D_n$ 上的一个关系（Relation），用 $R(D_1 \times D_2 \times \cdots \times D_n)$ 表示。这里 R 表示关系名，n 表示关系的目或度（Degree）。

每个元素是关系中的一个元组，通常用 t 表示。当 $n=1$ 时，称为单元关系（Unary Relation）；当 $n=2$ 时，称为二元关系（Binary Relation）。

关系是笛卡儿积的子集，而且是一个有限集，所以关系也可以用一个二维表表示。这个二维表是由关系的笛卡儿积导出的。表中的一行对应一个元组，表中的一列对应一个域。为了区分每列，必须给它起一个名字，称为属性（Attribute）。n 目关系必有 n 个属性。如果关系中的某个属性组的值能唯一地标识一个元组，则称该属性组为候选键（Candidate Key）。若一个关系有多个候选键，则选定其中一个作为主码或主键（Primary Key）。主码的诸属性称为主属性（Prime Attribute）。

【例 2-3】 计算机学院关系是 $D_1 \times D_2$ 的一个子集，如图 2-15 所示。

姓名	学院名称
李婷婷	计算机学院
陈峰宇	计算机学院
赵晓田	计算机学院

图 2-15 计算机学院关系

综上所述，关系可以有三种基本类型：基本表、查询表和视图表。基本表就是实际存在的表，即物理表，是数据存储的逻辑表示。查询表是查询结果对应的表，是由基本表的笛卡儿积导出的。视图表是由基本表或其他视图表导出的表，是虚表，不存储数据。

由此得出，关系具有以下性质：

① 列是同质的，即每列中的分量是同一个类型的数据，来自同一个域。
② 不同的列可以出自同一个域，一列称为一个属性。在同一个关系中，属性名不能相同。
③ 列的顺序无关紧要，即列的顺序可以任意转换。
④ 任意两个元组（行或记录）不能完全相同。
⑤ 行的顺序也无关紧要，即行的顺序也可以任意转换。
⑥ 行、列的交集称为分量，每个分量的取值必须是原子值，即分量不能再分。

关系的描述称为关系模式。它包括关系名、组成该关系的各属性名集合、属性来自的域、属性向域的映像、属性间数据的依赖关系等。因此，一个关系模式应当是一个 5 元组。

定义 4 关系的描述称为关系模式（Relation Schema）。它可以形式化地表示为：

$$R(U, D, \text{dom}, F)$$

式中，R 为关系名，U 为组成该关系的各属性名集合（属性组），D 为属性组 U 中属性所来自的域，dom 为属性向域的映像，F 为属性间数据的依赖关系。

通常，在不产生混淆的情况下，关系模式也可以称为关系。

2.4.3 关系代数

关系代数是一种抽象的查询语言，是关系数据操作语言的一种传统表达方式。它用对关系的运算来表达查询。

1. 关系代数的运算

关系代数的运算按运算符性质的不同可以分为两大类。

（1）传统的集合运算

传统的集合运算将关系（二维表）看成元组（记录）的集合，其运算是以关系的"水平"方向（即行的角度）来进行运算的。传统的集合运算包括并、差、交、广义笛卡儿积。

（2）专门的关系运算

专门的关系运算将关系（二维表）看成元组（记录）或列（属性）的集合。其运算不仅可以从"水平"方向，还可以从"垂直"方向来进行运算。比较运算符和逻辑运算符是用来辅助专门的关系运算符进行操作的，包括大于、大于等于、小于、小于等于、等于、不等于、与、或、非。专门的关系运算包括选择、投影、连接、除。

2. 关系代数用到的运算符

关系代数的运算对象是关系（或表），运算结果也是关系（或表）。

关系代数用到的运算符如下。
① 传统的集合运算符：∪（并）、−（差）、∩（交）、×（笛卡儿积）。
② 专门的关系运算符：σ（选择）、Π（投影）、θ（▷◁，连接）、÷（除）。
③ 算术比较符：>（大于）、≥（大于等于）、<（小于）、≤（小于等于）、=（等于）、≠（不等于）。
④ 逻辑运算符：¬（非）、∧（与）、∨（或）。

2.4.4 传统的集合运算

传统的集合运算包括并（Union）、差（Except）、交（Intersection）、笛卡儿积（Cartesian Product）4 种运算。它们都是二目运算，即集合运算符两边都必须有运算对象。

设关系 R 和关系 S 具有相同的目 n（即两个关系都有 n 个属性），且相应的属性取自同一个域，t 是元组变量，$t \in R$ 表示 t 是 R 的一个元组。

可以定义并、差、交、笛卡儿积运算如下。

1. 并

关系 R 与关系 S 的并，记作：

$$R \cup S = \{t \mid t \in R \vee t \in S\}$$

其结果仍为 n 目关系，由属于 R 或属于 S 的元组组成。

2. 差

关系 R 与关系 S 的差，记作：

$$R - S = \{t \mid t \in R \wedge t \notin S\}$$

其结果仍为 n 目关系，由属于 R 而不属于 S 的元组组成。

3. 交

关系 R 与关系 S 的交，记作：

$$R \cap S = \{t \mid t \in R \wedge t \in S\}$$

其结果仍为 n 目关系，由既属于 R 又属于 S 的元组组成。关系的交可以用差来表示，即：

$$R \cap S = R - (R - S)$$

4. 笛卡儿积

在这里的笛卡儿积严格地讲应该是广义的笛卡儿积，因为这里的笛卡儿积的元素是元组。两个分别是 n 目和 m 目的关系 R 和关系 S 的笛卡儿积是一个 $n+m$ 列的元组的集合。元组的前 n 列是关系 R 的一个元组，后 n 列是关系 S 的一个元组。若 R 有 k_1 个元组，S 有 k_2 个元组，则关系 R 和关系 S 的笛卡儿积有 $k_1 \times k_2$ 个元组。关系 R 与关系 S 的笛卡儿积，记作：

$$R \times S = \{t_r t_s \mid t_r \in R \wedge t_s \in S\}$$

有两个课程关系表 Course1 和 Course2，见表 2-3 和表 2-4。现以这两个表为例，说明传统的集合运算。

表 2-3 Course1

CourseID	CourseName	Credit
101	计算机网络	4
102	数据库原理	3
103	网络开发	4

表 2-4 Course2

CourseID	CourseName	Credit
101	计算机网络	4
202	中国古代史	4
203	世界史	4

（1）并

【例 2-4】 Course1∪Course2，结果见表 2-5。

表 2-5 Course1∪Course2

CourseID	CourseName	Credit
101	计算机网络	4
102	数据库原理	3
103	网络开发	4
202	中国古代史	4
203	世界史	4

（2）差

【例 2-5】 Course1−Course2，结果见表 2-6。

表 2-6 Course1−Course2

CourseID	CourseName	Credit
102	数据库原理	3
103	网络开发	4

（3）交

【例 2-6】 Course1∩Course2，结果见表 2-7。

表 2-7 Course1∩Course2

CourseID	CourseName	Credit
101	计算机网络	4

（4）笛卡儿积

【例 2-7】 Course1×Course2，结果见表 2-8。

表 2-8 Course1×Course2

CourseID	CourseName	Credit	CourseID	CourseName	Credit
101	计算机网络	4	101	计算机网络	4
102	数据库原理	3	101	计算机网络	4
103	网络开发	4	101	计算机网络	4
101	计算机网络	4	202	中国古代史	4
102	数据库原理	3	202	中国古代史	4

续表

CourseID	CourseName	Credit	CourseID	CourseName	Credit
103	网络开发	4	202	中国古代史	4
101	计算机网络	4	203	世界史	4
102	数据库原理	3	203	世界史	4
103	网络开发	4	203	世界史	4

2.4.5 专门的关系运算

仅依靠传统的集合运算还不能灵活地实现多样的查询操作，因此关系模型有一组专门的关系运算，包括选择（Selection）、投影（Projection）、连接（Join）、除（Division）。其中连接又分为等值连接和自然连接两种。

1. 选择

选择又称为限制（Restriction）。它是在关系 R 中选择满足给定条件的诸元组，记作：

$$\sigma_F(R) = \{t | t \in R \wedge F(t) = '真'\}$$

式中，F 表示选择条件，它是一个逻辑表达式，取逻辑值"真"或"假"。

选择是从行的角度进行的运算。

2. 投影

关系 R 上的投影是从 R 中选择出若干属性列组成新的关系。记作：

$$\Pi_A(R) = \{t[A] | t \in R\}$$

式中，A 为 R 中的属性列。

投影是从列的角度进行的运算。

3. 连接

连接也称为 θ 连接。它从两个关系的笛卡儿积中选取属性间满足一定条件的元组，记作：

$$R \underset{A\theta B}{\bowtie} S = \{t_r t_s | t_r \in R \wedge t_s \in S \wedge t_s[B] = \theta t_s[B]\}$$

式中，A 和 B 分别为 R 和 S 上度相等且可比的属性组。θ 是比较运算符。连接运算从 R 和 S 的笛卡儿积 $R \times S$ 中选取 R 关系在 A 属性组中的值与 S 关系在 B 属性组中的值满足比较关系 θ 的元组。

连接运算中有两种最为重要也是最为常用的连接，一种是等值连接（Equijoin），另一种是自然连接（Natural Join）。

θ 为"＝"的连接运算称为等值连接，记作：

$$R \underset{A=B}{\bowtie} S = \{t_r t_s | t_r \in R \wedge t_s \in S \wedge t_r[A] = t_s[B]\}$$

自然连接是一种特殊的等值连接。它要求两个关系中进行比较的分量必须是相同的属性组，并且在结果中把重复的属性列去掉。也就是说，若 R 和 S 具有相同的属性组 B，则自然连接可记作：

$$R \bowtie S = \{t_r t_s | t_r \in R \wedge t_s \in S \wedge t_r[B] = t_s[B]\}$$

一般的连接操作是从行的角度进行的运算。但自然连接还需要取消重复列，所以是同时从行和列的角度进行的运算。

4. 除

给定关系 $R(X,Y)$ 和 $S(X,Y)$，其中 X,Y,Z 为属性组。R 中的 Y 与 S 中的 Y 可以有不同的属性名，但必须出自相同的域集。

R 与 S 的除运算得到一个新的关系 $P(X)$，P 和 R 中满足下列条件的元组在 X 属性列上的投影：元组在 X 上分量值 x 的象集 Y_x 包含 S 在 Y 上投影的集合。记作：

$$R \div S = \{t_r[X] \mid t_r \in R \wedge \Pi_Y(S) \subseteq Y_x\}$$

式中，Y_x 为 x 在 R 中的象集，$x = t_r[X]$。

除操作是同时从行和列角度进行的运算。

有 3 个关系表：Author 表、Press 表、Publish 表，分别见表 2-9、表 2-10、表 2-11。现以这 3 个表为例，说明专门的集合运算。

表 2-9 Author

AuthorID	Name	Sex
130	王高峰	男
131	赵立岩	男
132	刘丽娜	女
133	陈娟娟	女

表 2-10 Press

PressID	PressName
21	电子工业出版社
22	机械出版社
23	教育出版社

表 2-11 Publish

AuthorID	PressID	Title
130	21	线性代数
130	23	行政管理学
131	21	旅游指南
132	22	美术简史
133	23	计算机组成

（1）选择

【例 2-8】 查询 PressID 编号为 22 的出版社的信息。

$$\sigma_{PressID=22}(Press)$$

结果见表 2-12。

【例 2-9】 查询男作者的信息。

$$\sigma_{Sex='男'}(Author)$$

结果见表 2-13。

表 2-12 编号为 22 的出版社的信息

PressID	PressName
22	机械出版社

表 2-13 男作者的信息

AuthorID	Name	Sex
130	王高峰	男
131	赵立岩	男

（2）投影

【例 2-10】 查询所有作者的编号和姓名。

$$\Pi_{AuthorID,Name}(Author)$$

结果见表 2-14。

【例 2-11】 查询由编号为 21 的出版社出版的图书信息。

$$\Pi_{AuthorID, PressID, Title}(\sigma_{PressID=21}(Publish))$$

结果见表 2-15。

（3）连接

【例 2-12】 查询赵立岩出版的图书信息。

表 2-14　所有作者的编号和姓名

AuthorID	Name
130	王高峰
131	赵立岩
132	刘丽娜
133	陈娟娟

表 2-15　编号为 21 的出版社出版的图书信息

AuthorID	PressID	Title
130	21	线性代数
131	21	旅游指南

$$\Pi_{AuthorID}(\sigma_{Name = '赵立岩'}(Author)) \bowtie_{Author.AuthorID = Publish.AuthorID} Publish$$

结果见表 2-16。

表 2-16　赵立岩出版的图书信息

AuthorID	PressID	Title
131	21	旅游指南

除操作比较复杂,限于本书篇幅有限,这里不做介绍。

2.5　实训——学籍管理系统概念模型设计

本书以学籍管理数据库系统(简称学籍管理系统)为贯穿全书的讲解案例,该系统的主要功能见表 2-17。

表 2-17　学籍管理系统的主要功能

功能序号	功能名称	功能说明
1	学生管理	登记、修改学生的基本信息,并提供查询功能
2	课程管理	登记、修改课程的基本信息,并提供查询功能
3	教师管理	登记、修改教师的基本信息,并提供查询功能
4	成绩管理	登记学生各门课程的成绩,并提供查询、统计功能
5	授课管理	登记教师授课课程、授课地点、授课学期,并提供查询功能
6	系统维护	系统中使用编码的维护、数据的备份与恢复

设计过程如下。

1. 选择学籍管理系统的局部应用

选择学生管理、课程管理、授课管理、教师管理等局部应用作为设计学籍管理系统分 E-R 图的出发点。

由于高层数据流图只能反映系统的概貌,低层数据流图所含的信息又太片面,而中层数据流图能较好地反映系统中的局部应用,因此在多层的数据流图中,经常选择一个适当的中层数据流图作为设计分 E-R 图的依据。

2. 数据抽象、确定实体及其属性与码

在抽象实体及属性时要注意,实体和属性虽然没有本质区别,但是注意以下两点。

① 属性的性质。属性必须是不可分割的数据项,不能包含其他属性。

② 属性不能与其他实体具有联系。例如,班级可以是学生的属性,但是一方面,班级包含班级编号的属性,另一方面,班级与辅导员实体存在一定的联系(一个辅导员可以管理多个

班级，而一个班级只能有一个辅导员），因此需要将班级抽象为一个独立实体，如图 2-16 所示。

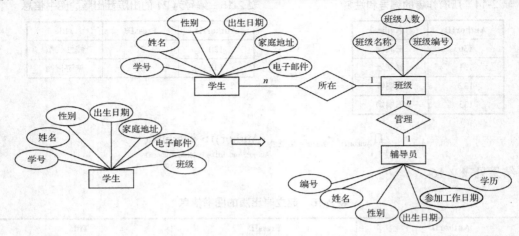

图 2-16 班级从属性转化为实体

同样的道理，系虽然可以作为班级的属性，但是该属性仍然含有系编号与系名称等属性，因此系也需要抽象为一个实体。

按照上面的方法，可以抽象出学籍管理系统中的其他实体：课程、教师、职称、系、课程类型等。

3．确定实体间关系和设计分 E-R 图

为了便于说明，使用如下约束：

① 一个教师只讲一门课程，一门课程可以由多个教师讲授。
② 一个辅导员可以管理多个班级，而一个班级只有一个辅导员。
③ 一门课程只有一门先修课程。

根据学籍管理系统中的学生管理局部应用，设计出如图 2-17 所示的学生管理分 E-R 图。根据课程管理和成绩管理局部应用，设计出如图 2-18 所示的课程管理分 E-R 图。

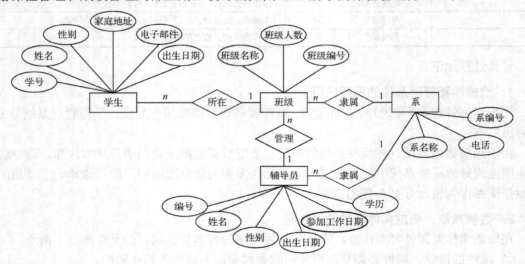

图 2-17 学生管理分 E-R 图

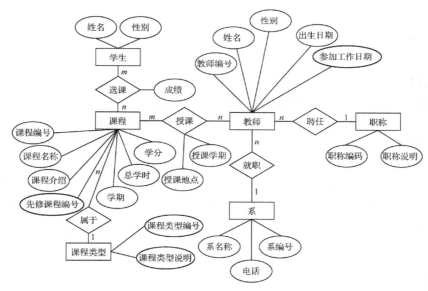

图 2-18 课程管理分 E-R 图

4. 合并分 E-R 图、消除冗余和设计基本 E-R 图

由于分 E-R 图是分开设计的，因此分 E-R 图之间可能存在冗余和冲突（如属性冲突、命名冲突、结构冲突）。在形成初步 E-R 图时，一定要解决冗余和冲突。如图 2-17 所示的 E-R 图中的辅导员和如图 2-18 所示的 E-R 图中的教师是冗余实体，需要消除。如图 2-17 所示的 E-R 图中的学生实体属性和如图 2-18 所示的 E-R 图中的学生实体属性不一致，属于属性冲突，需要合并属性。按照上述方法，解决冲突，消除冗余之后形成如图 2-19 所示的基本 E-R 图。

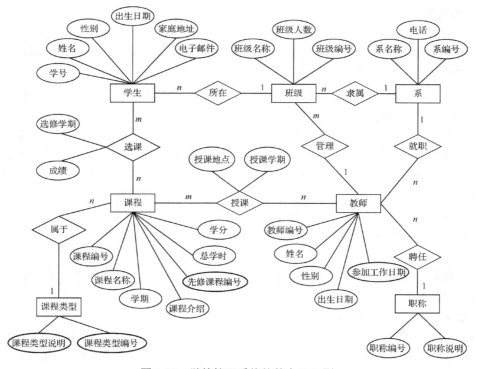

图 2-19 学籍管理系统的基本 E-R 图

习题 2

一、选择题

1. 下述哪一条不属于概念模型应具备的性质_____。
   A．有丰富的语义表达能力　　　　　　B．易于交流和理解
   C．易于变动　　　　　　　　　　　　D．在计算机中实现的效率高
2. 用二维表结构表示实体及实体间联系的数据模型称为_____。
   A．网状模型　　　B．层次模型　　　C．关系模型　　　D．面向对象模型
3. 一台机器可以加工多种零件，每种零件可以在多台机器上加工，机器和零件之间为_____的联系。
   A．一对一　　　　B．一对多　　　　C．多对多　　　　D．多对一

二、问答题

1. 定义并解释术语：
   实体、实体型、实体集、属性、码、实体-联系图（E-R 图）、数据模型
2. 试述数据模型的概念、数据模型的作用和数据模型的三要素。
3. 试述概念模型的作用。
4. 试给出三个实际部门的 E-R 图，要求实体型之间具有一对一、一对多、多对多各种不同的联系。
5. 试述数据库概念结构设计的重要性和设计步骤。
6. 什么是 E-R 图？构成 E-R 图的基本要素是什么？

三、设计题

1. 学校中有若干系，每个系有若干班级和教研室，每个教研室有若干教师，其中一些教授和副教授每个人各带若干研究生。每个班有若干学生，每个学生选修若干课程，每门课可由若干学生选修。用 E-R 图画出此学校的概念模型。
2. 现有一个局部应用，包括两个实体："出版社"和"作者"，这两个实体是多对多的联系，请设计适当的属性，画出 E-R 图。
3. 请设计一个图书馆数据库，此数据库中对每个借阅者保存记录，包括：读者号、姓名、地址、性别、年龄和单位。对每本书保存记录，包括：书号、书名、作者和出版社。对每本被借出的书保存记录，包括：读者号、借出日期和应还日期。要求：给出该图书馆数据库的 E-R 图。
4. 设有一家百货商店，已知信息有：
   ① 每个职工的数据包括职工号、姓名、地址和他所在的商品部。
   ② 每个商品部的数据包括职工、经理及其经销的商品。
   ③ 每种经销的商品数据包括商品名、生产厂家、价格、型号（厂家定的）和内部商品代号（商店规定的）。
   ④ 每个生产厂家的数据包括厂名、地址、向商店提供的商品价格。
   请设计该百货商店的概念模型。注意，某些信息可用属性表示，其他信息可用联系表示。
5. 设某商业集团的数据库中有 4 个实体集："商店"实体集，属性有商店编号、商店名、

地址等;"商品"实体集,属性有商品号、商品名、规格、单价等;"职工"实体集,属性有职工编号、姓名、性别、业绩;"供应商"实体集,属性有供应商号、名称、地址、电话。

商店与商品间存在"销售"关系,每个商店可销售多种商品,每种商品可放在多个商店中销售,商店销售商品有月销售量;商店与职工之间存在着"聘用"联系,每个商店可以聘用多个职工,每个职工只能在一个商店工作,商店聘用职工有聘期和月薪;供应商、商店与商品之间存在"供应"联系,一个供应商可以供应多个商店的多种商品,一个商店可以使用多个供应商提供的多种商品,供应商供应商品有供应量。

根据语义设计 E-R 模型,并注明主码和外码。

第3章 数据库设计

数据库是数据库系统中最基本、最重要的部分。数据库性能的高低决定了整个数据库应用系统的性能。一个性能优良的数据库才能满足各方面对数据的需要。

本章主要介绍规范化的概念、数据库设计的特点及数据库设计的 6 个阶段。

3.1 规范化

规范化是数据库设计时必须满足的要求。满足这些规范的数据库是简捷的、结构明晰的；反之则是乱七八糟的，不仅给数据库的设计人员制造麻烦，还可能存储了大量不需要的冗余信息。规范化是减少或消除数据库中冗余数据的过程。尽管在大多数的情况下冗余数据不能被完全清除，但冗余数据越少，就越容易维持数据的完整性，并且可以避免非规范化数据库中的数据更新异常。

1. 范式的种类

为了使关系模式设计的方法趋于完备，数据库专家研究了关系规范化理论。从 1971 年起，E.F.Codd 相继提出了第一范式（1NF）、第二范式（2NF）、第三范式（3NF），Codd 与 Boyce 合作提出了 Boyce-Codd 范式（BCNF）。在 1976 年至 1978 年间，Fagin、Delobe、Zaniolo 又定义了第四范式（4NF）。到目前为止，已经提出了第五范式（5NF）。

所谓第几范式，是指一个关系模式按照规范化理论设计符合哪个级别的要求。

2. 范式之间的关系及规范化过程

各范式之间的关系及规范化过程如下：

① 取原始的 1NF 关系模式，消去任何非主属性对关键字的部分函数依赖，从而产生一组 2NF 关系模式。

② 取 2NF 关系模式，消去任何非主属性对关键字的传递函数依赖，产生一组 3NF 关系模式。

③ 取 3NF 关系模式的投影，消去决定因素不是候选关键字的函数依赖，产生一组 BCNF 关系模式。

④ 取 BCNF 关系模式的投影，消去其中不是函数依赖的非平凡的多值依赖，产生一组 4NF 关系模式。

⑤ 取 4NF 关系模式的投影，消除不是由候选码所蕴含的连接依赖，从最终结构重新建立原始结构，产生一组 5NF 关系模式。

所以有：1NF⊃2NF⊃3NF⊃BCNF⊃4NF⊃5NF。各范式之间的关系如图 3-1 所示。

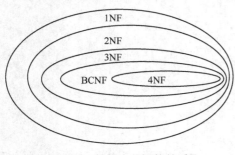

图 3-1 各范式之间的关系

3.1.1 函数依赖

函数依赖（Functional Dependency）是关系模式

中各个属性之间的一种依赖关系，是规范化理论中一个最重要、最基本的概念。

定义 1 设 $R(U)$ 是属性集 U 上的关系模式，X 和 Y 均为 U 的子集。如果 $R(U)$ 的任意一个可能的关系 r 都存在着对于 X 的每个具体值，Y 都有唯一的具体值与之对应，则称 X 函数决定 Y，或 Y 函数依赖于 X，记为：$X \rightarrow Y$。称 X 为决定因素，Y 为依赖因素。

因此，函数依赖这个概念是属于语义范畴的。通常，只能根据语义确定属性间是否存在函数依赖关系。例如，姓名→成绩，这个函数依赖只有在该班级不能有同名人的条件下成立。如果允许有同名人，则成绩就不再函数依赖于姓名了。设计者也可以对现实世界进行强制的规定。例如，规定不允许同名人出现，因而使姓名→成绩函数依赖成立。这样，当插入某个元组时，这个元组上的属性值必须满足规定的函数依赖，若发现有同名人存在，则拒绝插入该元组。

下面介绍一些术语和记号：

① $X \rightarrow Y$，但 $Y \nsubseteq X$，则称 $X \rightarrow Y$ 是非平凡的函数依赖。若不特别声明，则总是讨论非平凡函数依赖。

② $X \rightarrow Y$，但 $Y \subseteq X$，则称 $X \rightarrow Y$ 是平凡的函数依赖。

③ 若 $X \rightarrow Y$，则 X 称为决定因素。

④ 若 $X \rightarrow Y$，$Y \rightarrow X$，则记作 $X \leftrightarrow Y$。

⑤ 若 Y 不函数依赖于 X，则记作 $X \nrightarrow Y$。

定义 2 在 $R(U)$ 中，如果 $X \rightarrow Y$，并且对于 X 的任何一个真子集 X'，都有 $X' \nrightarrow Y$，则称 Y 对 X 完全函数依赖，记作：$X \xrightarrow{F} Y$。

若 $X \rightarrow Y$，但 Y 不完全函数依赖于 X，则称 Y 对 X 部分函数依赖，记作：$X \xrightarrow{P} Y$。

定义 3 在 $R(U)$ 中，如果 $X \rightarrow Y$（Y 不属于 X），$Y \nrightarrow X$，$Y \rightarrow Z$，则称 Z 对 X 传递函数依赖。

3.1.2 范式

关系数据库中的关系是满足一定要求的，满足不同程度要求的为不同的范式。满足最低要求的叫第一范式。在第一范式中满足进一步要求的为第二范式，其余类推。

1. 第一范式（1NF）

第一范式是关系模式满足所要遵循的最基本的条件，是所有范式的基础，即：关系模式中的每个属性必须是不可再分的简单项，不能是属性组合。

定义 4 如果关系模式 R，其所有的属性均为简单属性，即每个属性都是不可再分的，则称 R 属于 1NF，记为 $R \in 1NF$。不满足 1NF 条件的关系模式称为非规范化关系模式。在关系型数据库系统中只讨论规范化的关系模式，凡非规范化关系模式必须化成规范化的关系模式。方法是：在非规范化的关系模式中去掉组属性和重复数据项，即让所有的属性均为原子项，就满足 1NF 的条件，变为规范化的关系模式。

【例 3-1】 职工表存储了员工的基本信息，见表 3-1。

表 3-1 职工表

姓 名	性 别	出生日期	薪 水	
			基本工资	奖 金
刘子峰	男	1975-12-10	4000	1900
赵凌莉	女	1980-06-19	3500	1500

职工表中的"薪水"属性列又细分为"基本工资"和"奖金"两列,所以不是1NF,更不是关系表。所有的关系表都必须符合1NF。

可以将表3-1转换为符合1NF的关系表,见表3-2。

表3-2 转换后的职工表

姓 名	性 别	出 生 日 期	基 本 工 资	奖 金
刘子峰	男	1975-12-10	4000	1900
赵凌莉	女	1980-06-19	3500	1500

2. 第二范式(2NF)

定义5 设有关系模式 R 是属于1NF的关系模式,如果它的所有非主属性都完全函数依赖于码,则称 R 是2NF的关系模式,记为 $R \in 2NF$。

【例3-2】 学生_课程表存储了学生选修课程的信息,见表3-3。

表3-3 学生_课程表

学 号	姓 名	课程编号	课程名称
2016021224	张兰婷	202	中国古代史
2016002406	刘雨航	203	世界史
2015161336	王峰宇	102	数据库原理
2016001203	赵广田	101	计算机网络
2015021268	秦燕菲	203	世界史

学生_课程表的码(即关键字)是"学号"和"课程编号"的属性组合。对于非码属性"姓名"来说,只函数依赖于"学号",而不函数依赖于"课程编号",所以不是2NF。可以将表3-3分解为两个表,见表3-4和表3-5。

表3-4 课程表

课程编号	课程名称
101	计算机网络
102	数据库原理
202	中国古代史
203	世界史

表3-5 学生表

学 号	姓 名	课程编号
2016021224	张兰婷	202
2016002406	刘雨航	203
2015161336	王峰宇	102
2016001203	赵广田	101
2015021268	秦燕菲	203

经过分解后,这两个关系表的非主属性都完全函数依赖于码,所以它们都符合2NF。

3. 第三范式（3NF）

定义 6 在关系模式 R<U, F>中，若不存在这样的码 X、属性组 Y 及非主属性 Z（Z 不是 Y 的子集），使得 X→Y, (Y↛X)Y→Z 成立，则称 R<U, F>∈3NF。由定义可以证明，若 R∈3NF，则每个非主属性既不部分函数依赖于码，也不传递函数依赖于码。

【例 3-3】 图书表存储了图书的信息，见表 3-6。

表 3-6 图书表

图 书 号	图 书 名	类 型 号	类 型 名
201310225	计算机网络	18	计算机类
201310079	数据库原理	18	计算机类
201000205	中国古代史	06	历史类
201300096	世界史	06	历史类
201230328	电磁学	15	物理类
201450200	艺术概论	21	艺术类
201070201	有机化学	09	化学类

图书表中"图书号"为关键字。对于非码属性"类型号"和"类型名"来说，它们传递函数依赖于关键字，所以图书表不符合 3NF。可以将表 3-6 分解为两个表，见表 3-7 和表 3-8。

表 3-7 图书表

图 书 号	图 书 名	类 型 号
201310225	计算机网络	18
201310079	数据库原理	18
201000205	中国古代史	06
201300096	世界史	06
201230328	电磁学	15
201450200	艺术概论	21
201070201	有机化学	09

表 3-8 类型表

类 型 号	类 型 名
18	计算机类
06	历史类
15	物理类
21	艺术类
09	化学类

经过分解后，这两个关系表都不存在传递函数依赖关系，所以它们都符合 3NF。

一个关系模式达到 3NF 后，基本解决了异常问题，但不能彻底解决数据冗余问题。

4. Boyce-Codd 范式（BCNF）

BCNF 是由 Boyce 和 Codd 提出来的，通常认为 BCNF 是修正的 3NF，有时也称为扩充的 3NF。

定义 7 关系模式 R<U, F>属于 1NF，若 X→Y，且 Y 不是 X 的子集，X 必含有码，那么称 R<U, F>是 BCNF 关系模式。

【例 3-4】 学生_教师_课程表存储了学生选课的基本信息，见表 3-9。

表 3-9 学生_教师_课程表

学 号	教 师 编 号	课 程 编 号
2016021224	10506	1012
2016002406	15252	2123
2015161336	13628	1053

在学生_教师_课程表中，如果规定每个教师只教一门课，但一门课可以由多个教师讲授，对于每门课，每个学生只由一个教师讲授，即"学号"属性和"课程编号"属性函数依赖于"教师编号"属性，"教师编号"属性函数依赖于"课程编号"属性，"学号"属性和"教师编号"属性函数依赖于"课程编号"属性。所以该表不符合 BCNF。可以将表 3-9 分解为两个表，见表 3-10 和表 3-11。

表 3-10 学生_课程表

学 号	课程编号
2016021224	1012
2016002406	2123
2015161336	1053

表 3-11 学生_教师表

学 号	教师编号
2016021224	10506
2016002406	15252
2015161336	13628

经过分解后，这两个关系表都符合 BCNF。

5. 第四范式（4NF）

定义 8 关系模式 $R<U, F>\in$ 1NF，如果对于 R 的每个非平凡的多值依赖 $X \to Y$（$Y \nsubseteq X$），X 都含有码，则称 $R<U, F>\in$ 4NF。

【例 3-5】 兴趣表存储了学生的爱好信息，见表 3-12。

表 3-12 兴趣表

学 号	运 动	水 果
2016076224	足球	
2016018406	篮球	苹果
2016167836		橘子

在兴趣表中，"学号"属性为主关键字，但是"学号"属性与"运动"属性、"水果"属性是一对多的关系。这使得表数据冗余，有大量的空值存在，并且不对称，不符合 4NF。可以将表 3-12 分解为两个表，见表 3-13 和表 3-14。

表 3-13 兴趣_运动表

学 号	运 动
2016076224	足球
2016018406	篮球

表 3-14 兴趣_水果表

学 号	水 果
2016018406	苹果
2016167836	橘子

经过分解后，这两个关系表都符合 4NF。

有关第五范式的知识，本节不予介绍。

其实，关系模式的规范化就是将一个不规范的关系表分解为多个规范化的关系表的过程。

关系模式规范化理论为数据库设计提供了理论指南和工具，但这些指南和工具在结合应用环境和现实世界具体实施数据库设计时应灵活掌握，并不是规范化程度越高，模式就越好。规范化程度越高，做综合查询时付出的连接运算的代价就越大。在实际设计关系模式时，分解进行到 3NF 就可以了。至于一个具体的数据库关系模式设计要分解到第几范式，应综合利弊，全面衡量，依实际情况而定。

3.2 数据库设计的特点

数据库中的数据不是相互孤立的，数据库在系统中扮演着支持者的角色，而通常把使用数据库的各类信息系统都称为数据库应用系统。广义地讲，数据库设计是数据库及其应用系统的设计，即设计整个数据库应用系统；狭义地讲，数据库设计就是设计数据库本身。本书主要介绍狭义的数据库设计。

数据库设计是指对于一个给定的应用环境，构造最优的数据库模式，建立数据库，使之能够有效地存储数据，满足各种用户的应用需求。

大型数据库的特点是数据量庞大、数据保存时间长、数据关联比较复杂、用户要求多样化。因此，数据库设计既是一项涉及多学科的综合性技术，又是一项庞大的工程。

1．数据库设计人员应该具备的技术和知识

要设计一个性能优良的数据库，数据库设计人员应该具备数据库的基本知识和数据库设计的技术、计算机科学的基础知识和程序设计的方法与技巧、软件工程的原理和方法，以及相关应用领域的知识。

2．数据库设计的方法

数据库设计应该和应用系统设计相结合，也就是说，整个设计过程要把结构（数据）设计和行为（处理）设计密切结合起来。这是数据库设计的特点之一。结构（数据）设计用于设计数据库框架或数据库结构，行为（处理）设计用于设计应用程序、事务处理等。

数据库设计有两种不同的方法：

① 以信息需求为主，兼顾处理需求，这种方法称为面向数据的设计方法。
② 以处理需求为主，兼顾信息需求，这种方法称为面向过程的设计方法。

3．数据库设计的评定

对于什么样的数据库是一个好的数据库，事实上并没有一个严格、规范的标准来判定。因为每个数据库都有其自身的用途。用途不同，设计角度就不同，设计方法也不同，最后的数据库也不同。

一个好的数据库应该满足以下特征：

① 便于检索所需要的数据。
② 具有较高的完整性、较好的数据更新一致性。
③ 使系统具有尽可能良好的性能。

有些具体的特征可以帮助用户判断什么是设计得不好的数据库：

① 需要多次输入相同的数据，或需要输入多余的数据。
② 返回不正确的查询结果。
③ 数据之间的关系难以确定。
④ 表或列的名称不明确。

在数据库的设计中，应尽量保证设计的数据库具有好的特征，同时应尽量避免具有上述一些不好的特征。

4．数据库设计的基本规律

数据库设计具有 3 个基本规律。

① 反复性（Iterative）。一个性能优良的数据库不可能一次性地完成设计，需要经过多次、反复的设计。

② 试探性（Tentative）。一个数据库设计完毕，并不意味着数据库设计工作完成，还需要经过实践的检验。通过实际使用，再进一步完善数据库设计。

③ 分步进行（Multistage）。由于一个实际应用的数据库往往都非常庞大，而且涉及许多方面的知识，因此需要分步进行，最终满足用户的需要。

数据库设计其实就是软件设计，软件都有软件生存期。软件生存期是指从软件的规划、研制、实现、投入运行后的维护，直到它被新的软件所取代而停止使用的整个期间。

3.3 数据库设计的步骤

按照规范化设置的方法，考虑数据库及其应用系统开发的全过程，通常将数据库设计分为 6 个阶段：需求分析阶段、概念结构设计阶段、逻辑结构设计阶段、物理结构设计阶段、数据库实施阶段、数据库运行和维护阶段。

一个完善的数据库应用系统不可能一蹴而就，而是上述 6 个阶段的不断反复。在设计过程中，把数据库的设计和对数据库中数据处理的设计紧密结合起来，将这两方面的需求分析、抽象、设计、实现在各个阶段同时进行，相互参照，相互补充，以完善两方面的设计。

3.3.1 需求分析阶段

需求分析就是分析用户对数据库的具体要求，是整个数据库设计的起点和基础。需求分析的结果将直接影响以后的设计，并会影响设计结果是否合理和实用。需求分析阶段是数据库设计的第一步，也是最困难、最耗时的一步。

需求分析就是理解用户需求，询问用户如何看待未来的需求变化。让用户解释其需求，而且随着开发的继续，还要经常询问用户，以保证其需求仍然在开发的目的之中。了解用户需求有助于在以后的开发阶段节约大量的时间。同时，应该重视输入/输出，增强应用程序的可读性。需求分析主要考虑"做什么"，而不考虑"怎么做"。

需求分析的结果是产生用户和设计者都能接受的需求说明书，作为下一步数据库概念结构设计阶段的基础。

3.3.2 概念结构设计阶段

需求分析阶段描述的用户需求是面向现实世界的具体要求。将需求分析得到的用户需求抽象为信息结构即概念模型的过程就是概念结构设计，是整个数据库设计的关键。

1. 概念结构设计的任务

概念结构设计就是将需求分析得到的信息抽象化为概念模型。概念结构设计应该能真实、充分地反映现实世界，包括事物和事物之间的联系，能满足用户对数据的处理要求；同时，要易于理解、易于更改，并易于向各种数据模型转换。概念结构具有丰富的语义表达能力，能表达用户的各种需求。它不但反映现实世界中各种数据及其复杂的联系，而且应该独立于具体的 DBMS，易于用户和数据库设计人员理解。

概念结构设计的工具有多种，其中最常用、最有名的就是 E-R 图。概念结构设计的任务其实就是绘制数据库的 E-R 图。

2. 概念结构设计的步骤

概念结构设计分为 3 步，即设计局部概念、综合成全局概念、评审。

（1）设计局部概念

设计局部概念，即设计局部 E-R 图的任务是，根据需求分析阶段产生的各个部门的数据流图和数据字典中的相关数据，设计出各项应用的局部 E-R 图。具体步骤如下：

① 确定数据库需要的实体。
② 确定各个实体的属性（包括每个实体的主属性），以及与实体的联系。
③ 画出局部 E-R 图。

例如，一个数据库需要多个实体，每个实体都有自己的属性（包括主属性），如图 3-2 所示。

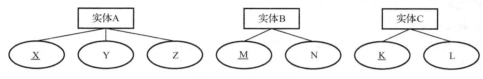

图 3-2 局部 E-R 图

（2）综合成全局概念

综合成全局概念，即根据联系将局部 E-R 图综合成一个完整的全局 E-R 图。具体步骤如下：

① 确定各个实体之间的联系。哪些实体之间有联系，联系类型是什么，需要根据用户的整体需求来确定。
② 画出联系，将局部 E-R 图综合起来。

例如，将如图 3-2 所示的局部 E-R 图联系起来，综合成一个完整的全局 E-R 图，结果如图 3-3 所示。

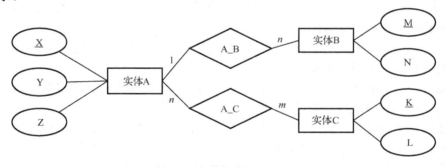

图 3-3 完整的全局 E-R 图

（3）评审

将局部 E-R 图根据联系，综合成一个完整的全局 E-R 图，这并不只是简单的整合，还需要进行评审。评审需要根据用户的整体需求来确定哪些数据或联系是冗余的。在整合时，将冗余数据与冗余联系加以消除。

总之，经过评审，消除属性冲突、命名冲突、结构冲突、数据冗余等，最终形成一个全局 E-R 图。

3.3.3 逻辑结构设计阶段

概念结构设计是独立于任何一种数据模型的信息结构，因此需要转换为逻辑结构。

1. 逻辑结构设计的任务

逻辑结构设计的任务就是把概念结构设计阶段设计好的基本 E-R 图转换为与指定的 DBMS 所支持的数据模型相符合的逻辑结构。

从理论上讲，设计逻辑结构应该选择最适合相应概念结构的数据模型，然后对支持这种数据模型的各种 DBMS 进行比较，从中选出最合适的 DBMS。但实际情况往往是用户已经指定好了 DBMS，而且现在的 DBMS 一般都是关系型数据库管理系统（RDBMS），所以设计人员没有什么选择余地。

2. 逻辑结构设计的步骤

逻辑结构设计一般分为以下两步。

（1）将 E-R 图转换为关系模型

将 E-R 图转换为适当的关系模型。因为现在常用的 DBMS 都是基于关系模型的，所以，通常只需要将 E-R 图转换为关系模型即可。

将 E-R 图转换为关系模型一般应遵循的原则是：一个实体转换为一个关系模式，实体名转换为关系名，实体属性转换为关系属性。

由于实体之间的联系分为一对一、一对多和多对多三种，因此实体之间的联系转换时，也有不同的情况。

① 一个一对一联系可以转换为一个独立的关系模式，也可以与任意一端对应的关系模式合并。如果转换为一个独立的关系模式，则与该联系相连的各实体的码及联系本身的属性均转换为关系模式的属性。如果与某一端实体对应的关系模式合并，则需要在该关系模式的属性中加入另一个关系模式的码及联系本身的属性。

② 一个一对多联系可以转换为一个独立的关系模式，也可以与 n 端对应的关系模式合并。合并转换规则与一对一联系一样。

③ 一个多对多联系转换为一个独立的关系模式。与该联系相连的各实体的码及联系本身的属性均转换为关系模式的属性。

三个或三个以上实体间的一个多元联系可以转换为一个关系模式，但是较为复杂。

原则上，应合并码相同的关系模式。

这一阶段还需要设计外模式，即用户子模式。根据局部应用需要，结合具体 DBMS 的特点，设计用户子模式。利用关系数据库提供的视图机制、目标，方便用户对系统的使用（例如命名习惯、常用查询），满足系统对安全性的要求（例如安全保密）。

例如，将图 3-3 的 E-R 图转换为关系模型：

  关系 A(X,Y,Z)

  关系 B(M,N)

  关系 C(K,L)

（2）数据模型优化

数据库的逻辑结构设计结果不是唯一的。为了进一步提高数据库应用系统的性能，还应该根据应用需求适当地修改、调整数据模型的结构。这就是数据模型优化。规范化理论为数据库设计人员提供了判断关系模式优劣的理论标准。

（3）数据库命名规则

在概念结构设计阶段，实体和属性的命名可以比较随意。而在逻辑结构设计阶段，关系模式和属性要求尽量规范化命名。通常，尽量不用汉字，最好采用有意义的汉语拼音或英文来命名；可以是全拼，也可以是缩写，也可以是连写，通常第一个单词的字母都大写，例如 Xs，Student，Stu，TeacherName 等；如果一个关系模式是由多个其他关系模式的属性组合而成的，则可以使用其他关系模式名加下画线连接来命名，例如 cj，Student_Score 等，但注意不要起太长的名字；如果多个表里有多个同一类型的字段，例如 FirstName，最好用特定表的前缀来帮助标识字段，例如 StuFirstName。

本书中数据库及数据库对象等都使用英文单词且每个单词首字母大写的 Pascal 命名法。

3.3.4 物理结构设计阶段

物理结构设计阶段用于为数据模型选取一个最适合应用环境的物理结构，包括数据库在物理设备上的存储结构和存取方法。

1．物理结构设计的任务

物理结构设计根据具体 DBMS 的特点和处理的需要，将逻辑结构设计的关系模式进行物理存储安排，建立索引，形成数据库内模式。数据库物理结构要能满足事务在数据库上运行时响应时间短、存储空间利用率高和事务吞吐率大的要求。为此，数据库设计人员需要对要运行的事务进行详细分析，获得所需的参数，并全面了解给定 DBMS 的功能、物理环境和工具。

2．物理结构设计的步骤

物理结构设计通常分为以下两步。

（1）确定数据库的物理结构

根据具体 DBMS 的特定要求，将逻辑结构设计阶段得到的关系模式转化为特定存储单位，一般是表。一个关系模式转换为一个表，关系名转换为表名。关系模式中的一个属性转换为表中的一列，关系模式中的属性名转换为表中的列名。

为了提高物理数据库读取数据的速度，还可以设置索引等。为了保证物理数据库的数据完整性、一致性，还可以设置完整性约束等。

（2）对物理结构进行评价

数据库物理结构设计的过程中，需要确定数据的存放位置、计算机系统的配置等，还需要对时间效率、空间效率、维护代价和各种用户需求进行权衡，其结果也可以产生多种方案。数据库设计人员必须从中选择一个较优的方案作为数据库的物理结构。

3.3.5 数据库实施阶段

完成数据库物理结构设计之后，数据库设计人员就要用 DBMS 提供的数据定义语言和其他实用程序，将数据库逻辑结构设计和物理结构设计阶段的结果严格地描述出来，成为 DBMS 可以接受的源代码，再经过调试产生目标模式，然后组织数据入库，这就是数据库的实施阶段。

对数据库的物理结构设计初步评价完成后，就可以开始建立数据库。数据库实施主要包括：定义数据库结构、组织数据入库、编制与调试应用程序、数据库试运行。

（1）定义数据库结构

确定了数据库的逻辑结构与物理结构后，就可以用所选的 DBMS 提供的数据定义语言来严格描述数据库的结构。

（2）组织数据入库

数据库结构建立好后，就可以向数据库中装入数据了。组织数据入库是数据库实施阶段最主要的工作。数据入库可以人工入库，也可以通过计算机辅助入库。

（3）编制与调试应用程序

数据库应用程序的设计应该与数据入库并行。当数据库结构建立好后，就可以开始编制与调试数据库的应用程序，也就是说，编制与调试应用程序与组织数据入库是同步进行的。

（4）数据库试运行

应用程序调试完成，并且已有一小部分数据入库后，就可以开始数据库的试运行。试运行需要对数据库进行功能测试和性能测试。如果功能或性能测试指标不能令用户满意，则需要进行局部修改，有时甚至需要返回逻辑结构设计阶段，重新调整或设计。

3.3.6 数据库运行和维护阶段

数据库试运行合格后，数据库开发工作就基本完成，可以投入正式运行了。数据库投入运行标志着开发任务的基本完成和维护工作的开始。由于应用环境在不断变化，数据库运行过程中物理存储会不断变化，因此，对数据库设计进行评价、调整、维修等维护工作是一个长期的任务，也是设计工作的继续和提高。

在数据库运行阶段，对数据库还要进行经常性的维护，维护工作主要由数据库管理员完成。这一阶段的工作主要包括数据库的转储和恢复，数据库的安全性、完整性控制，数据库性能的监督、分析和改进，数据库的重组织和重构造等。

3.4 关系型数据库管理系统

目前，商品化的数据库管理系统以关系型数据库管理系统为主导产品，技术比较成熟，主要有：SQL Server，Oracle，Sybase，Informix，DB2 等。

1. SQL Server

SQL Server 是微软公司推出的数据库管理系统。SQL Server 作为微软在 Windows 系列平台上开发的数据库管理系统，凭借着微软在操作系统和配套软件方面的绝对垄断地位，一经推出，就以其易用性得到了很多用户的青睐。SQL Server 上手容易、兼容性良好，特别是针对电子商务和 Web 数据库方面，提供了对可扩展标记语言（eXtensible Markup Language，XML）的核心支持，以及在 Internet 上和防火墙外进行查询的能力，具有高效的数据分析性能、灵活的业务扩展性和与操作系统集成的安全性。

2. Oracle

Oracle 是甲骨文公司的产品。Oracle 可全面完整地实施从前台办公的客户关系管理应用到后台办公的管理应用及平台基础结构，为用户提供完整、先进的电子商务解决方案。Oracle 可运行在 PC、工作站、小型机、主机、大规模并行计算机及 PDA 等各种计算设备上。

Oracle 数据库产品具有良好的兼容性、可移植性、可联结性、高生产率、开放性等特性，并且提供了完整的电子商务产品和服务，包括：用于建立和交付基于 Web 的 Internet 平台；综合、全面的具有 Internet 能力的商业应用；强大的专业服务，可帮助用户实施电子商务战略，以及设计、定制和实施各种电子商务解决方案。

3. Sybase

Sybase 数据库是 Sybase 公司的产品。Sybase 不但在企业数据管理和应用开发方面具有强大的优势,而且在移动和嵌入式计算、数据仓库及 Web 计算环境领域为用户提供端到端的解决方案。

Sybase 数据库主要有三种版本:一是 UNIX 操作系统下运行的版本,二是 Novell Netware 环境下运行的版本,三是 Windows 环境下运行的版本。对 UNIX 操作系统,目前广泛应用的为 Sybase 10 及 Sybase 11 for SCO UNIX。

Sybase 数据库是基于客户-服务器体系结构的数据库,它支持共享资源且在多台设备间平衡负载,允许容纳多个主机的环境,可以充分利用企业已有的各种系统。Sybase 是真正开放的数据库,由于采用了客户-服务器结构,因此应用被分在了多个机器上运行。运行在客户端的应用不必是 Sybase 公司的产品。对于一般的关系数据库,为了让其他语言编写的应用能够访问数据库,提供了预编译。

4. Informix

Informix 是 Informix 公司的产品,它的产生是为 UNIX 等开放型操作系统提供专业的关系型数据库产品。

Informix 包括:Informix-Online Dynamic Server,是最常用的,被称为联机动态服务器,也就是常说的数据库服务器;Informix-Online Extended Parallel Server,适用于大型数据库应用;Informix-Universal Server,专门用于处理丰富而复杂的数据。目前,Informix 在保险业和银行用得比较多。

5. DB2

DB2 是 IBM 公司的产品,起源于 System R 和 System R*。它支持从 Windows 到 UNIX,从中小型机到大型机;从 IBM 到非 IBM(HP 及 SUN UNIX 系统等)各种操作平台。它既可以在主机上以主/从方式独立运行,也可以在客户-服务器环境中运行。其中,服务器平台可以是 OS/400,AIX,OS/2,HP-UNIX,SUN-Solaris 等操作系统,客户机平台可以是 OS/2 或 Windows,DOS,AIX,HP-UX,SUN Solaris 等操作系统。

DB2 数据库核心又称为 DB2 公共服务器,采用多进程多线程体系结构,可以运行于多种操作系统之上,并分别根据相应的平台环境进行调整和优化,以便能够达到较好的性能。

3.5 实训——学籍管理系统设计

在如图 2-19 所示的学籍管理系统的基本 E-R 图基础上,按照逻辑结构设计的步骤,逐步设计学籍管理系统的逻辑结构。

设计过程如下。

1. 将实体转化为关系模式

根据图 2-19,将其中的实体转化为如下的关系(关系的码用下画线标出):

(1)将学生实体转化为学生关系

学生(<u>学号</u>,姓名,性别,出生日期,家庭地址,电子邮件)

(2)将班级实体转化为班级关系

班级(<u>班级编号</u>,班级名称,班级人数)

(3) 将系实体转化为系关系

系（<u>系编号</u>，系名称，电话）

(4) 将课程实体转化为课程关系

课程（<u>课程编号</u>，课程名称，学分，学期，总学时，先修课程编号，课程介绍）

(5) 将教师实体转换为教师关系

教师（<u>教师编号</u>，姓名，性别，参加工作日期，出生日期）

(6) 将职称实体转化为职称关系

职称（<u>职称编号</u>，职称说明）

(7) 将课程类型实体转化为课程类型关系

课程类型（<u>课程类型编号</u>，课程类型说明）

2. 将联系转化为关系模式

根据如图 2-19 所示的基本 E-R 图，将其中的联系转化为如下的关系模式（关系的码用下画线标出）：

(1) 将 1∶n 的联系转化为关系模式

1∶n 的联系转化为关系模式有两种方法：一种方法是使其转化为一个独立的关系模式，另一种方法是与 n 端合并。因为后一种方法最常用，所以这里选用合并的方法。

① 班级与系的"隶属"联系。将班级与系的"隶属"联系与班级关系模式合并，班级关系模式变为：

班级（<u>班级编号</u>，班级名称，班级人数，系编号）

② 教师与班级的"管理"联系。将教师与班级的"管理"联系与班级关系模式合并，班级关系模式变为：

班级（<u>班级编号</u>，班级名称，班级人数，系编号，教师编号）

③ 教师与系的"就职"联系。将教师与系的"就职"的联系与教师关系模式合并，教师关系模式变为：

教师（<u>教师编号</u>，姓名，性别，参加工作日期，出生日期，系编号）

④ 教师与职称的"聘任"联系。将教师与职称的"聘任"联系与教师关系模式合并，教师关系模式变为：

教师（<u>教师编号</u>，姓名，性别，参加工作日期，出生日期，系编号，职称编号）

⑤ 课程与课程类型的"属于"联系。将课程与课程类型的"属于"联系与课程关系模式合并，课程关系模式变为：

课程（<u>课程编号</u>，课程名称，学分，学期，总学时，先修课程编号，课程介绍，课程类型编号）

⑥ 学生与班级的"所在"联系。将学生与班级的"所在"联系与学生关系模式合并，学生关系模式变为：

学生（<u>学号</u>，姓名，性别，出生日期，家庭地址，电子邮件，班级编号）

(2) 将 m∶n 的联系转化为关系模式

① 学生与课程的"选课"联系。将"选课"转化为一个关系模式：

选课（<u>学号</u>，<u>课程编号</u>，选修学期，成绩）

② 教师与课程的"授课"联系。将"授课"转化为一个关系模式：

授课（<u>教师编号</u>，<u>课程编号</u>，授课学期，授课地点）

将实体和联系系转化为关系模式后，学籍管理系统的关系模型见表 3-15。

表 3-15 学籍管理系统的关系模型

数据性质	关系名	属 性	说 明
实体	学生	<u>学号</u>，姓名，性别，出生日期，家庭地址，电子邮件，班级编号	班级编号为合并后关系模式新增属性
实体	教师	<u>教师编号</u>，姓名，性别，参加工作日期，出生日期，系编号，职称编号	系编号、职称编号为合并后关系模式新增属性
实体	课程	<u>课程编号</u>，课程名称，学分，学期，总学时，先修课程编号，课程介绍，课程类型编号	课程类型编号为合并后关系模式新增属性
实体	班级	<u>班级编号</u>，班级名称，班级人数，系编号，教师编号	系编号、教师编号为合并后关系模式新增属性
实体	系	<u>系编号</u>，系名称，电话	
实体	职称	<u>职称编号</u>，职称说明	
实体	课程类型	<u>课程类型编号</u>，类型说明	
m∶n 联系	选课	<u>学号</u>，<u>课程编号</u>，选修学期，成绩	
m∶n 联系	授课	<u>教师编号</u>，<u>课程编号</u>，授课学期，授课地点	

3. 学籍管理系统用户子模式设计

为了方便不同用户使用，需要使用更符合用户习惯的别名，并且针对不同级别的用户定义不同视图，以满足系统对安全性的要求。

（1）建立查询教师教学情况的用户子模式

教师基本信息（教师编号，姓名，性别，学历，职称）

课程开设情况（课程编号，课程名称，课程简介，教师编号，历届成绩，及格率）

（2）建立学籍管理人员用户子模式

学生基本情况（学号，姓名，性别，籍贯，班级，系，获取总学分）

授课效果（课程编号，选修学期，平均成绩）

（3）建立学生用户子模式

考试通过基本情况（学号，姓名，班级，课程名称，成绩）

（4）建立教师用户子模式

选修学生情况（课程编号，学号，姓名，班级，系，平均成绩）

授课效果（课程编号，选修学期，平均成绩）

习题 3

一、填空题

1. 关系数据库是以（　　　　　）为基础的数据库，利用（　　　　　）描述现实世界。一个关系既可以描述（　　　　　），也可以描述（　　　　　）。

2. 在关系数据库中，二维表称为一个（　　　），表的一行称为（　　　），表的一列称为（　　　）。

3. 数据完整性约束分为（　　　）、（　　　）和（　　　）。

二、选择题

1. 设属性 A 是关系 R 的主属性，则属性 A 不能取空值（NULL），这是＿＿＿＿。

A. 实体完整性规则　　　　　　　　B. 参照完整性规则
C. 用户定义完整性规则　　　　　　D. 域完整性规则

2. 下面对于关系的叙述中，不正确的是_____。
   A. 关系中的每个属性是不可分解的　　B. 在关系中元组的顺序是无关紧要的
   C. 任意的一张二维表都是一个关系　　D. 每个关系只有一种记录类型

3. 一台机器可以加工多种零件，每种零件可以在多台机器上加工，机器和零件之间为_____的联系。
   A. 1对1　　　　B. 1对多　　　　C. 多对多　　　　D. 多对1

4. 下面有关 E-R 模型向关系模型转换的叙述中，不正确的是_____。
   A. 一个实体类型转换为一个关系模式
   B. 一个 1:1 联系可以转换为一个独立的关系模式，也可以与联系的任意一端实体所对应的关系模式合并
   C. 一个 1:n 联系可以转换为一个独立的关系模式，也可以与联系的任意一端实体所对应的关系模式合并
   D. 一个 m:n 联系转换为一个关系模式

三、问答题

1. 定义并解释下列术语，说明它们之间的联系与区别：
   ① 主码、候选码、外码。
   ② 笛卡儿积、关系、元组、属性、域。
   ③ 关系、关系模式、关系数据库。

2. 试述关系模型的完整性规则。在参照完整性中，为什么外码属性的值也可以为空？在什么情况下才可以为空？

3. 仅满足 1NF 的关系模式存在哪些操作异常？是什么原因引起的？

四、设计题

1. 某学校由系、教师、学生和课程等基本对象组成，每个系有一个系主任和多个教师，一个教师仅在一个系任职；每个系需要开设多门不同的课程，一门课程也可在不同的系中开设；一门课程由一到多个教师授课，一个教师可以教授零到多门课程；一个学生可以在不同的系选修多门课程，一门课程可以被多个学生选修。假定系的基本数据项有系编号、系名称、位置；课程的基本数据项有课程编号、课程名称、开课学期、学分；学生的基本数据项有学号、姓名、性别；教师有教师编号、教师姓名、职称等数据项。请设计该学校的概念模型并用 E-R 图表示，并将此 E-R 图转换为相应的关系模型。

2. 某超市公司下属有若干连锁商店，每个商店经营若干商品，每个商店有若干职工，但每个职工只能在一个商店中工作。设实体"商店"的属性有：商店编号、店名、店址、店经理。实体"商品"的属性有：商品编号、商品名、单价、产地。实体"职工"的属性有：职工编号、职工名、性别、工资。试画出反映商店、商品、职工实体及其联系的 E-R 图，要求在联系中应反映出职工在某个商店工作的起止时间，以及商店销售商品的月销售量，并将此 E-R 图转换为相应的关系模型。

3. 设某网站开设虚拟主机业务，需要设计一个关系数据库进行管理。网站有多个职工，参与主机的管理、维护与销售。一个职工（销售员）可销售多台主机，一台主机只能被一个

销售员销售。一个职工（维护员）可以维护多台主机，一台主机可以被多个维护员维护；一个职工（管理员）可管理多台主机，一台主机只能由一个管理员管理。主机与客户单位及销售员之间存在租用关系，其中主机与各客户单位是多对多联系，即一台主机可分配给多个客户单位，一个客户单位可租用多台主机。每次租用由一个销售员经手。假设职工有职工号、姓名、性别、出生年月、职称、密码等属性，主机有主机序号、操作系统、生产厂商、状态、空间数量、备注等属性，客户单位有单位名称、联系人姓名、联系电话等属性。试画出 E-R 图并将此 E-R 图转换为相应的关系模型。

4．请设计一个图书馆数据库，此数据库中对每个借阅者保存记录，包括：读者号、姓名、地址、性别、年龄、单位。对每本书保存记录，包括：书号、书名、作者、出版社。对每本被借出的书保存记录，包括：借出日期和应还日期。要求：画出该图书馆数据库的 E-R 图，再将其转换为相应的关系模型。

5．如图 3-4 所示是某个教务管理数据库的 E-R 图，将其转换为关系模型（图中关系、属性和联系的含义，已在旁边用汉字标出）。

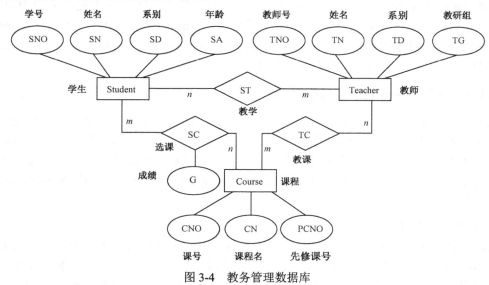

图 3-4 教务管理数据库

第 4 章　SQL Server 2016 基础

SQL Server 是由微软公司开发和推广的关系型数据库管理系统（DBMS）。SQL Server 在数据库流行度排名中，排在 Oracle 之后，位于第二。从易学易用上讲，SQL Server 是最佳的数据库产品。

本章主要介绍 SQL Server 2016 的基本知识，包括 SQL Server 的发展历史，功能简介，安装与配置，主要组件和管理工具，以及服务器的管理等。

4.1　SQL Server 2016 简介

SQL Server 最初是由微软、Sybase 和 Ashton-Tate 三家公司共同开发的，并于 1988 年推出了第一个 OS/2 版本。Microsoft SQL Server（简称 SQL Server）近年来不断更新版本，1996 年，推出了 SQL Server 6.5 版本；1998 年，SQL Server 7.0 版本和用户见面；SQL Server 2000 于 2000 年推出；SQL Server 2016 于 2016 年推出。

4.1.1　SQL Server 2016 新特点

SQL Server 2016 体现了微软数据库平台的历史性跳跃，包含实时运行分析、移动设备丰富可视化、内建高级分析、全新高级安全技术及新的混合云场景支持。除此之外，微软还通过收购 DataZen 公司实现了全设备商业智能展示，通过收购 Revolution Analytics 公司实现了大数据高级分析和数据挖掘，并荣获了 Gartner 数据库魔力象限领导者称号。SQL Server 2016 新特点如下。

1．全程加密技术

全程加密技术（Always Encrypted）支持在 SQL Server 中保持数据加密，只有调用 SQL Server 的应用才能访问加密数据。该功能支持客户端应用所有者控制保密数据，指定哪些人有权限访问。SQL Server 2016 通过验证加密密钥实现了对客户端应用的控制。该加密密钥永远不会传递给 SQL Server。使用该功能，可以避免数据库或者操作系统管理员接触客户应用程序敏感数据（包括静态数据和动态数据）。敏感数据存储在云端管理数据库中，并且永远保持加密，即便是云供应商也看不到数据。

2．动态数据屏蔽

如果希望一部分人可以看到加密数据，而另一部分人只能看到加密数据混淆后的乱码，则可以利用动态数据屏蔽功能（Dynamic Data Masking），将 SQL Server 数据库表中待加密数据列混淆，让那些未授权用户看不到这部分数据。利用动态数据屏蔽功能，还可以定义数据的混淆方式。例如，如果在表中接收并存储信用卡卡号，使用动态数据屏蔽功能定义屏蔽规则就可以限制未授权用户只能看到信用卡号后 4 位，而有权限的用户可以看到完整的信用卡信息。

3．JSON 支持

JSON 就是 Java Script Object Notation（轻量级数据交换格式）。在 SQL Server 2016 中，可以在应用程序和 SQL Server 数据库引擎之间用 JSON 格式交互。微软公司在 SQL Server

中增加了对 JSON 的支持，可以解析 JSON 格式数据然后以关系格式存储。此外，利用对 JSON 的支持，还可以把关系型数据转换成 JSON 格式数据。微软公司还增加了一些函数用于对存储在 SQL Server 中的 JSON 数据执行查询。SQL Server 有了这些内置增强支持 JSON 操作的函数，应用程序使用 JSON 数据与 SQL Server 交互就更容易了。

4. 多 tempdb 数据库

如果是多核计算机，那么运行多个 tempdb 数据库就是最佳实践方法。以前直到 SQL Server 2014 版，安装 SQL Server 之后总是不得不手工添加 tempdb 数据库。在 SQL Server 2016 中，可以在安装 SQL Server 的时候直接配置需要的 tempdb 数据库数量。这样就不需要安装完成之后再手工添加 tempdb 数据库了。

5. PolyBase

PolyBase 支持查询分布式数据集。可以使用 PolyBase 写临时查询，实现 SQL Server 关系型数据与 Hadoop 或者 Azure blob 存储中的半结构化数据之间的关联查询。此外，还可以利用 SQL Server 的动态列存储索引针对半结构化数据来优化查询。如果要组织跨多个分布式位置传递数据，则 PolyBase 可以提供利用 SQL Server 技术访问这些位置的半结构化数据的便捷解决方案。

6. Query Store

如果经常使用执行计划，就会喜欢新版的 Query Store 功能。在 SQL Server 2016 之前的版本中，可以使用动态管理视图（DMV）来查看现有执行计划。但是，DMV 只支持查看计划缓存中当前活跃的计划。如果出了计划缓存，则看不到计划的历史情况。有了 Query Store 功能，SQL Server 现在可以保存历史执行计划。不仅如此，该功能还可以保存那些历史计划的查询统计。这是一个很好的补充功能，可以利用该功能随着时间推移跟踪执行计划的性能。

7. 行级安全（Row Level Security）

SQL Server 数据库引擎具备了行级安全特性以后，可以根据 SQL Server 登录权限限制对行数据的访问。这是通过内联表值函数过滤器谓词定义实现的。安全策略将确保过滤器谓词获取每次 SELECT 或者 DELETE 操作的执行。在数据库层面实现行级安全意味着应用程序开发人员不再需要维护代码来限制某些登录或者允许某些登录访问所有数据。有了这一功能，用户在查询包含行级安全设置的表时，他们甚至不知道自己查询的数据是已经过滤后的部分数据。

8. SQL Server 支持 R 语言

微软公司收购 Revolution Analytics 公司之后，现在可以在 SQL Server 上针对大数据使用 R 语言做高级分析功能了。SQL Server 支持 R 语言处理以后，数据科学家可以直接利用现有的 R 代码在 SQL Server 数据库引擎上运行。这样就不用为了执行 R 语言处理数据而把 SQL Server 数据导出来处理。

Revolution Analytics 公司是耶鲁大学的派生公司，成立于 2007 年，是一家基于开源项目 R 语言做计算机软件和服务的供应商。

9. Stretch Database

Stretch Database 功能提供了把内部部署数据库扩展到 Azure SQL 数据库的途径。有了 Stretch Database 功能，访问频率最高的数据会存储在内部数据库中，而访问较少的数据会离线存储在 Azure SQL 数据库中。当设置数据库为 Stretch 时，那些有些过时的数据就会在后台迁移到 Azure SQL 数据库中。如果需要运行查询同时访问活跃数据和 Stretch 数据库中的历史信息，数据库引擎会将内部数据库和 Azure SQL 数据库无缝对接，查询会返回你要的结果，就像它们在同一个数据源中一样。该功能使得 DBA 的工作更容易了，他们可以将归档的历史信息转到更廉价的存储介质中，无须修改当前实际应用代码。这样可以让常用的内部数据库查询保持最佳性能状态。

10．历史表（Temporal Table）

历史表会在基表中保存数据的旧版本信息。有了历史表功能，SQL Server 会在每次基表中有行更新时，自动管理迁移旧的数据版本到历史表中。历史表在物理上是与基表独立的另一个表，但是与基表有关联关系。如果你已经构建或者计划构建自己的解决方案来管理行数据，那么应该先看看 SQL Server 2016 中新提供的历史表功能，然后再决定是否需要自行构建解决方案。

4.1.2　SQL Server 2016 的版本介绍

根据数据库应用要求、环境、价格的不同，微软发行了 5 个版本的 SQL Server 2016，以满足用户的不同要求。下面对 SQL Server 2016 的各个版本的特性进行简单介绍。

1．Enterprise（企业）版

Enterprise 版作为高级版本，提供了全面的高端数据中心功能，性能极为快捷，虚拟化不受限制，还具有端到端的商业智能，可为关键任务工作负荷提供较高服务级别，支持最终用户访问深层数据。

2．Standard（标准）版

Standard 版提供了基本数据库和商业智能数据库管理，使部门和小型组织能够顺利运行其应用程序并支持将常用开发工具用于内部部署和云部署，有助于以最少的 IT 资源获得高效的数据库管理。

3．Web（网页）版

Web 版对于为从小规模至大规模 Web 资产提供可伸缩性、经济性和可管理性功能的 Web 宿主和 Web VAP（Value Added Process，预存值过程）来说，是一项拥有成本较低的选择。

4．Developer（开发人员）版

Developer 版支持开发人员基于 SQL Server 构建任意类型的应用程序。它包括 Enterprise 版的所有功能，但有许可限制，只能用作开发和测试系统，而不能用作生产服务器。Developer 版是构建 SQL Server 和测试应用程序的人员的理想之选。

5．Express（速成）版

Express 版是入门级的免费数据库，主要用于学习和构建桌面及小型服务器数据驱动应用程序。如果需要使用更高级的数据库功能，则可以将 Express 版无缝升级到其他更高端的版本。

4.2　SQL Server 2016 服务器组件和管理工具

SQL Server 2016 除基本功能外，还配置了许多服务器组件和管理工具。

4.2.1 服务器组件

在安装 SQL Server 时,在安装向导的"功能选择"窗口中,要选择安装 SQL Server 的组件。默认不选中任何功能。

1. SQL Server 数据库引擎

SQL Server 数据库引擎包括数据库引擎、部分工具和数据库引擎服务(DQS)服务器。其中数据库引擎是用于存储、处理和保护数据、复制及全文搜索的核心服务,工具用于管理数据库分析集成中和可访问 Hadoop 及其他异类数据源的 PolyBase 集成中的关系数据和 XML 数据。

2. Analysis Services(分析服务)

Analysis Services 包括一些工具,可用于创建和管理联机分析处理(OLAP)及数据挖掘应用程序。

3. Reporting Services(报表服务)

Reporting Services 包括用于创建、管理和部署表格报表、矩阵报表、图形报表及自由格式报表的服务器和客户端组件。Reporting Services 还是一个可用于开发报表应用程序的可扩展平台。

4. Integration Services(集成服务)

Integration Services 是一组图形工具和可编程对象,用于移动、复制和转换数据。它还包括数据库引擎服务的 Integration Services 组件。

5. Master Data Services

Master Data Services(MDS)是针对主数据管理的 SQL Server 解决方案,可以配置 MDS 来管理任何领域(产品、客户、账户)。MDS 中可包括层次结构、各种级别的安全性、事务、数据版本控制和业务规则,以及可用于管理数据的 Excel 外接程序。

6. R Services(数据库内)

R Services(数据库内)支持在多个平台上使用可缩放的分布式 R 解决方案,并支持使用多个企业数据源(如 Linux,Hadoop,Teradata 等)。

4.2.2 管理工具

SQL Server 需要通过一系列管理工具来进行管理。

1. SQL Server Management Studio

SQL Server Management Studio(SSMS)是用于访问、配置、管理和开发 SQL Server 组件的集成环境。SSMS 使各种技术水平的开发人员和管理员都能使用 SQL Server。

2. SQL Server 配置管理器

SQL Server 配置管理器为 SQL Server 服务、服务器协议、客户端协议和客户端别名提供基本配置管理。

3. SQL Server 事件探查器

SQL Server 事件探查器提供了一个图形用户界面,用于监视数据库引擎实例或 Analysis Services 实例。

4. 数据库引擎优化顾问

数据库引擎优化顾问可以协助创建索引、索引视图和分区的最佳组合。

5. 数据质量客户端

数据质量客户端提供了一个非常简单和直观的图形用户界面，用于连接 DQS 数据库并执行数据清理操作。它还允许集中监视在数据清理操作过程中执行的各项活动。

6. SQL Server Data Tools

SQL Server Data Tools 为 Analysis Services，Reporting Services，Integration Services 和数据库项目提供集成环境，以便在 Visual Studio 内为任何 SQL Server 平台（包括本地和外部）执行其所有数据库设计工作。数据库开发人员可以使用 Visual Studio 中功能增强的服务器资源管理器，轻松创建或编辑数据库对象和数据，或者执行查询。

7. 连接组件

安装用于客户端和服务器之间通信的组件，以及用于 DB-Library，ODBC 和 OLE DB 的网络数据库。

4.3 安装 SQL Server 2016

安装过程需要连接网络，中途不能断网。

4.3.1 JDK 与 JRE 的下载、安装和环境变量的设置

如果要安装 SQL Server 2016 的全部功能，则需要先安装 JDK。若只需要安装数据库功能，不需要使用 Java 语言，则可以不安装 JDK。

1. 下载 JDK

JDK（Java Development Kit）是 Java 语言的软件开发工具包。JDK 是整个 Java 开发的核心，它包含了 Java 的运行环境（JVM+Java 系统类库）和 Java 工具。

① JDK 可以在 Oracle 公司的官网上免费下载，其官网下载地址为：

https://www.oracle.com/technetwork/java/javase/downloads/index.html

Oracle 官方的 Java 下载页面，如图 4-1 所示。因为版本经常更新，所以网页的外观和版本会有所不同。

图 4-1 Oracle 官方的 Java 下载页面

② 单击"Java DOWNLOAD"按钮，显示下载页面，如图 4-2 所示。如果没有看到网页下部的下载内容，则需要向下滚动页面。单击"Accept License Agreement"前面的单选钮，接受许可协议。因为要安装在 64 位 Windows 10 操作系统中，所以在"Windows"后面，单击"jdk-11.0.2_windows-x64_bin.exe"下载链接，下载 Windows 64 位 JDK。

图 4-2　下载 JDK

2．安装 JDK

① jdk-11.0.2_windows-x64_bin.exe 文件下载完成后，双击该安装文件，启动 JDK 安装向导，如图 4-3 所示，单击"下一步"按钮。

② 显示如图 4-4 所示，可以选择安装路径，一般使用默认设置，直接单击"下一步"按钮。

　　图 4-3　JDK 安装向导　　　　　　　　　图 4-4　选择安装路径

③ 安装过程很快，最后显示"完成"对话框，如图 4-5 所示，单击"关闭"按钮，完成安装。

3．下载 JRE

在如图 4-1 所示的 Java 下载页面中，向下滚动页面，直到显示如图 4-6 所示的"JRE DOWNLOAD"按钮。单击该按钮，显示 JRE（Java Runtime Enviroment）下载页面，先单击"Accept License Agreement"前面的单选钮，然后单击"jre-8u201-windows-x64.exe"下载链接，如图 4-7 所示，开始下载。

图 4-5　安装完成

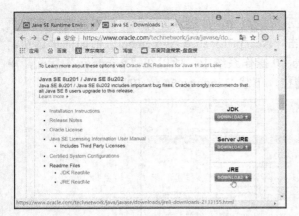
图 4-6 "JRE DOWNLOAD"按钮

图 4-7 下载 JRE

4．安装 JRE

① jre-8u201-windows-x64.exe 文件下载完成后，双击该安装文件，启动 Java 安装向导，如图 4-8 所示，单击"安装"按钮。显示 Java 安装进度对话框，如图 4-9 所示。

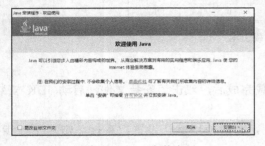
图 4-8 Java 安装向导

图 4-9 Java 安装进度对话框

② 安装完成后，显示如图 4-10 所示对话框，单击"关闭"按钮，完成安装。在文件资源管理器中，可以看到安装 Java 文件的文件夹，如图 4-11 所示。

图 4-10 安装完成

图 4-11 安装 Java 文件的文件夹

5．设置环境变量

环境变量是在操作系统中用来指定操作系统运行环境的一些参数。例如环境变量 Path，当要求系统运行一个应用程序而没有告诉该应用程序所在的完整路径时，除在当前文件夹下寻找此程序外，还会按 Path 中指定的路径去寻找。

为了在 Java 应用程序中操作 SQL Server 数据库，需要设置其环境变量，即 JDK 在

Windows 操作系统中的安装位置。

① 在桌面上右击"此电脑"图标，打开快捷菜单，单击"属性"命令。如果桌面上没有"此电脑"图标，则单击"开始"按钮，选择"Windows 系统"→"控制面板"，查看方式设置为"小图标"，单击"系统"项。

显示控制面板主页，如图 4-12 所示，单击"高级系统设置"链接。

图 4-12　控制面板主页

② 显示"系统属性"对话框，在"高级"选项卡中，单击"环境变量"按钮，如图 4-13 所示。

③ 显示"环境变量"对话框，如图 4-14 所示。不同的系统，显示内容会有所不同。

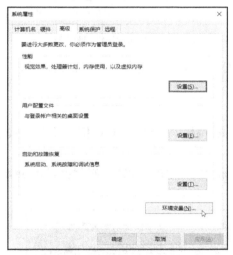

图 4-13　"系统属性"对话框　　　　　　图 4-14　"环境变量"对话框

④ 新建系统变量 JAVA_HOME。在对话框下部的"系统变量"列表框下方单击"新建"按钮，显示"编辑系统变量"对话框，在"变量名"框中输入"JAVA_HOME"，在"变量值"框中按照如图 4-11 所示的 JDK 安装路径输入"C:\Program Files\Java\"，或者单击"浏览目录"按钮，浏览到 JDK 的安装路径。设置如图 4-15 所示，单击"确定"按钮。

图 4-15　"编辑系统变量"对话框

⑤ 设置系统变量 Path。在"系统变量"列表框中选中 Path 变量，单击"编辑"按钮，如图 4-16 所示。

⑥ 显示"编辑环境变量"对话框，在列表框下部的空白行中双击，出现插入点光标，分别输入路径"%JAVA_HOME%\jdk-11.0.2\bin"和"%JAVA_HOME%\jre1.8.0_202\bin"，如图 4-17 所示，单击"确定"按钮。

 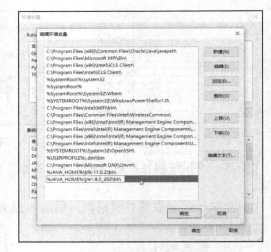

图 4-16　选中 Path 变量　　　　　　　　图 4-17　输入环境变量的值

⑦ 回到"环境变量"对话框，单击"确定"按钮。回到"系统属性"对话框，单击"确定"按钮。JDK 环境变量的设置完成。

6．检验设置

需要验证 JDK 设置是否正确。按快捷键 Win+R，显示"运行"对话框，输入"cmd"，如图 4-18 所示，单击"确定"按钮。

显示命令行窗口，输入"java -version"，按 Enter 键后，如果设置正确就会显示 Java 的版本信息，如图 4-19 所示。

图 4-18　"运行"对话框　　　　　　　　图 4-19　命令行窗口

4.3.2　安装 SQL Server 2016 及其组件

1．安装 SQL Server 2016

SQL Server 2016 的安装步骤如下。

① 在 Windows10 中双击下载的 cn_sql_server_2016_x64.iso 文件，打开该 iso 文件，如图 4-20 所示。双击 setup.exe 程序。

② 显示"SQL Server 安装中心"窗口，首先显示的是"计划"页，如图 4-21 所示。该窗口左侧是大类，右侧是该类对应的内容。

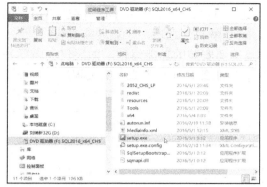

图 4-20 双击 setup.exe 程序

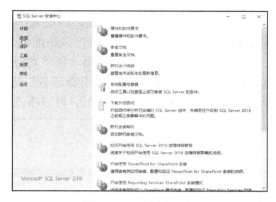

图 4-21 "计划"页

③ 先在左侧栏中单击"安装"选项,再在右侧页面中单击"全新 SQL Server 独立安装或向现有安装添加功能",如图 4-22 所示。

④ 显示"产品密钥"页面,输入该产品的密钥,如图 4-23 所示,然后单击"下一步"按钮。

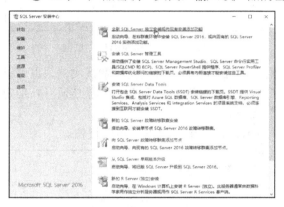

图 4-22 "安装"页

图 4-23 "产品密钥"页面

⑤ 显示"许可条款"页面,选中"我接受许可条款"复选框,如图 4-24 所示,单击"下一步"按钮。

⑥ 如果 Windows 系统需要更新,则显示"产品更新"页面,如图 4-25 所示,等待系统更新,更新完成后单击"下一步"按钮。

图 4-24 "许可条款"页面

图 4-25 "产品更新"页面

⑦ 显示"安装规则"页面,如果显示状态为"已通过",并且"下一步"按钮可用,如图 4-26 所示,则单击"下一步"按钮继续。否则,就要解决问题后,才能继续安装。

⑧ 显示"功能选择"页面,在"功能"区中复选要安装的功能组件。如果仅仅需要基本功能,则只需选择"数据库引擎服务"选项。由于 R 服务并没有集成在安装程序中,需要单独安装,会造成安装时间很长,可以不选择该选项。如图 4-27 所示,单击"下一步"按钮。

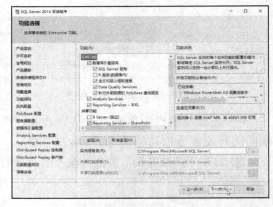

图 4-26　"安装规则"页面　　　　　　　图 4-27　"功能选择"页面

⑨ 显示"实例配置"页面,如果是第一次安装 SQL Server,可以使用默认实例,也可以改成其他实例名称。如果当前服务器已经安装了一个默认实例,则再次安装时必须另外指定一个实例名称。如图 4-28 所示,单击"下一步"按钮。

⑩ 显示"PolyBase 配置"页面,如图 4-29 所示,直接单击"下一步"按钮。

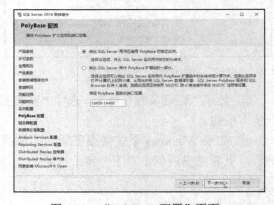

图 4-28　"实例配置"页面　　　　　　　图 4-29　"PolyBase 配置"页面

⑪ 显示"服务器配置"页面,如图 4-30 所示。可以在"服务账户"选项卡中为每个 SQL Server 服务单独配置用户名和密码,以及启动类型。对于学习者,直接单击"下一步"按钮。

⑫ 显示"数据库引擎配置"页面,包含 4 个选项卡。在"服务器配置"选项卡中选择身份验证模式。选中"Windows 身份验证模式"项,使用 Windows 操作系统的用户账户和密码,这样进入 SQL Server 时,不用再输入账号和密码,方便学习。单击"添加当前用户"按钮,把 Windows 系统的当前用户添加到 SQL Server 中,如图 4-31 所示。其他三个选项卡一般不用配置,单击"下一步"按钮。

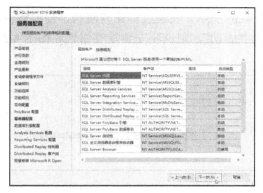

图 4-30 "服务器配置"页面　　　　图 4-31 "数据库引擎配置"页面

⑬ 显示"Reporting Services 配置"页面,如图 4-32 所示,使用默认设置,单击"下一步"按钮。

⑭ 显示"Distributed Replay 控制器"页面,单击"添加当前用户"按钮,把当前 Windows 用户添加过来,如图 4-33 所示,然后单击"下一步"按钮。

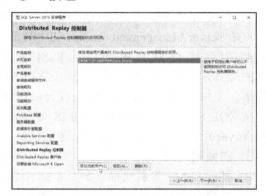

图 4-32 "Reporting Services 配置"页面　　　　图 4-33 "Distributed Replay 控制器"页面

⑮ 显示"Distributed Replay 客户端"页面,如图 4-34 所示,直接单击"下一步"按钮。

⑯ 显示"准备安装"页面,如图 4-35 所示,确认配置和安装路径没有错误后,单击"安装"按钮。

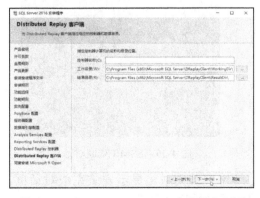

图 4-34 "Distributed Replay 客户端"页面　　　　图 4-35 "准备安装"页面

⑰ 开始安装，显示"安装进度"页面，如图 4-36 所示。安装过程比较漫长，需要等待。安装完成后，显示"完成"页面，如果显示状态为"成功"，则说明安装没有错误，如图 4-37 所示。单击"关闭"按钮，然后需要重启计算机。

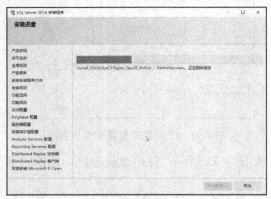
图 4-36 "安装进度"页面

图 4-37 "完成"页面

2. 安装 SQL Server Management Studio

SQL Server Management Studio（SSMS）是一个集成环境，用于管理从 SQL Server 到 Azure SQL 数据库的任何 SQL 基础结构。SSMS 提供用于配置、监视和管理 SQL Server 和数据库实例的工具。使用 SSMS 可以部署、监视和升级应用程序使用的数据层组件，以及生成查询和脚本。使用 SSMS 在本地计算机或云端查询、设计和管理数据库及数据仓库。

从 SQL Server 2016 开始，SSMS 与 SQL Server 主题部分的安装是分离的，所以在安装 SQL Server 后，需要单独下载并安装 SSMS。

① 在如图 4-22 所示的"安装"页中，单击"安装 SQL Server 管理工具"。
② 显示 SSMS 下载页面，如图 4-38 所示，单击要下载的 SSMS 安装程序，下载该程序。
③ 下载完成后，执行该安装程序 SSMS-Setup-CHS.exe，显示欢迎对话框，单击"安装"按钮，如图 4-39 所示。

图 4-38 SSMS 下载页面

图 4-39 SSMS 欢迎对话框

④ 显示安装进度对话框，如图 4-40 所示。等待安装完成。显示安装完成对话框，如图 4-41 所示，单击"关闭"按钮，结束安装。最后手动重启计算机。

图 4-40　安装进度　　　　　　　　　图 4-41　安装完成

4.3.3　启动 SQL Server 2016 服务

安装 SQL Server 2016 后，需要启动 SQL Server 2016 服务，才能够使用 SQL Server 2016 实现数据管理操作。查看和启动 SQL Server 2016 服务的方法是：

① 单击"开始"按钮，选择"所有程序"→"Microsoft SQL Server 2016"→"SQL Server 2016 Configuration Manager"。

② 显示"SQL Server Configuration Manager"窗口，在窗口的左边窗格中单击"SQL Server 服务"项，在右边窗格中显示"名称""状态""启动模式"等项目，如图 4-42 所示。

图 4-42　"SQL Server 2016 Configuration Manager"窗口

如果需要启动或停止某项服务，则右击该服务名称，从快捷菜单中选择"启动"或"停止"命令，如图 4-43 所示。

图 4-43　启动或停止某项服务

4.4　SQL Server 2016 的管理工具

对 SQL Server 2016 的操作，可以采用微软公司自己的 SSMS，也可以采用其他公司的产品。

4.4.1 SSMS

1．使用 SSMS 连接 SQL Server 2016 数据库引擎

① 单击"开始"按钮，选择"所有程序"→"Microsoft SQL Server Tools 17"→"Microsoft SQL Server Management Studio"。

② 显示"Microsoft SQL Server Management Studio"窗口，首先弹出"连接到服务器"对话框，如图 4-44 所示。

"连接到服务器"对话框中的选项说明如下。

服务器类型：可选的服务器类型有数据库引擎、Analysis Services（分析服务）、Reporting Services（报表服务）、Integration Services（集成服务）。对于本教材，选择"数据库引擎"。

服务器名称：格式为"计算机名/实例名"。由于在安装时使用的是默认实例，因此使用计算机名作为服务器名称，例如，LENOVO，也可以使用计算机的 IP 地址。

身份验证：包括 Windows 身份验证、SQL Server 身份验证等 5 种方式。作为练习，本教材采用"Windows 身份验证"方式，采用登录 Windows 时的用户来登录 SQL Server。

如果选择"SQL Server 身份验证"方式，则在"登录名"框中输入 sa（SQL Server 系统管理员），在"密码"框中输入安装 SQL Server 时指定的密码。

③ 单击"连接"按钮，进入 SSMS 窗口，并打开"对象资源管理器"，如图 4-45 所示。

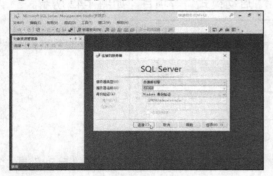

图 4-44　"连接到服务器"对话框　　　　图 4-45　SSMS 窗口

其中，"LENOVO"表示服务器名，也就是当前安装 SQL Server 2016 的计算机名称。"SQL Server 13.0.1601.5"是安装的 SQL Server 2016 数据库引擎版本。"LENOVO\Administrator"表示登录 SQL Server 2016 服务器的用户是当前计算机（LENOVO）的 Windows Administrator 用户。

2．对象资源管理器

可以通过"对象资源管理器"连接 5 种类型的服务器：数据库引擎，Analysis Services，Integration Services，Reporting Services，Azure 存储系统，并以树状结构显示和管理服务器中的所有对象结点。查看各个对象结点详细信息的步骤如下。

① 在对象资源管理器中单击工具栏中的"连接"按钮，从下拉列表中选择连接的服务器类型，如图 4-46 所示。

② 选择某个对象后，将显示如图 4-44 所示的"连接到服务器"对话框，选择身份验证模式，输入或选择服务器名称。单击"连接"按钮，即可连接到指定的服务器。

③ 在对象资源管理器中，单击某个对象结点前的"+"号或"-"号，可以展开或折叠

该对象的下级结点列表，实现层次化管理对象，如图 4-47 所示。

图 4-46　连接的服务器类型

图 4-47　展开或折叠对象结点

4.4.2　Navicat Premium

Navicat Premium 是一套数据库开发工具，在单一应用程序中可以同时连接 MySQL、MariaDB、MongoDB、SQL Server、Oracle、PostgreSQL 和 SQLite 数据库。它与 Amazon RDS、Amazon Aurora、Amazon Redshift、Microsoft Azure、Oracle Cloud、MongoDB Atlas，以及阿里云、腾讯云、华为云等云数据库兼容。Navicat Premium 可满足数据库管理系统的使用功能，包括创建、管理和维护数据库，存储过程、事件、触发器、函数、视图等。

如图 4-48 所示是 Navicat Premium 安装并连接 SQL Server 2016 数据库引擎后的窗口。

图 4-48　Navicat Premium 窗口

感兴趣的读者可以使用 Navicat Premium 代替 SSMS 来管理数据库。

习题 4

一、填空题

1. _____是 SQL Server 系统的核心服务。
2. SQL Server Configuration Manager 称为 SQL Server_____。
3. SSMS 是一个集成环境，是 SQL Server 最重要的_____工具。
4. 对象资源管理器以_____结构显示和管理服务器中的对象结点。

5. 在 SQL Server 中，主数据文件的后缀是_____，日志数据文件的后缀是_____。
6. 每个文件组可以有_____个日志文件。

二、单项选择题

1. SQL Server 配置管理器不能设置的一项是（　　）。
   A．启用服务器协议　　　　　　　　　　B．禁用服务器协议
   C．删除已有的端口　　　　　　　　　　D．更改侦听的 IP 地址
2. （　　）不是 SQL Server 服务器可以使用的网络协议。
   A．Shared Memory 协议　　　　　　　　B．PCI/TP
   C．VIA 协议　　　　　　　　　　　　　D．Named Pipes 协议
3. （　　）不是 SQL Server 错误和使用情况报告工具所具有的功能。
   A．将组件的错误报告发送给微软公司
   B．将实例的错误报告发送给微软公司
   C．将实例的运行情况发送给微软公司
   D．将用户的报表与分析发送给微软公司
4. （　　）不是"查询编辑器"工具栏中包含的工具按钮。
   A．调试　　　　B．更改连接　　　C．更改文本颜色　　　D．分析
5. 通过"对象资源管理器"不能连接到的服务器类型是（　　）。
   A．查询服务　　B．集成服务　　　C．报表服务　　　　　D．分析服务

三、简答题

1. SQL Server 2016 分为哪几个版本？各有什么特点？
2. SQL Server 2016 的体系结构包含哪几个组成部分？其功能各是什么？
3. 简述 SQL Server 2016 中主要数据库对象的特点。
4. SQL Server 2016 支持哪两种身份验证模式？
5. 如何注册和启动 SQL Server 服务器？

第 5 章　数据库的创建与管理

本章主要介绍 SQL Server 2016 数据库的创建与管理，包括设置数据库的大小、规划数据库文件存储位置、设置和修改数据库的属性及状态，以及对数据库中的物理空间进行科学的设置。

5.1　SQL Server 数据库基础知识

了解有关 SQL Server 数据库的基础知识，可以更好地理解和使用 SQL Server。

5.1.1　数据库常用对象

数据库是一个容器，里面包含数据库对象。数据库中的表、视图、存储过程和索引等具体存储数据或对数据进行操作的实体都称为数据库对象。SQL Server 2016 数据库包含以下常用的数据库对象。

1. 表

表（也称为数据表）是存放数据和表示关系的主要形式，是最主要的数据库对象。

2. 视图

视图是由一个或多个表生成的引用表（也称虚拟表），是用户查看数据表中数据的一种方式。视图的结构和数据建立在对表的查询基础之上。在数据库中并不存放视图的数据，只存放其查询定义。在打开视图时，需要执行其查询定义以产生相应的数据。

3. 索引

索引是指对表记录按某个列或列的组合（索引表达式）进行排序，通过搜索索引表达式的值，可以实现对该类数据记录的快速访问。

4. 约束

约束用于保障数据的一致性与完整性。例如，主键约束和外键约束，主键约束当前表记录的主键字段值的唯一性，外键约束当前记录与其他表的关系。

5. 存储过程

存储过程是一组完成特定功能的 SQL 语句集合（包含查询、插入、删除和更新等操作），经编译后以名称的形式存储在 SQL Server 服务器端的数据库中，由用户通过指定存储过程的名称来执行。当这个存储过程被调用执行时，其包含的操作也会同时执行。

6. 触发器

触发器是一种特殊类型的存储过程，它能够在某个规定的事件发生时触发执行。触发器通常可以强制执行一定的业务规则，以保持数据完整性，检查数据的有效性，同时实现数据库的管理任务和一些附加的功能。

5.1.2 系统数据库

SQL Server 的安装程序在安装时默认建立 4 个系统数据库（master，model，msdb，tempdb），如图 5-1 所示。

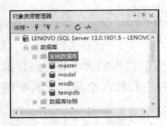

图 5-1 系统数据库

1．master 数据库

master 数据库记录 SQL Server 系统的所有系统级信息，包括实例范围的元数据（如登录账户）、端点、链接服务器和系统配置设置。此外，master 数据库还记录了所有其他数据库的存在、数据库文件的位置及 SQL Server 的初始化信息。因此，如果 master 数据库不可用，则 SQL Server 无法启动。

2．model 数据库

model 数据库用作 SQL Server 实例上创建的所有数据库的模板。对 model 数据库进行的修改（如数据库大小、排序规则、恢复模式和其他数据库选项）将应用于以后创建的所有数据库。

3．msdb 数据库

msdb 数据库由 SQL Server 代理用于计划报警和作业，也可以由其他功能（如 Service Broker 和数据库邮件）使用。

4．tempdb 数据库

tempdb 数据库是一个临时数据库，用于保存临时对象或中间结果集。每次启动 SQL Server 时都会重新创建 tempdb 数据库，在断开连接时会自动删除其中的临时表和存储过程。

5.1.3 文件和文件组

SQL Server 数据库主要由文件和文件组组成。数据库中的所有数据和对象都被存储在文件中。SQL Server 将数据库映射为一组操作系统文件。数据和日志信息绝不会混合在同一个文件中，而且一个文件只由一个数据库使用。文件组是命名的文件集合，用于辅助数据布局和管理任务，例如备份和还原操作。

1．数据库文件

SQL Server 数据库具有以下三种类型的文件。

（1）主数据文件

主数据文件是数据库的起点，指向数据库中的其他文件。每个数据库都有一个主数据文件。主数据文件的推荐文件扩展名是.mdf。例如，某销售管理系统的主数据文件名为 Sales_data.mdf。

（2）次要数据文件

除主数据文件以外的所有其他数据文件都是次要数据文件。某些数据库可能不含有任何次要数据文件，而有些数据库则可能含有多个次要数据文件。次要数据文件的推荐文件扩展名是.ndf。

（3）日志文件

日志文件包含着用于恢复数据库的所有日志信息。每个数据库必须至少有一个日志文件，也可以有多个。日志文件的推荐文件扩展名是.ldf。例如，销售管理系统的日志文件名为 Sales_log.ldf。

SQL Server 不强制使用.mdf，.ndf 和.ldf 文件扩展名，但使用它们有助于标识文件的各种类型和用途。

2．文件组

为便于分配和管理，可以将数据库对象和文件一起分成文件组。文件组有以下两种类型。

（1）主文件组

主文件组包含主数据文件和任何没有明确分配给其他文件组的其他文件。系统表都分配在主文件组中。

（2）用户定义文件组

用户定义文件组是在 CREATE DATABASE 或 ALTER DATABASE 语句中使用 FILEGROUP 指定的任何文件组。

每个数据库中均有一个文件组被指定为默认文件组。如果创建表或索引时未指定文件组，则所有表或索引都将从默认文件组中分配。一次只能有一个文件组作为默认文件组。如果没有指定默认文件组，则将主文件组作为默认文件组。

对文件进行分组时，一定要遵循文件和文件组的设计规则：
- 文件只能是一个文件组的成员。
- 文件或文件组不能由一个以上的数据库使用。
- 数据和日志信息不能属于同一个文件或文件组。
- 日志文件不能作为文件组的一部分。日志空间与数据空间要分开管理。

5.2 数据库的创建

使用数据库存储数据，首先需要创建数据库。在创建数据库之前，必须先确定数据库的名称、数据库的所有者、数据库的初始大小、数据库文件的增长方式、数据库文件的最大允许增长的大小，以及用于存储数据库的路径和属性等。

在 SQL Server 中，创建数据库的方法主要有两种：一种是在 SSMS 集成环境下使用现有命令和功能，通过图形化工具创建；另一种是通过 Transact-SQL（简称 T-SQL）语句创建。

在给数据库命名时，要符合命名规范。名称采用英文单词，用单数形式，避免使用缩写；名称必须望文知意，可以用产品或项目的名字命名；采用 Pascal Case 命名法，例如 StudentMark；避免使用特殊字符，如数字、下画线、空格之类。

5.2.1 使用 SSMS 创建数据库

通过 SSMS 创建数据库是最容易的方法，对于初学者来说简单易用。

【例 5-1】　在 SSMS 中创建 StudentMark 数据库，数据文件和日志文件的属性按默认值设置。

操作步骤如下。

① 以系统管理员身份登录计算机，在 Windows 中单击"开始"→"所有程序"→"Microsoft SQL Server Tools 17"→"Microsoft SQL Server Management Studio"，启动 Microsoft SQL Server Management Studio，并使用 Windows 或 SQL Server 身份验证模式建立连接。

② 在对象资源管理器中，右击"数据库"结点，从弹出的快捷菜单中选择"新建数据库"命令，如图 5-2 所示。

③ 显示"新建数据库"窗口，窗口左上方的"选择页"框中有三个选项，分别对应"常规"页、"选项"页和"文件组"页，这里只设置"常规"页，其他页使用系统默认设置。

在"选择页"框中选择"常规"页，在窗口右侧将显示相应的设置内容，在"数据库名称"框中填写要创建的数据库名称"StudentMark"，也可以在"所有者"框中指定数据库的所有者，如 sa。这里使用默认值，其他属性也按默认值设置，如图 5-3 所示。

 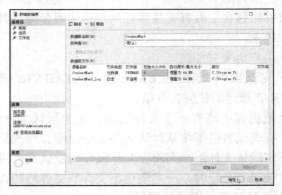

图 5-2　"新建数据库"命令　　　　图 5-3　"新建数据库"窗口

在"数据库文件"列表框中，能看到两行数据：一行是数据文件，另一行是日志文件。单击下面的相应按钮可以添加、删除相应的文件。该列表框中各字段值（列）的含义说明如下。

- 逻辑名称：指定该文件的文件名。在默认情况下，不再为用户输入的文件名添加下画线和 Data 字样，相应的文件扩展名并未改变。
- 文件类型：用于区别当前文件是数据文件还是日志文件。
- 文件组：显示当前数据库文件所属的文件组。一个数据库文件只能存在于一个文件组中。
- 初始大小：指定该文件的初始容量。在 SQL Server 2016 中，数据文件大小的默认值为 8MB，日志文件大小的默认值为 8MB。
- 自动增长：用于设置当文件的容量不够用时，文件将根据何种方式自动增长。单击"自动增长"列中的浏览按钮……，可以打开更改自动增长设置对话框。如图 5-4 和图 5-5 所示分别为数据文件和日志文件的自动增长设置对话框。

图 5-4　数据文件的自动增长设置对话框　　　图 5-5　日志文件的自动增长设置对话框

- 路径：指定存放该文件的文件夹。SQL Server 2016 将存放路径设置为其安装文件夹下的 DATA 子文件夹，本安装实例为：C:\Program Files\Microsoft SQL Server\MSSQL13.MSSQLSERVER\MSSQL\DATA。单击该列中的浏览按钮可以打开"定位文件夹"对话框，如图 5-6 所示，以更改数据库的存储路径。练习时，经常需要分离和附加数据库，为了方便复制，最好将路径改为容易找到的文件夹，例如更改为"C:\SQL 练习"文件夹，如图 5-7 所示。

图 5-6 默认文件夹

图 5-7 更改文件夹

④ 完成以上操作后，单击"确定"按钮，关闭"新建数据库"窗口。至此，成功创建了一个用户数据库 StudentMark，可以在对象资源管理器中看到新建的数据库，如图 5-8 所示。

需要注意的是，在 SQL Server 中创建新的对象时，它可能不会立即出现在对象资源管理器中。创建完该对象，右击该对象应在位置的上一层结点，从弹出的快捷菜单中选择"刷新"命令，如图 5-9 所示，即可强制 SQL Server 重新读取系统表并显示数据库中的新对象。

图 5-8 新建的数据库

图 5-9 刷新数据库对象

5.2.2 使用 T-SQL 语句创建数据库

使用 T-SQL 语句创建数据库，其实就是在查询编辑器中使用 CREATE DATABASE 语句来创建数据库。在创建时可以指定数据库名称、数据库文件的存放位置、数据库文件的大小、数据库文件的最大大小和数据库文件的增量。其语法格式为：

CREATE DATABASE 数据库名
[ON
{[PRIMARY]([NAME=数据文件的逻辑名**,]**
FILENAME='数据文件的物理名'
[,SIZE=文件的初始大小**]**
[,MAXSIZE=文件的最大大小**]**
[,FILEGROWTH=文件的增量**])**
}[,…n]]
[LOG ON
{([NAME=日志文件的逻辑名**,]**
FILENAME='逻辑文件的物理名'
[,SIZE=文件的初始大小**])**

```
[,MAXSIZE=文件的最大大小]
[,FILEGROWTH=文件的增量])
}[,…n]]
```

在本书给出的语法格式中，用[ ]括起来的是可以省略的选项；[,…n]表示同样的选项可以重复 1～n 遍；用< >括起来的是对一组若干选项的替代选项，在实际编写语句时，应该用相应的选项来代替；另外，类似 A|B 这样的语句，表示可以选择 A 也可以选择 B，但不能同时选择 A 和 B。本书全部采用这种方式给出语法格式，后面不再说明。

该语句的参数说明含义如下。

- 数据库名：表示为数据库取的名字。在同一个服务器内，数据库的名字必须唯一。数据库的名字必须符合标识符命名标准，即最多不得超过 128 个字符。
- ON：表示存放数据库的数据文件将在后面分别给出定义。
- PRIMARY：定义数据库的主数据文件。在 PRIMARY filegroup 中，第一个数据文件是主数据文件。如果没有给出 PRIMARY 保留字，则默认文件序列中的第一个文件为主数据文件。
- LOG ON：定义数据库的日志文件。
- NAME：定义操作系统文件的逻辑文件名。逻辑文件名只在 Transact-SQL 语句中使用，是实际磁盘文件名的代号。
- FILENAME：定义操作系统文件的实际名字，包括文件所在的路径。
- SIZE：定义文件的初始大小。
- MAXSIZE：定义文件能够增长的最大大小。如果设置为 UNLIMITED 保留字，将使文件可以无限制增长，直到驱动器被填满为止。
- FILEGROWTH：定义操作系统文件大小不够时每次的增量。可以用 MB，KB 作为单位，或使用"%"来设置增长的百分比。在默认情况下，SQL Server 使用 MB 作为增量的单位，最小增量为 1MB。

SQL 语句在书写时不区分大小写形式。为了清晰起见，本书用大写形式表示系统保留字，用小写形式表示用户自定义的名称。一条语句可以写在多行上，但是不能多条语句写在一行上。

【例 5-2】 创建一个名为 Student 的数据库，其初始大小为 5MB，最大大小为 20MB，允许自动增长，按10%增长。日志文件初始大小为 2MB，最大大小为 8MB，按 1MB 增长。数据文件和日志文件的存放位置为 SQL Server 的数据库文件夹"C:\SQL 练习"。操作步骤如下。

① 在 SSMS 中单击"新建查询"按钮打开查询编辑器，如图 5-10 所示。

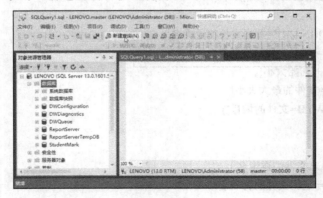

图 5-10 新建查询

在查询编辑器中输入如下 T-SQL 语句：
```
CREATE DATABASE Student
    ON
    (
        NAME='Student_DATA',
        FILENAME='C:\SQL 练习\Student.mdf',
        SIZE=5MB,
        MAXSIZE=20MB,
        FILEGROWTH=10%
    )
    LOG ON
    (
        NAME='Student_log',
        FILENAME='C:\SQL 练习\Student.ldf',
        SIZE=2MB,
        MAXSIZE=8MB,
        FILEGROWTH=1MB
    )
    GO
```

② 单击"执行"按钮执行上面的语句，如果成功执行，则在查询编辑器下方可以看到提示"命令已成功完成"的消息。然后在对象资源管理器中刷新，展开"数据库"结点，就能看到刚才创建的 Student 数据库，如图 5-11 所示。

图 5-11 执行结果

【例 5-3】 创建一个名为 Teacher 的数据库，存放在"C:\SQL 练习"文件夹下。它有两个数据文件：主数据文件大小为 30MB，最大大小不限，按 10%增长；辅数据文件大小为 20MB，最大大小不限，按 10%增长。一个日志文件，大小为 20MB，最大大小为 50MB，按 5MB 增长。

操作步骤如下。

① 单击"新建查询"按钮，在查询编辑器中输入如下 T-SQL 语句：

```
CREATE DATABASE Teacher
    ON
    PRIMARY
    (
        NAME = 'Teacher_data1',
        FILENAME = 'C:\SQL 练习\Teacher_data1.mdf',
        SIZE = 30MB,
        MAXSIZE = UNLIMITED,
        FILEGROWTH = 10%
    ),
    (
        NAME = 'Teacher_data2',
        FILENAME = 'C:\SQL 练习\Teacher_data2.ndf',
        SIZE = 20MB,
        MAXSIZE = UNLIMITED,
        FILEGROWTH = 10%
    )
    LOG ON
    (
        NAME = 'Teacher_log1',
        FILENAME = 'C:\SQL 练习\Teacher_log1.ldf',
        SIZE = 20MB,
        MAXSIZE = 50MB,
        FILEGROWTH = 5MB
    )
    GO
```

② 单击"执行"按钮，然后在对象资源管理器中刷新，展开"数据库"结点就能看到刚创建的 Teacher 数据库，如图 5-12 所示。

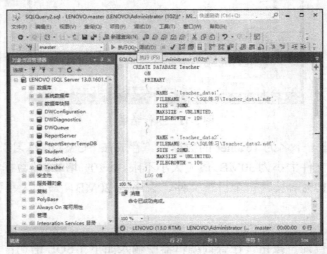

图 5-12 新建的数据库

5.3 查看和修改数据库

创建数据库后，在使用过程中可能需要根据具体情况使用视图、函数、存储过程等查看和修改数据库的基本信息，或者使用图形化界面对数据库进行查看和修改操作。

5.3.1 使用 SSMS 查看和修改数据库

在对象资源管理器中，展开"数据库"结点，右击目标数据库（如 Student 数据库），从快捷菜单中选择"属性"命令，打开数据库属性窗口，如图 5-13 所示。可以分别在"常规""文件""文件组"等页中根据需要查看和修改数据库的相应设置。

- 在"常规"页中可以查看数据库的基本信息，包括：数据库上次备份日期、名称、状态等。
- 在"文件"页和"文件组"页中可以修改数据库的所有者。"文件"页如图 5-14 所示。
- 在"选项"页中，可以设置数据库的故障恢复模式和排序规则。

"选项"页中的其他属性和"权限"页、"扩展属性"页、"镜像"页等属性是数据库的高级属性，通常保持默认值即可。如果要进行设置或定义可参考 SQL Server 2016 联机帮助。

图 5-13 "常规"页

图 5-14 "文件"页

5.3.2 使用 T-SQL 语句修改数据库

修改数据库主要是修改数据库的属性：增加或删除数据文件、日志文件或文件组；改变数据文件或日志文件的大小和增长方式。基本语法格式如下：

```
ALTER DATABASE 数据库名称
{ ADD FILE <filespec>[,…n] [TO FILEGROUP 文件组名称]
/*在文件组中增加数据文件，默认为主文件组*/
    |ADD LOG FILE <filespec>                /*增加日志文件*/
    |REMOVE FILE 逻辑文件名称                /*删除数据文件*/
    |ADD FILEGROUP 文件组名称                /*增加文件组*/
    |REMOVE FILEGROUP 文件组名称             /*删除文件组*/
    |MODIFY FILE <filespec>                  /*更改文件属性*/
    |MODIFY NAME=新数据库名称                /*更改数据库名称*/
```

```
|MODIFY FILEGROUP 文件组名称{文件组属性|NAME=新文件组名称}
/*更改文件组属性,包括更改文件组名称*/
|SET <optionspec>[,…n][WITH <termination>]        /*设置数据库属性*/
|COLLATE <排序规则名称>                            /*指定数据库排序规则*/
}
```

该命令的说明如下:在删除数据文件时,逻辑文件与物理文件均被删除。使用 MODIFY FILE 更改文件属性时应该注意,一次只能修改文件的一个属性。

【例 5-4】 向 Student 数据库中添加辅助文件 extdata.ndf。操作步骤如下。

① 单击"新建查询"按钮,在查询编辑器中输入如下 T-SQL 语句:

```
ALTER DATABASE Student
ADD FILE
(
    NAME=extdata,FILENAME='C:\SQL 练习\extdata.ndf',
    SIZE=8MB,MAXSIZE=50MB,FILEGROWTH=8MB
)
```

② 单击"执行"按钮执行上面的语句。刷新数据库后,打开数据库 sample1 的属性窗口,在"文件"页中即可看到添加的辅助文件 extdata,如图 5-15 所示。

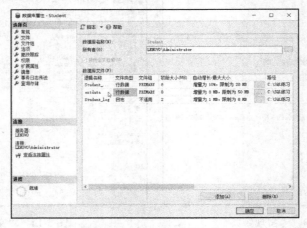

图 5-15 添加的辅助文件

【例 5-5】 修改刚添加的 extdata.ndf 文件,将其初始大小改为 20MB。操作步骤如下。

① 单击"新建查询"按钮,在查询编辑器中输入如下 T-SQL 语句:

```
ALTER DATABASE Student
MODIFY FILE
(NAME=extdata,
SIZE=20MB)
```

② 单击"执行"按钮执行上面的语句。刷新数据库后,打开数据库 Student 的属性窗口,在"文件"页中即可看到辅助文件 extdata 的初始大小修改为 20MB,如图 5-16 所示。

【例 5-6】 删除 extdata.ndf 文件。操作步骤如下。

① 单击"新建查询"按钮,在查询编辑器中输入如下 T-SQL 语句:

```
ALTER DATABASE Student
REMOVE FILE extdata
```

图 5-16 修改辅助文件的初始大小

② 单击"执行"按钮执行上面的语句。刷新数据库后，打开数据库 Student 的属性窗口，在"文件"页中即可看到辅助文件 extdata 已经被删除了。

除以上修改数据库的基本用法之外，还可以修改数据库名称、修改数据库大小、修改数据库、管理数据库文件组等。

注意：如果 T-SQL 语句或 SSMS 无法操作成功，可以关闭 SSMS，重新启动 SSMS。

【例 5-7】 修改 Student 数据库的名称为 StudentNew。操作步骤如下。

① 单击"新建查询"按钮，在查询编辑器中输入如下 T-SQL 语句：

  ALTER DATABASE Student
  MODIFY NAME = StudentNew

② 单击"执行"按钮执行上面的语句。在对象资源管理器中刷新后，展开"数据库"结点，可以看到 Student 数据库的名称已经改为 StudentNew，如图 5-17 所示。按上述操作将数据库名称改回 Student。

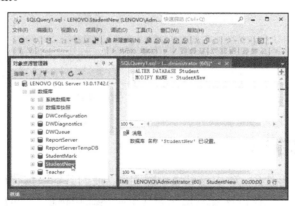

图 5-17 修改数据库名称

【例 5-8】 为 Student 数据库添加文件组 fgroup，并为此文件组添加两个大小均为 5MB 的数据文件。操作步骤如下。

① 单击"新建查询"按钮，在查询编辑器中输入如下 T-SQL 语句：

  ALTER DATABASE Student
    ADD FILEGROUP fgroup

```
        GO
ALTER DATABASE Student
    ADD FILE
    (
        NAME = 'Student_data3',
        FILENAME = 'C:\SQL 练习\Student_data3.ndf',
        SIZE = 8MB
    ),
    (
        NAME = 'Student_data4',
        FILENAME = 'C:\SQL 练习\Student_data4.ndf',
        SIZE = 8MB
    )
    TO FILEGROUP fgroup
    GO
```

② 单击"执行"按钮执行上面的语句。刷新数据库后，打开 Student 数据库的属性窗口，在"文件"页中即可看到新增加的文件组和文件，如图 5-18 所示。

图 5-18　新增加的文件组和文件

5.4　删除数据库

如果数据库已经不再使用，就应该彻底删除它，以便为其他数据腾出空间。需要注意的是，当数据库处于正在使用、正在被恢复或正在参与复制这三种状态之一时，不能删除数据库。

用户既可以使用 SSMS 删除数据库，也可以使用 T-SQL 语句删除数据库。

5.4.1　使用 SSMS 删除数据库

使用 SSMS 删除数据库的操作步骤如下。
① 启动 SSMS，在对象资源管理器中展开"数据库"结点。
② 右击要删除的数据库，从弹出的快捷菜单中选择"删除"命令，如图 5-19 所示。

③ 打开"删除对象"窗口，如图 5-20 所示。
④ 单击"确定"按钮，即可完成数据库的删除操作。

图 5-19 选择"删除"命令

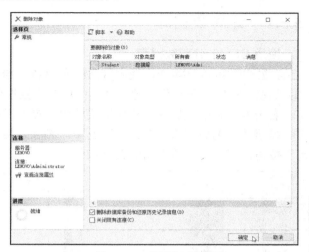

图 5-20 "删除对象"窗口

5.4.2 使用 T-SQL 语句删除数据库

使用 T-SQL 语句删除数据库的语法格式如下：

DROP DATABASE database [,…n]

其中，database_name 为要删除的数据库名，[,…n]表示可以有多于一个数据库名。

【例 5-9】 删除数据库 Teacher。操作步骤如下。

① 单击"新建查询"按钮，在查询编辑器中输入如下 T-SQL 语句：

DROP DATABASE Teacher

② 单击"执行"按钮执行上面的语句。在对象资源管理器中刷新后，展开"数据库"结点，即可看到数据库 Teacher 已经被删除了。

需要注意的是，如果要删除的数据库正在被使用，可打开其他数据库或断开服务器与该用户的连接，然后删除该数据库。

5.5 数据库操作

通过前面的介绍，可以创建数据库，修改数据库大小、名称和属性，删除数据库，查看数据库状态及信息，这些都是针对数据库进行的操作。除此之外，常见的操作还包括本节介绍的分离数据库和附加数据库。

SQL Server 允许分离数据库的数据文件和日志文件，然后将它们重新附加到另一个服务器中，甚至同一个服务器中。分离数据库将从 SQL Server 中删除数据库，但是保持组成该数据库的数据文件和日志文件完好无损。也就是说，如果将一个数据库从一个服务器移植到另一个服务器中，需要先将数据库从旧的服务器中分离出去，再附加到新的服务器中。需要注意的是，master，model 和 tempdb 数据库是无法分离的。

通常，在下述情况下需要分离和附加数据库：

● 将数据库从一台计算机移到另一台计算机中。

- 将数据库移到另一个物理磁盘上。例如，包含该数据库文件的磁盘空间已用完，希望扩充现有的文件而又不愿意将文件附加到其他的数据库中。

5.5.1 分离数据库

1. 使用 SSMS 分离数据库

已有数据库 StudentMark，使用 SSMS 分离该数据库。操作步骤如下。

① 启动 SSMS，在对象资源管理器中展开"数据库"结点。

② 右击要分离的数据库，从快捷菜单中选择"任务"→"分离"命令，如图 5-21 所示。

③ 显示"分离数据库"对话框，选中"删除连接"列的复选框，如图 5-22 所示，单击"确定"按钮，即可完成数据库的删除操作。

图 5-21 选择"分离"命令

图 5-22 "分离数据库"对话框

2. 使用 T-SQL 语句分离数据库

SQL Server 提供的存储过程 sp_detach_db 可用于分离数据库，其语法格式如下：

  EXEC sp_detach_db DatabaseName

在对象资源管理器中刷新后，展开"数据库"结点，即可观察到被分离的数据库已经消失（被分离）了，如图 5-23 所示。

一个数据库一旦被分离成功，从 SQL Server 角度来看，与删除这个数据库没有什么区别。不同的是，分离后的数据库的存储文件仍旧存在，如图 5-24 所示；而删除后的数据库的存储文件不再存在。

图 5-23 数据库 sample2 已经消失

图 5-24 分离后的数据库的存储文件仍旧存在

5.5.2 附加数据库

1. 使用 SSMS 附加数据库

使用 SSMS 附加数据库的操作步骤如下。

① 启动 SSMS，在对象资源管理器中展开"数据库"结点。

② 右击"数据库"结点，从弹出的快捷菜单中选择"附加"命令，如图 5-25 所示。

③ 打开"附加数据库"对话框，如图 5-26 所示。单击"添加"按钮打开"定位数据库文件"对话框，选择要附加的数据库 StudentMark.mdf，单击"确定"按钮，返回"附加数据库"对话框。

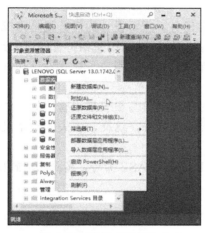

图 5-25　选择"附加"命令　　　　图 5-26　"附加数据库"对话框

④ 在"附加数据库"对话框中单击"确定"按钮，即可完成数据库的附加操作。

2. 使用 T-SQL 语句附加数据库

可以使用 CREATE DATABASE 语句中的 FOR ATTACH 来附加数据库，其语法格式如下：

  CREATE DATABASE 数据库名
    ON PRIMARY
    (FILENAME = '数据文件的物理名')
    FOR ATTACH

在附加数据库时，只需要指定数据库的主数据文件。如果改变了分离后的数据库文件的位置，则需要指出移动过的所有文件，否则会出现找不到文件的错误。

另外，也可使用存储过程 sp_attach_db 来附加数据库，其语法格式如下：

  sp_attach_db database_name,
    'file_name1'[,'file_name2',…,
    'file_name16']

例如，附加数据库 Test，代码如下：

  EXEC sp_attach_db Test,
    'C:\SQL 练习\Test.mdf'

在 sp_attach_db 参数中，最多允许列出 16 个数据库文件。如果文件数大于 16，则只能使用 CREATE DATABASE 语句。

【例 5-10】 附加数据库 sample2。操作步骤如下。

① 单击"新建查询"按钮,在查询编辑器中输入如下 T-SQL 语句:
```
CREATE DATABASE sample2
    ON PRIMARY
    (FILENAME = 'C:\SQL 练习\sample2_data1.mdf')
    FOR ATTACH
```

② 单击"执行"按钮执行上面的语句。在对象资源管理器中刷新后,展开"数据库"结点,即可看到数据库 sample2 已经被成功附加到数据库列表中。

5.5.3 数据库快照

在进行逻辑模型设计之前,首先要明确逻辑设计的任务。逻辑设计的任务就是将概念设计阶段设计好的基本 E-R 图转换为与所选用 DBMS 产品支持的数据模型相符合的逻辑结构。具体包括将 E-R 图转换成关系模型、模型优化、数据库模式定义、用户子模式设计和数据处理等任务。

客户端可以查询数据库快照,这对基于创建快照时的数据编写报表是很有用的。如果源数据库出现用户错误,还可将源数据库恢复到创建快照时的状态,这样,丢失的数据仅限于创建快照后数据库更新的数据。

在 SQL Server 中,创建数据库快照也使用 CREATE DATABASE 命令,其语法格式如下:
```
CREATE DATABASE 数据库快照名
    ON
        (
            NAME =数据文件的逻辑名,
            FILENAME = '数据文件的物理名'
        )[,…n]
    AS SNAPSHOT OF 源数据库名
[;]
```

【例 5-11】 创建数据库 Test 的快照。操作步骤如下。

① 单击"新建查询"按钮,在查询编辑器中输入如下 T-SQL 语句:
```
CREATE DATABASE Test01
    ON
    (
        NAME = 'Test',
        FILENAME = 'C:\SQL 练习\Test_Data.mdf'
    )
    AS SNAPSHOT OF Test
```

② 单击"执行"按钮执行上面的语句。在对象资源管理器中刷新后,展开"数据库快照"结点,即可看到生成的数据库快照,如图 5-27 所示。

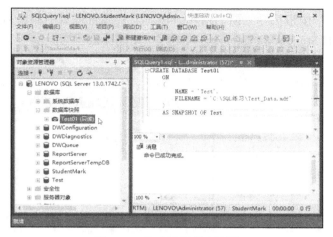

图 5-27 生成的数据库快照

5.6 实训——学籍管理系统中数据库的创建

SQL Server 数据库是存储数据的容器,是用户观念中的逻辑数据库和管理员观念中的物理数据库的统一。创建数据库的工作就是在物理磁盘中创建各种数据库对象。

在前面数据库的各种操作练习中,并未严格按照命名规则对数据库进行命名,这样将降低数据库名称的可读性。在下面的实训中,数据库的命名采用 Pascal 命名规则,以名词命名,直观、可读性强。本书后面讲解的各种数据库对象都将采用这种命名规则。因为我们设计的系统是学籍管理系统,所以数据库名为 StudentManagement。

【实训 5-1】 使用 T-SQL 语句创建学籍管理数据库 StudentManagement。操作步骤如下。

① 单击"新建查询"按钮,在查询编辑器中输入如下 T-SQL 语句:

```
CREATE DATABASE StudentManagement
ON
(
    NAME= 'StudentManagement_Data',
    FILENAME='C:\SQL 练习\StudentManagement_Data.mdf',
    SIZE=8MB,                      --初始空间为 8MB
    MAXSIZE=20MB,                  --最大大小为 20MB
    FILEGROWTH=10%                 --按 10%增长
)
LOG ON                             --日志文件不分组
(
    NAME='StudentManagement_Log',  --日志文件名
    FILENAME='C:\SQL 练习\StudentManagement_Log.ldf',
    SIZE=2MB,                      --初始大小为 2MB
    MAXSIZE=UNLIMITED,             --最大大小不受限
    FILEGROWTH=2MB                 --按 2MB 增长
)
GO
```

② 单击"执行"按钮执行上面的语句。在对象资源管理器中刷新后，展开"数据库"结点就能看到创建的 StudentManagement 数据库，如图 5-28 所示。

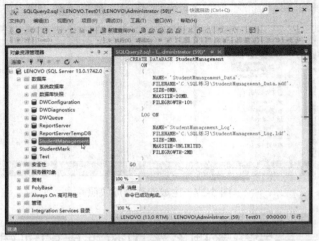

图 5-28 创建的 StudentManagement 数据库

习题 5

一、填空题

1．查询编辑器是一个_____格式的文本编辑器，主要用来编辑与运行_____命令。

2．在 Microsoft SQL Server 中，主数据文件的后缀是_____，日志文件的后缀是_____，每个文件组可以有_____个日志文件。

3．通过 T-SQL 语句，使用_____命令创建数据库，使用_____命令查看数据库定义信息，使用_____命令修改数据库结构，使用_____命令删除数据库。

二、单项选择题

1．SQL 语言集数据查询、数据操纵、数据定义和数据控制功能于一体，语句 ALTER DATABASE 实现_____功能。

　　A．数据查询　　　B．数据操纵　　　C．数据定义　　　D．数据控制

2．SQL Server 数据库对象中最基本的是_____。

　　A．表和语句　　　B．表和视图　　　C．文件和文件组　　D．用户和视图

3．日志文件用于保存_____。

　　A．程序运行过程　　　　　　　　B．程序的执行结果

　　C．对数据的更新操作　　　　　　D．数据操作

4．分离数据库就是将数据库从_____中删除，但是保持组成该数据的数据文件和日志文件中的数据完好无损。

　　A．Windows　　　　　　　　　　B．SQL Server 2016

　　C．U 盘　　　　　　　　　　　　D．查询编辑器

三、简答题

1．简述数据库物理设计的内容和步骤。

2．在什么情况下可以分离和附加数据库？

四、设计题

1．创建一个新的数据库，名称为Student2，其他所有参数均取默认值。

2．创建一个名称为Student3的数据库，该数据库的主数据文件逻辑名为Student3_data，物理文件名为Student3.mdf，初始大小为3MB，最大大小无限制，增量为15%；数据库的日志文件逻辑名为Student3_log，物理文件名为Student3.ldf，初始大小为2MB，最大大小为50MB，增量为1MB；要求数据文件和日志文件的物理文件都存放在C盘的DATA文件夹下。

3．创建一个指定多个数据文件和日志文件的数据库。该数据库名称为Students，有5MB和10MB的数据文件各一个，以及两个5MB的日志文件。数据文件逻辑名为Students1和Students2，物理文件名为Students1.mdf和Students2.ndf。主数据文件是Students1，由PRIMARY指定，两个数据文件的最大大小分别为无限制和100MB，增量分别为10%和1MB。日志文件的逻辑名为StudentsLog1和StudentsLog2，物理文件名为StudentsLog1.ldf和StudentsLog2.ldf，最大大小均为50MB，增量均为1MB。要求数据文件和日志文件的物理文件都存放在C盘的DATA文件夹下。

4．删除已创建的数据库Students2。

5．将已存在的数据库Student3重命名为Student_Back。

第6章 表的创建与管理

SQL Server 支持多种数据库对象,如表、视图、索引和存储过程等。在诸多的对象中,最重要的对象就是表。在用户创建了数据库之后,接下来的任务就是创建表。

6.1 表的基本概念

在数据库中,表是由数据按一定的顺序和格式构成的数据集合,是组成数据库的基本元素。表由行和列组成,因此也称为二维表。每行代表一个记录,每列代表记录的一个字段。表是在日常工作和生活中经常使用的一种表示数据及其关系的形式。表 6-1 就是用来表示学生情况的一个学生表。

表 6-1 学生表

学 号	姓 名	性 别	出生日期	专 业	总学分	备 注
2019310103	李一民	男	2000-02-18	计算机	38	
2019310104	董倩倩	女	2001-10-06	计算机	38	
2019620208	王志强	男	2000-08-05	自动化	42	已提前修完一门课
2019620202	刘建立	男	2001-01-29	自动化	34	有一门课不及格,待补考
2019110105	张云飞	男	2000-05-10	哲学	40	
2019110106	徐颖	女	2000-12-22	哲学	40	
2019260203	黄丽萍	女	2000-07-23	经贸	38	
2019260205	范宏伟	男	2000-03-13	经贸	38	

下面简单介绍几个与表有关的概念。

1. 表结构

组成表的各列的名称及数据类型,统称为表结构。

2. 记录

每个表包含了若干行数据,它们是表的"值"。表中的一行称为一个记录。因此,表是记录的有限集合。

3. 字段

每个记录由若干个数据项构成。将构成记录的数据项称为字段。例如,表 6-1 中的表结构为(学号,姓名,性别,出生日期,专业,总学分,备注),包含 7 个字段,由 8 个记录组成。

4. 空值

空值(NULL)通常表示未知、不可用或将在以后添加的数据。若某列允许为空值,则向表中输入记录时可不为该列给出具体值;若某列不允许为空值,则在输入时必须给出具体值。

5. 关键字

如果表中记录的某个字段或字段组合能唯一标识记录，则称该字段或字段组合为候选关键字（Candidate Key）。若一个表有多个候选关键字，则选定其中一个为主关键字（Primary Key），也称为主键。当一个表仅有唯一的一个候选关键字时，该候选关键字就是主关键字。这里的主关键字与前面讲的主键所起的作用是相同的，都用来唯一标识记录。

例如，在学生表中，两个及以上记录的"姓名""性别""出生日期""专业""总学分"和"备注"这 6 个字段的值有可能相同，但是"学号"字段的值对表中所有记录来说一定不同，即通过"学号"字段可以将表中的不同记录区分开来。所以，"学号"字段是唯一的候选关键字，也就是主关键字。再如，学生成绩表记录的候选关键字是（学号，课程号）字段组合，它也是唯一的候选关键字。

一般，学生的信息和学生的成绩存放在不同的数据表中。在学生成绩表中可以存储学生的学号信息，表示是哪个学生的考试成绩。这里又引发了一个问题，如果在成绩表中输入的学号根本不存在，该怎么办呢？这时，应该建立一种"引用"的关系，确保学生成绩表（子表）中的某个数据项在学生表（主表）中必须存在。

外键就可以达到这个目的。它是对应主键而言的，就是"子表"中对应于"主表"的列，在"子表"中称为外键或引用键。它的值要求与主表的主键相对应。外键用来强制参照完整性。一个表可以有多个外键。

6.2 表的数据类型

表中字段的数据类型可以是 SQL Server 提供的系统数据类型，也可以是用户定义的数据类型。SQL Server 提供了丰富的系统数据类型，见表 6-2。

表 6-2 系统数据类型

数 据 类 型	符 号 标 识
整型	bigint, int, smallint, tinyint
精确数值型	decimal, numeric
浮点型	float, real
货币型	money, smallmoney
位型	bit
字符型	char, varchar, varchar(MAX)
Unicode 字符型	nchar, nvarchar, nvarchar(MAX)
文本型	text, ntext
二进制型	binary, varbinary, varbinary(MAX)
日期时间型	datetime, smalldatetime, date, time, datetime2, datetimeoffset
时间戳型	timestamp
图像型	image
其他	cursor, sql_variant, table, uniqueidentifier, xml, hierarchyid

在讨论数据类型时，使用了精度、小数位数和长度这三个概念，前两个概念是针对数值型数据的。它们的含义如下。

精度：指数值数据中所存储的十进制数据的总位数。

小数位数：指数值数据中小数点右边可以有的数字位数的最大值。

例如，数值数据 3790.567 的精度是 7，小数位数是 3。

长度：指存储数据所使用的字节数。

下面分别说明常用的系统数据类型。

1．整型

整型包括 bigint，int，smallint 和 tinyint。从标识符的含义就可以看出，它们表示的数范围逐渐缩小。

bigint：大整数，数范围为 $-2^{63}\sim 2^{63}-1$，精度为 19，小数位数为 0，长度为 8 字节。

int：整数，数范围为 $-2^{31}\sim 2^{31}-1$，精度为 10，小数位数为 0，长度为 4 字节。

smallint：短整数，数范围为 $-2^{15}\sim 2^{15}-1$，精度为 5，小数位数为 0，长度为 2 字节。

tinyint：微短整数，数范围为 0～255，精度为 3，小数位数为 0，长度为 1 字节。

2．精确数值型

精确数值型数据由整数部分和小数部分构成，其所有的数字都是有效位，能够以完整的精度存储十进制数。精确数值型包括 decimal 和 numeric 两类。在 SQL Server 中，这两种数据类型在功能上完全等价。

声明精确数值型数据的语法格式是 numeric | decimal(p[,s])，其中，p 为精度，s 为小数位数，s 的默认值为 0。例如，指定某列为精确数值型，精度为 6，小数位数为 3，即 decimal(6,3)，那么当向某记录的该列赋值 66.342679 时，该列实际存储的是 66.3427。

decimal 和 numeric 可存储 $-10^{38}+1\sim 10^{38}-1$ 范围内的固定精度和小数位数的数值数据。它们的长度随精度变化而变化，最少为 5 字节，最多为 17 字节。

例如，若有声明 numeric(8,3)，则存储该类型数据需要 5 字节；而若有声明 numeric(22,5)，则存储该类型数据需要 13 字节。

3．浮点型

浮点型也称为近似数值型。顾名思义，这种类型不能提供精确表示数据的精度。使用这种类型来存储某些数值时，可能会损失一些精度，因此它可用于处理取值范围非常大且对精确度要求不太高的数值，如一些统计量。

近似数值型包括 float 和 real 两类。两者都使用科学计数法表示数据，即尾数 E 阶数，如 5.6432E20，−2.98E10，1.287659E−9 等。

real：使用 4 字节存储数据，数范围为 −3.40E+38～3.40E+38，精度为 7 位有效数字。

float[(n)][1]：float 型的数范围为 −1.79E+308～1.79E+308。n 的取值范围为 1～53，用于指示其精度和长度。当 n 在 1～24 之间时，实际上将定义一个 real 型数据，长度为 4 字节，精度为 7 位有效数字；当 n 在 25～53 之间时，长度为 8 字节，精度为 15 位有效数字。若省略 n，则表示 n 在 25～53 之间。

4．货币型

SQL Server 提供了两种专门用于处理货币的数据类型：money 和 smallmoney，它们用十进制数表示货币值。

money：数范围为 $-2^{63}\sim 2^{63}-1$，精度为 19，小数位数为 4，长度为 8 字节。money 型的

---

[1] [ ]表示可选。

数范围与 bigint 型相同，不同的只是 money 型数有 4 位小数。实际上，money 型数就是按照整数进行运算的，只是将小数点固定在末 4 位。

smallmoney：数范围为 $-2^{31} \sim 2^{31}-1$，精度为 10，小数位数为 4，长度为 4 字节。可见，smallmoney 与 int 的关系就如同 money 与 bigint 的关系一样。

当向表中插入 money 或 smallmoney 型的数据时，必须在数据前面加上货币表示符号($)，并且数据中间不能有逗号(,)。若货币值为负数，则需要在符号$的后面加上负号(−)。例如，$13000.18，$560，$−20000.9032 都是正确的货币型数据表示形式。

5. 位型

SQL Server 中的位型数据相当于其他语言中的逻辑型数据。它只存储 0 和 1，长度为 1 字节。但要注意，SQL Server 对表中位（bit）型列的存储进行了优化：如果一个表中有不多于 8 个的 bit 型列，则这些列将作为 1 字节存储；如果表中有 9～16 个 bit 型列，则这些列将作为 2 字节存储，更多列的情况依次类推。

当为 bit 型数据赋 0 值时，其值为 0；而赋非 0 值（如 10）时，其值为 1。

字符串值 True 和 False 可以转换为以下 bit 值：True 转换为 1，False 转换为 0。

6. 字符型

字符型数据用于存储字符串，字符串中可包含字母、数字或其他特殊符号（如#，@，&等）。在输入字符串时，需要将串中的符号用单引号或双引号括起来，如'abc'，"Abc<Cde"。

字符型包括 char（固定长度）和 varchar（可变长度）两类。

char[(n)]：定长字符型。其中，n 定义字符型数据的长度，取值在 1～8000 之间，默认为 1。当表中的列定义为 char(n)型时，若实际存储的串长度不足 n，则在串的尾部添加空格以达到长度 n，所以 char(n)的长度为 n。例如，某列的数据类型为 char(10)，而输入的字符串为 "sjmr2012"，则存储的是字符"sjmr2012"和两个空格。若输入的字符个数超出了长度 n，则超出的部分被截断。

varchar[(n)]：变长字符型。其中，n 的取值规定与 char 型中的完全相同，但这里 n 表示的是字符串可达到的最大长度。

7. Unicode 字符型

Unicode 是统一字符编码标准，用于支持国际上非英语语种的字符数据的存储和处理。SQL Server 的 Unicode 字符型可以存储 Unicode 标准字符集定义的各种字符。

Unicode 字符型也包括定长和变长两类：nchar 和 nvarchar。

nchar[(n)]：定长 Unicode 字符型。n 的值在 1～4000 之间。长度为 2*n 字节。若输入的字符串长度不足 n，将以空格补足。

nvarchar[(n)]：变长 Unicode 字符型。n 的值在 1～4000 之间，默认为 1。长度是所输入字符个数的两倍（以字节为单位）。

8. 文本型

当需要存储大量的字符数据（如较长的备注、日志信息等）时，字符型数据最多 8000 个字符的限制使它们不能满足这种应用需求，此时可使用文本型数据。

文本型包括 text 和 ntext 两类，分别对应 ASCII 字符和 Unicode 字符。

text 型可以表示的最大长度为 $2^{31}-1$ 个 ASCII 字符，其数据的存储长度为实际字符个数（以字节为单位）。

ntext 型可表示的最大长度为 $2^{30}-1$ 个 Unicode 字符，其数据的存储长度是实际字符个数的两倍（以字节为单位）。

9. 二进制型

二进制型表示的是位数据流，包括 binary（固定长度）和 varbinary（可变长度）两类。

binary [(n)]：固定长度的 n 字节二进制数据。n 的取值范围为 1～8000，默认为 1。binary(n) 数据的长度为 n+4 字节。若输入的数据长度小于 n，则不足部分用 0 填充；若输入的数据长度大于 n，则多余部分被截断。

varbinary [(n)]：n 字节变长二进制数据。n 取值范围为 1～8000，默认为 1。varbinary(n) 数据的长度为实际输入数据长度+4 字节。

10. 日期时间型

日期时间型数据用于存储日期和时间信息，日期时间型有 datetime, smalldatetime, date, time, datetime2 和 datetimeoffset。

（1）datetime

datetime 型可表示从 1753 年 1 月 1 日到 9999 年 12 月 31 日的日期和时间，精度为 0.03s（3.33ms 或 0.00333s）。例如，在 1ms～3ms 范围内的值都表示为 0ms，在 4ms～6ms 范围内的值都表示为 4ms。

datetime 型的长度为 8 字节，日期和时间分别使用 4 字节存储。前 4 字节用于存储 datetime 型数据中距 1900 年 1 月 1 日的天数，为正数表示日期在 1900 年 1 月 1 日之后，为负数则表示日期在 1900 年 1 月 1 日之前；后 4 字节用于存储 datetime 型数据中距中午 12:00（24 小时制）的毫秒数。

（2）smalldatetime

smalldatetime 型可表示从 1900 年 1 月 1 日到 2079 年 6 月 6 日的日期和时间，数据精确到分钟，即 29.998s 或更小的值向下舍入为最接近的分钟数，29.999s 或更大的值向上舍入为最接近的分钟数。

smalldatetime 型的长度为 4 字节，前 2 字节用来存储 smalldatetime 型数据中日期部分距 1900 年 1 月 1 日之后的天数；后 2 字节用来存储 smalldatetime 型数据中时间部分距中午 12:00 点的分钟数。

用户输入 smalldatetime 型数据的格式与 datetime 型数据的格式完全相同，只是它们的内部存储可能不相同。

（3）date

date 型可以表示从公元元年 1 月 1 日到 9999 年 12 月 31 日的日期。date 型只存储日期数据，不存储时间数据，长度为 3 字节，表示形式与 datetime 型的日期部分相同。

（4）time

time 型只存储时间数据，表示格式为 "hh:mm:ss[.nnnnnnn]"。其中，hh 表示小时，取值范围为 0～23；mm 表示分钟，取值范围为 0～59；ss 表示秒数，取值范围为 0～59；n 是 0～7 位数字，取值范围为 0～9999999，表示秒的小数部分，即微秒数。所以 time 型的取值范围为 00:00:00.0000000～23:59:59.9999999。time 型的存储大小为 5 字节。另外还可以自定义 time 型中微秒数的位数，例如，time(1)表示小数位数为 1，默认为 7。

（5） datetime2

新的数据类型 datetime2 型和 datetime 型一样，也用于存储日期和时间数据。但是 datetime2 型取值范围更广，日期部分取值范围为从公元元年 1 月 1 日到 9999 年 12 月 31 日，时间部分的取值范围为 00:00:00.0000000～23:59:59.999999。另外，用户还可以自定义 datetime2 型中微秒数的位数，例如，datetime(2)表示小数位数为 2。datetime2 型的长度随着微秒数的位数（精度）改变而改变，精度小于 3 时长度为 6 字节，精度为 4 和 5 时长度为 7 字节，所有其他精度则需要 8 字节长度。

（6） datetimeoffset

datetimeoffset 型也用于存储日期和时间数据，取值范围与 datetime2 型相同。但 datetimeoffset 型具有时区偏移量，此偏移量指定时间相对于协调世界时（UTC）偏移的小时数和分钟数。datetimeoffset 型的格式为"YYYY-MM-DD hh:mm:ss[.nnnnnnn] [{+|−}hh:mm]"。其中，hh 为时区偏移量中的小时数，取值范围为 00～14；mm 为时区偏移量中的额外分钟数，取值范围为 00～59。时区偏移量中必须包含"+"（加）或"−"（减）号。这两个符号表示在 UTC 时间的基础上加上还是从中减去时区偏移量以得出本地时间。时区偏移量的有效范围为−14:00～+14:00。

11．时间戳型

时间戳型的标识符是 timestamp。若创建表时定义某列的数据类型为时间戳型，那么每当对该表加入新行或修改已有行时，都由系统自动将一个计数器值加到该列中，即将原来的时间戳值加上一个增量。

记录 timestamp 列的值实际上反映了系统对该记录修改的相对顺序。一个表只能有一个 timestamp 列。timestamp 型数据的值实际上是二进制位格式的数据，其长度为 8 字节。

12．图像型

图像型的标识符是 image，它用于存储图像、照片等。实际存储的是可变长度二进制型数据，长度介于 0 与 $2^{31}-1$（2147483647）字节之间。在 SQL Server 中，该类型是为了向下兼容而保留的数据类型。微软推荐用户使用 varbinary(MAX)型来替代该类型。

13．其他

除了前面所介绍的常用数据类型外，SQL Server 还提供了其他几种数据类型：cursor，sql_variant，table，uniqueidentifier，xml 和 hierarchyid。

cursor：游标数据类型，用于创建游标变量或定义存储过程的输出参数。

sql_variant：一种存储 SQL Server 支持的各种数据类型（除 text，ntext，image，timestamp 和 sql_variant 外）值的数据类型。sql_variant 型的最大长度可达 8016 字节。

table：用于存储结果集的数据类型，结果集可以供后续处理。

uniqueidentifier：唯一标识符类型。系统将为这种类型的数据产生唯一标识值。它是一个 16 字节长的二进制数据。

xml：一种用来在数据库中保存.xml 文档和片段的类型，但是此类型的文件大小不能超过 2GB。

hierarchyid：长度可变的系统数据类型，可使用 hierarchyid 表示层次结构中的位置。

varchar，nvarchar，varbinary 这三种数据类型可以使用 MAX 保留字，如 varchar(MAX)，nvarchar(MAX)，varbinary(MAX)，此时最多可存放 $2^{31}-1$ 字节的数据，分别用来替换 text，ntext 和 image 数据类型。

6.3 设计表

SQL Server 数据库通常包含多个表。表是一个存储数据的实体，具有唯一的名称。可以说，数据库实际上是表的集合，具体的数据都是存储在表中的。表是对数据进行存储和操作的一种逻辑结构，每个表代表一个对象。

表的命名采用 Pascal 命名规则，应以完整英文单词命名，避免使用缩写，英文单词采用单数形式。例如，学籍管理数据库 StudentManagement 由学生表 Student、课程表 Course、教师表 Teacher、班级表 Class、系表 Department、授课表 TeachClass、课程类型表 CourseType、选课表 SelectCourse 和职称表 Title 组成。这些表是数据表，它们由行和列组成，通过表名和列名来识别数据。

字段命名也采用 Pascal 命名规则。必须有一个主键。表的自增主键统一用 ID。表的唯一主键名称统一用"表名+ID"，如 StudentID。常用的字段名称 Name，不直接用 Name，而是用"表名+Name"，如 StudentName。常用的字段名称 Desc，不直接用 Desc，而是用"表名+Desc"，如 StudentDesc。表的外键名称用"主表名+列名"，如 StudentClassID。

表名、字段名应避免使用中文拼音，避免使用下画线，避免名称过长，避免使用保留字。

对于具体的某个表，在创建之前，需要确定表的下列特征：

① 表中的列数，每列中数据的类型和长度（如果必要）。
② 哪些列允许空值。
③ 是否要使用约束、默认设置和规则，以及何处使用。
④ 所需索引的类型，哪里需要索引，哪些列是主键，哪些列是外键。

前面已经介绍了 SQL Server 提供的系统数据类型。本节对于学籍管理数据库 StudentManagement 中的表做了如下设计，供读者创建数据表时参考使用。

1．学生表 Student

Student 表的结构设计，见表 6-3。

表 6-3 Student 表的结构

字段名称（列名）	数据类型	说明	约束	备注
StudentID	char(10)	学号	主键	前 4 位表示该学生入学的年份，中间 4 位表示该学生的专业和班号，后 2 位为顺序号，如 2019310103 表示 2019 年入学的 31 专业第 01 班的第 03 号
StudentName	nvarchar(20)	姓名		人名
Sex	char(2)	性别		
Birthday	date	出生日期		
StudentClassID	char(8)	班级编号	外键	
Telephone	char(13)	电话		
Email	varchar(20)	电子邮件		
Address	nvarchar(30)	家庭地址		

2．教师表 Teacher

Teacher 表的结构设计，见表 6-4。

表 6-4 Teacher 表的结构

字段名称（列名）	数据类型	说 明	约 束	备 注
TeacherID	char(10)	教师编号	主键	
TeacherDepartmentID	char(4)	系编号	外键	
TeacherTitleID	char(2)	职称编号	外键	
TeacherName	nvarchar(20)	教师姓名		
Sex	char(2)	性别		
Birthday	date	出生日期		
WorkDate	date	参加工作日期		

3．班级表 Class

Class 表的结构设计，见表 6-5。

表 6-5 Class 表的结构

字段名称（列名）	数据类型	说 明	约 束	备 注
ClassID	char(8)	班级编号	主键	前 4 位表示该班入学的年份，中间 2 位表示专业，后 2 位为顺序号。如 20193101 表示 2019 年入学的 31 专业第 01 班
ClassDepartmentID	char(4)	系编号	外键	
ClassTeacherID	char(10)	教师编号	外键	辅导员
ClassName	nvarchar(20)	班级名称		
Amount	int	班级人数		

4．课程表 Course

Course 表的结构设计，见表 6-6。

表 6-6 Course 表的结构

字段名称（列名）	数据类型	说 明	约 束	备 注
CourseID	char(6)	课程编号	主键	
CourseTypeID	char(2)	课程类型编号	外键	
CourseName	nvarchar(30)	课程名称		
Info	nvarchar(50)	课程介绍		
Credits	numeric(2,0)	学分		
Time	numeric(3,0)	总学时		
PreCourseID	char(6)	先修课程编号		
Term	numeric(1,0)	学期		

5．系表 Department

Department 表的结构设计，见表 6-7。

表 6-7 Department 表的结构

字段名称（列名）	数据类型	说 明	约 束	备 注
DepartmentID	char(4)	系编号	主键	
DepartmentName	nvarchar(30)	系名称		
Telephone	char(13)	电话		

6. 课程类型表 CourseType

CourseType 表的结构设计，见表 6-8。

表 6-8　CourseType 表的结构

字段名称（列名）	数据类型	说明	约束	备注
CourseTypeID	char(4)	课程类型编号	主键	
TypeInfo	nvarchar(30)	课程类型说明		

7. 职称表 Title

Title 表的结构设计，见表 6-9。

表 6-9　Title 表的结构

字段名称（列名）	数据类型	说明	约束	备注
TitleID	char(2)	职称编号	主键	
Info	nvarchar(30)	职称说明		

8. 选课表 SelectCourse

SelectCourse 表的结构设计，见表 6-10。

表 6-10　SelectCourse 表的结构

字段名称（列名）	数据类型	说明	约束	备注
SelectCourseStudentID	char(10)	学号	主键、外键	
SelectCourseID	char(6)	课程编号	主键、外键	
Score	numeric(4,1)	成绩		

9. 授课表 TeachClass

TeachClass 表的结构设计，见表 6-11。

表 6-11　TeachClass 表的结构

字段名称（列名）	数据类型	说明	约束	备注
TeachClassTeacherID	char(10)	教师编号	主键、外键	
TeachClassCourseID	char(6)	课程编号	主键、外键	
TeachClassID	char(8)	班级编号	主键、外键	
TeachClassAddress	nvarchar(30)	授课地点		
TeachClassTerm	char(11)	授课学期		前 9 位为学年，后 2 位为本学年的学期，如 2019-2020/2 表示 2019—2020 学年第 2 学期

6.4　创建表

在设计好数据表之后就可以创建数据表了。在默认状态下，只有系统管理员和数据库拥有者（dbo 用户）可以创建表，但系统管理员和数据库拥有者也可以授权给其他的用户来完成创建表的任务。创建数据表有两种方法：一种是使用 SSMS，另一种是使用查询编辑器。下面将创建学籍管理系统所涉及的表。

6.4.1 使用 SSMS 创建表

使用 SSMS 创建表的操作步骤如下。

① 启动 SSMS，在对象资源管理器中展开"数据库"结点。

② 展开 StudentManagement 数据库，右击"表"，从快捷菜单中选择"新建"→"表"命令，显示表设计器，如图 6-1（a）所示。

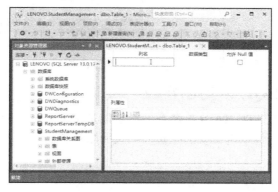

(b)

(c)

图 6-1 表设计器

③ 在表设计器中，根据已经设计好的 Student 表结构，分别输入或选择各列的名称、数据类型、是否允许为空等属性。根据需要，可以在下方的"列属性"选项卡中填入相应内容，如图 6-1（b）所示。

④ 还可以对表的结构进行更改，设置主键及字段属性。使用 SSMS 可以非常直观地修改表结构和添加数据。在表中任意行上单击右键，都将显示快捷菜单。例如，在 StudentID 列上右击，从快捷菜单中选择"设置主键"命令设置表的主键，如图 6-1（c）所示。

⑤ 在表中各列的属性均编辑完成后，单击工具栏中的"保存"按钮，显示"选择名称"对话框，在"输入表名称"框中输入表名 Student，如图 6-2（a）所示，单击"确定"按钮。刷新后，在对象资源管理器中可以看到新创建的 Student 表，如图 6-2（b）所示。

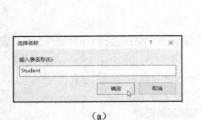 

（a） （b）

图 6-2　新创建的 Student 表

6.4.2　使用 T-SQL 语句创建表

定义基本表使用 CREATE TABLE 命令，其功能是定义表名、列名、数据类型，标识初始值和步长等。定义表还包括定义表的完整性约束和默认值。

1．基本语法

创建表的完整语法格式如下：
　　CREATE TABLE
　　　　[database_name.[owner].|owner.]table_name
　　　　（{<column_definition>|column_name AS computed_column_expression|
　　　　<table_constraint>}[,…n]）
　　　　　　[ON{ filegroup|DEFAULT}]
　　　　[TEXTIMAGE_ON { filegroup|DEFAULT}]
　　　　　　<column_definition>::={column_name data_type}
　　　　[COLLATE <collation_name>]
　　　　[[DEFAULT constant_expression]
　　　　|[IDENTITY[(seed,increment) [NOT FOR REPLICATION]]]]
　　　　[ROWGUIDCOL]
　　　　[<column_constraint>][,…n]

各参数的说明如下。

database_name：用于指定所创建表的数据库名称。

owner：用于指定新建表的所有者的用户名。

table_name：用于指定新建表的名称。

column_name：用于指定新建表的列名。

computed_column_expression：用于指定计算列的列值表达式。

ON {filegroup | DEFAULT}：用于指定存储表的文件组名。

TEXTIMAGE_ON：用于指定 text，ntext 和 image 列的数据存储的文件组。

data_type：用于指定列的数据类型。

COLLATE：用于指定表的校验方式。

DEFAULT：用于指定列的默认值。

constant_expression：用于指定列的默认值的常量表达式，可以为一个常量或 NULL 或系统函数。

IDENTITY(seed, increment)：用于将列指定为标识列。其中，seed 用于指定标识列的初始值，increment 用于指定标识列的增量值。

NOT FOR REPLICATION：用于指定列的 IDENTITY 属性在把从其他表中复制的数据插到表中时不发生作用，即不生成列值，使得复制的数据行保持原来的列值。

ROWGUIDCOL：用于将列指定为全局唯一标识符列（Row Global Unique Identifier Column）。

column_constraint 和 table_constraint：用于指定列约束和表约束。

2．约束

约束是 SQL Server 提供的自动保持数据库完整性的一种方法，它通过限制字段中的数据、记录中的数据和表之间的数据来保证数据的完整性。在 SQL Server 中，对于基本表的约束分为列级约束和表级约束两种。

（1）列级约束

列级约束也称字段约束，可以使用以下短语进行定义。

[NOT NULL|NULL]：定义不允许或允许字段值为空。

[PRIMARY KEY CLUSTERED|NON CLUSTERED：定义该字段为主键并建立聚集或非聚集索引。

[REFERENCE <参照表>(<对应字段>)]：定义该字段为外键，并指出被参照表及对应字段。

[DEFAULT <默认值>]：定义字段的默认值。

[CHECK(<条件>)]：定义字段应满足的条件表达式。

[IDENTITY(<初始值>，<步长>)]：定义字段为数值型数据，并指出它的初始值和逐步增加的步长值。

（2）表级约束

表级约束也称记录约束，语法格式为：

CONSTRAINT <约束名> <约束式>

约束式主要有以下几种。

[PRIMARY KEY [CLUSTERED|NONCLUSTERED](<列名组>)]：定义表的主键并建立主键的聚集或非聚集索引。

[FOREIGN KEY(<外键>)REFERENCES<参照表>(<对应列>)]：指出表的外键和被参照表。

[CHECK(<条件表达式>)]：定义记录应满足的条件。

[UNIQUE(<列组>)]：定义不允许重复值的字段组。

【例 6-1】 用 CREATE TABLE 语句创建数据库 StudentManagement 中的 Course 表，要求课程编号为主键，课程名字唯一，每门课的学分默认为 4。操作步骤如下。

① 单击"新建查询"按钮，在查询编辑器中输入如下 T-SQL 语句：

```
USE StudentManagement
GO
CREATE TABLE Course
(
    CourseID char(6) PRIMARY KEY,
    CourseTypeID char(2),
    CourseName nvarchar(30) UNIQUE,
```

```
    Info nvarchar(50),
    Credits numeric(2,0) DEFAULT(4),
    Time numeric(3,0),
    PreCourseID char(6),
    Term numeric(1,0)
)
```

② 单击"执行"按钮执行上面的语句。在对象资源管理器中刷新后,展开"表"结点,即可观察到新建的 Course 表,如图 6-3 所示。

图 6-3 执行 T-SQL 语句

【例 6-2】 用 CREATE TABLE 语句创建数据库 StudentManagement 中的 SelectCourse 表,记录学生选课的信息,并设置外键约束。操作步骤如下。

① 单击"新建查询"按钮,在查询编辑器中输入如下 T-SQL 语句:

```
USE StudentManagement
GO
CREATE TABLE SelectCourse
(
    SelectCourseStudentID char(10) FOREIGN KEY(SelectCourseStudentID) REFERENCES Student(StudentID),
    SelectCourseID char(6) FOREIGN KEY(SelectCourseID) REFERENCES Course(CourseID),
    Score numeric(3,1),
    PRIMARY KEY(SelectCourseStudentID,SelectCourseID)
)
```

② 单击"执行"按钮,结果如图 6-4 所示。

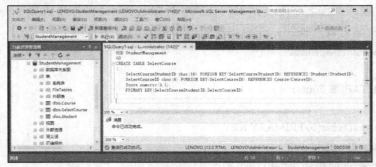

图 6-4 执行 T-SQL 语句

3. 创建临时表

前面创建的表称为永久表。SQL Server 的临时表是一种特殊的表。创建临时表可以创建本地（局部）临时表和全局临时表。SQL Server 把临时表的结构信息和数据存储在 tempdb 数据库中，如图 6-5 所示。

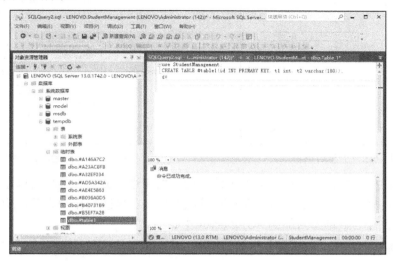

图 6-5　临时表

本地临时表的名称前面有一个"#"号（#table_name）。本地临时表仅在当前进程中可见；其他进程不可访问它；生命周期会随着当前连接进程的关闭而结束。

全局临时表的名称前面有两个"##"号（##table_name）。全局临时表在所有进程中都可见；当前进程和其他进程均可访问它；生命周期在所有使用到全局临时表的连接完全关闭后结束。

【例 6-3】　使用 CREATE TABLE 语句创建本地临时表#table1。T-SQL 语句为：

CREATE TABLE #table1 (id INT PRIMARY KEY, t1 int, t2 varchar(100));

当创建本地或全局临时表时，CREATE TABLE 的语法支持除 FOREIGN KEY 约束以外的其他所有约束定义。如果在临时表中指定 FOREIGN KEY 约束，该语句将返回警告信息，指出此约束已被忽略。此时，表仍会被创建，但其不具有 FOREIGN KEY 约束。在 FOREIGN KEY 约束中不能引用临时表。

6.5　修改表

当数据库中的表创建完成后，可以根据需要改变表中原先定义的选项以更改表的结构。用户可以增加、删除或修改列，增加、删除或修改约束，更改表名，以及改变表的所有者等。

6.5.1　使用 SSMS 修改表

在 SQL Server 中，当使用 SSMS 修改表的结构（如增加列、修改列的数据类型等）时，必须删除原来的表，再重新创建新表，才能完成表的更改。如果强行修改，会显示如图 6-6 所示的提示对话框。如果希望在修改表时不显示此对话框，可以做以下操作。

启动 SSMS，执行"工具"→"选项"菜单命令，在"选项"对话框左侧列表框中选择"设计器"下的"表设计器和数据库设计器"项，在右侧页面中取消选中"阻止保存要求重新创建表的更改"复选框，如图 6-7 所示，完成操作后单击"确定"按钮，接下来就可以对表进行修改了。

图 6-6　提示对话框

图 6-7　解除阻止保存的选项

在修改表的操作之前，应先将操作中使用的数据库进行分离并备份（以便以后使用）到其他文件夹中，然后重新附加该数据库进行修改操作。在修改操作完成后，删除已修改的数据库，将分离备份的数据库附加到 SQL Server 中。

1．更改表名

SQL Server 允许改变一个表的名字。但当表名改变后，与此表相关联的某些对象（如视图）及通过表名与表相关联的存储过程将无效。因此，建议不要更改一个已有的表名，特别是当在其上定义了视图或建立了相关的表后。

【例 6-4】　将 Course 表的表名改为 StudentCourse。操作步骤如下。

① 启动 SSMS，在对象资源管理器中找到需要更名的表 Course。

② 右击表名，从弹出的快捷菜单中选择"重命名"命令，如图 6-8（a）所示，表名变为可编辑状态，输入新的表名 StudentCourse，如图 6-8（b）所示，然后按 Enter 键确定。

(a)

(b)

图 6-8　更改表名

③ 把刚才修改的课程表名改回 Course。

2．增加列

当以前创建的表需要增加项目时，就要向表中增加列。例如，若在 Student 表中需要登记学生奖学金等级、获奖情况等，就要用到增加列的操作。

【例 6-5】 向 Student 表中添加一个 Bonus（奖学金等级）列，数据类型为 tinyint，允许为空值。操作步骤如下。

① 在对象资源管理器中右击 Student 表，从快捷菜单中选择"设计"命令，如图 6-9 所示，显示表设计器。

② 在表设计器中选择第一个空白行，输入列名 Bonus，选择数据类型 tinyint，如图 6-10 所示。如果要在某列之前加入新列，则可以右击该列，从弹出的快捷菜单中选择"插入列"命令，然后在空白行中填写列信息。

③ 当需向表中添加的列均输入完毕后，关闭表设计器，此时将弹出一个"保存更改"对话框，单击"是"按钮，保存修改后的表（或单击工具栏中的"保存"按钮）。

图 6-9　选择"设计"命令

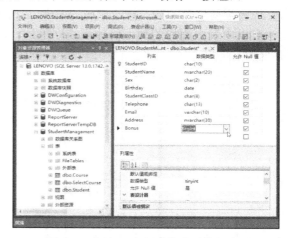
图 6-10　添加一个新列并设置数据类型

3. 删除列

在 Student 表的表设计器中右击需要删除的列（如新增加的 Bonus 列），从快捷菜单中选择"删除列"命令，该列即被删除。

4. 修改列

当表中尚未有记录值时，可以修改表结构，如更改列名、列的数据类型、长度、是否允许空值等属性。但当表中有了记录后，建议不要轻易改变表结构，特别不要改变列的数据类型，以免产生错误。

具有以下特性的列不能修改：

- 数据类型为 timestamp 的列。
- 计算列。
- 全局标识符列。
- 用于索引的列（但当用于索引的列为 varchar，nvarchar 或 varbinary 型时，可以增加列的长度）。
- 用于由 CREATE STATISTICS 语句生成统计的列。如果需要修改这样的列，必须先用 DROP STATISTICS 语句删除统计。
- 用于主键或外键约束的列。
- 用于 CHECK 或 UNIQUE 约束的列。

- 关联有默认值的列。

当改变列的数据类型时，要求满足下列条件：
- 原数据类型必须能够转换为新数据类型。
- 新数据类型不能为 timestamp 型。

如果被修改列属性中有"标识规范"属性，则新数据类型必须是有效的"标识规范"数据类型。

【例 6-6】 在 Student 表中，将 StudentName 列名改为 Name，数据长度由 20 改为 22，允许空值。操作步骤如下。

① 在对象资源管理器中右击 Student 表，从快捷菜单中选择"设计"命令，显示表设计器。

② 选择需要修改的列，修改相应的属性，如图 6-11 所示。

③ 可以向表中添加的列、修改列、删除列，编辑完毕后，单击工具栏中的"保存"按钮保存修改后的表。

图 6-11 修改列的属性

6.5.2 使用 T-SQL 语句修改表

可以使用 ALTER TABLE 语句修改表的属性。

1. 使用 ADD 子句添加列

通过在 ALTER TABLE 语句中使用 ADD 子句，可以在表中增加一个或多个列。其语法格式如下：

ALTER TABLE <表名> ADD <列名> <数据类型>[<完整性约束>]

【例 6-7】 使用 ALTER TABLE 语句向 Student 表中增加 StudentBonus 列。操作步骤如下。

① 单击"新建查询"按钮，在查询编辑器中输入如下 T-SQL 语句：

ALTER TABLE Student ADD StudentBonus tinyint

② 单击"执行"按钮执行上面的语句。

2. 使用 ADD CONSTRAINT 子句添加约束

通过在 ALTER TABLE 语句中使用 ADD CONSTRAINT 子句，可以在表中增加一个或多个约束。其语法格式如下：

ALTER TABLE <表名>
  ADD CONSTRAINT <约束名> 约束[<列名表>]

【例6-8】 对 Student 表中的 Name 列设置唯一约束。操作步骤如下。

① 单击"新建查询"按钮，在查询编辑器中输入如下 T-SQL 语句：

```
ALTER TABLE Student
    ADD CONSTRAINT Name01 UNIQUE(Name)
```

② 单击"执行"按钮执行上面的语句。

3. 使用 ALTER COLUMN 子句修改列属性

通过在 ALTER TABLE 语句中使用 ALTER COLUMN 子句，可以修改表中列的数据类型、长度、是否允许为 NULL 等属性。其语法格式如下：

ALTER TABLE <表名>
  ALTER COLUMN <列名> <数据类型> [NULL|NOT NULL]

【例6-9】 将 Student 表中 Email 列的长度改为 50，并允许为空。操作步骤如下。

① 单击"新建查询"按钮，在查询编辑器中输入如下 T-SQL 语句：

```
ALTER TABLE Student
    ALTER COLUMN Email varchar(50) NULL
```

② 单击"执行"按钮执行上面的语句。

4. 重命名列

SQL Server 中没有提供修改列名的 T-SQL 语句，需要借助存储过程重命名列。存储过程后面章节将详细介绍。其语法格式如下：

EXEC sp_rename '表名.原来的列名', '更改后的列名'

【例6-10】 把 Student 表中的 Name 列名重新命名为 StudentName。操作步骤如下。

① 单击"新建查询"按钮，在查询编辑器中输入如下语句：

```
EXEC sp_rename 'Student.Name', 'StudentName'
```

② 单击"执行"按钮执行上面的语句。

③ 将列名改回 Name。

5. 使用 DROP COLUMN 子句删除列

通过在 ALTER TABLE 语句中使用 DROP COLUMN 子句，可以在表中删除一个或多个列。其语法格式如下：

ALTER TABLE <表名>
  DROP COLUMN <列名>

【例6-11】 删除 Student 表中的 StudentBonus 列。操作步骤如下。

① 单击"新建查询"按钮，在查询编辑器中输入如下 T-SQL 语句：

```
ALTER TABLE Student
    DROP COLUMN StudentBonus
```

② 单击"执行"按钮执行上面的语句。

6. 使用 DROP CONSTRAINT 子句删除约束

通过在 ALTER TABLE 语句中使用 DROP CONSTRAINT 子句，可以在表中删除一个或多个约束。其语法格式如下：

```
ALTER TABLE <表名>
    DROP CONSTRAINT <约束名>
```

【例 6-12】 删除 Student 表中 Name 列上的唯一约束。操作步骤如下。

① 单击"新建查询"按钮,在查询编辑器中输入如下 T-SQL 语句:

```
ALTER TABLE Student
    DROP CONSTRAINT Name01
```

② 单击"执行"按钮执行上面的语句。

6.6 删除表

当不需要某个表时,可以将其删除。一旦表被删除,那么它的结构、数据及建立在该表上的约束、索引等都将被永久删除。注意,不能删除系统表和外键约束所参照的表。

6.6.1 使用 SSMS 删除表

【例 6-13】 删除 StudentManagement 数据库中的 Student 表。操作步骤如下。

① 在对象资源管理器中右击 Student 表,从快捷菜单中选择"删除"命令。

② 显示"删除对象"对话框,如图 6-12 所示。在删除某个表之前,应该首先查看它与其他数据库对象之间是否存在依赖关系,单击"显示依赖关系"按钮。

③ 显示依赖关系对话框,如图 6-13 所示,在依赖关系对话框中可以查看该表所依赖的对象和依赖于该表的对象。如果有对象依赖于该表,该表就不能删除。如果没有依赖于该表的其他数据库对象,则返回"删除对象"对话框,单击"确定"按钮,即可删除该表。

图 6-12 "删除对象"对话框   图 6-13 依赖关系对话框

从图 6-13 中可以看出,SelectCourse 表依赖于 Student 表,因此,这里的删除操作不能实现。单击"确定"按钮返回图 6-12 对话框。

④ 单击"确定"按钮,显示如图 6-14 所示的错误消息,单击"消息"列下的链接。

⑤ 显示如图 6-15 所示的删除失败对话框,给出删除失败的原因,单击"确定"按钮。返回上一级对话框,单击"取消"按钮。

图 6-14 "删除对象"对话框中的错误消息　　图 6-15 删除失败对话框

如果要实现删除表的操作，读者可以在数据库 StudentManagement 中新建一个没有任何依赖对象的 TestDelete 表，练习删除表的操作。创建 TestDelete 表的方法很简单，只需要包含几个简单的字段。读者可以自己练习创建表，这里不再赘述。

6.6.2　使用 T-SQL 语句删除表

DROP TABLE 语句可以删除一个表和表中的数据及与表有关的所有索引、触发器、约束、许可对象。其语法格式如下：

   DROP TABLE table_name

要删除的表如果不在当前数据库中，则应在 table_name 中指明其所属的数据库和用户名。在删除一个表之前，要先删除与此表相关联的表中的外键约束。当删除表后，绑定的规则或默认值会自动松绑。

【例 6-14】　删除 TestDelete 表。操作步骤如下。

① 单击"新建查询"按钮，在查询编辑器中输入如下 T-SQL 语句：

   DROP TABLE TestDelete

② 单击"执行"按钮，在对象资源管理器中刷新表后就可以看到新建的 TestDelete 表被删除了。

以上讲解了表的基本操作，学籍管理数据库 StudentManagement 中其他表的创建将在下面的实训中练习。需要注意的是，要将修改表之前备份的数据库 StudentManagement 重新附加到 SQL Server 中。

6.7　实训——学籍管理系统中表的创建

在前面的操作中，已经建立了学籍管理系统中的学生表 Student、课程表 Course 和选课表 SelectCourse。在接下来的实训中，将要参照表的结构设计创建其余的表，为表设计列名、数据类型、长度、是否为空，同时还要实施数据完整性，即 PRIMARY KEY（主键）、FOREIGN KEY（外键）、UNIQUE（唯一）、CHECK（检查）、DEFAULT（默认）约束。

【实训 6-1】　使用 T-SQL 语句创建学籍管理系统中的表。以创建教师表 Teacher 为例，操作步骤如下。

① 单击"新建查询"按钮，在查询编辑器中输入如下 T-SQL 语句：
```
USE StudentManagement
GO
CREATE TABLE Teacher
(
    TeacherID char(10) NOT NULL,
    TeacherDepartmentID char(4) NOT NULL,
    TeacherTitleID char(2) NOT NULL,
    TeacherName nvarchar(20) NULL,
    Sex char(2) NULL,
    Birthday date NULL,
    WorkDate date NULL,
    CONSTRAINT PK_Teacher PRIMARY KEY CLUSTERED
    (
        TeacherID ASC
    )
)
GO
```
② 单击"执行"按钮执行上面的语句，然后在对象资源管理器中刷新表，展开"表"结点就能看到新创建的 Teacher 表。

按照类似的方法，读者可以继续创建学籍管理系统中其余的表，这里不再赘述。

习题 6

一、填空题

1. 对一个表可以定义_____个 CHECK 约束。
2. 创建表的语句是：CREATE TABLE _____。
3. 数据完整性包括：_____和用户定义完整性。
4. 补全删除 Course 表中的 Course_Name 列所使用的语句：
   ALTER TABLE Course
   _____
5. 补全为 Student 表删除主键约束的语句：
   ALTER TABLE Student
   _____
6. 假定利用 CREATE TABLE 语句建立下面的 BOOK 表：
   CREATE TABLE BOOK
   (
       总编号 char(6),
       分类号 char(6),
       书名 char(6),
       单价 numeric(10,2)
)
   则"单价"列的数据类型为_____型，长度为_____，其中包含有_____位小数。

二、单项选择题

1. 表设计器中的"允许空"格用于设置该字段是否可输入空值，实际上就是创建该字段的_____约束。
   A．主键　　　　　B．外键　　　　　C．NULL　　　　　D．CHECK

2. 下列关于表的叙述正确的是_____。
   A．只要用户表没有人使用，则可将其删除　　　　B．用户表可以隐藏
   C．系统表可以隐藏　　　　　　　　　　　　　　D．系统表可以删除

3. SQL 数据定义语言中，表示外键约束的关键字是_____。
   A．CHECK　　　B．FOREIGN KEY　　　C．PRIMARY KEY　　　D．UNIQUE

三、设计题

假设有一个图书馆数据库，包含三个表：图书表、读者表、借阅表。三个表的结构分别如表 6-12、表 6-13 和表 6-14 所示。

表 6-12　图书表的结构

列　名	说　明	数　据　类　型	约　束
图书号	图书唯一的图书号	定长字符型，长度为 20	主键
书名	图书的书名	变长字符型，长度为 50	空值
作者	图书的编著者名	变长字符型，长度为 30	空值
出版社	图书的出版社	变长字符型，长度为 30	空值
单价	出版社确定的图书的单价	float 型	空值

表 6-13　读者表的结构

列　名	说　明	数　据　类　型	约　束
读者号	读者唯一编号	定长字符型，长度为 10	主键
姓名	读者姓名	定长字符型，长度为 8	非空值
性别	读者性别	定长字符型，长度为 2	非空值
办公电话	读者办公电话	定长字符型，长度为 8	空值
部门	读者所在部门	变长字符型，长度为 30	空值

表 6-14　借阅表的结构

列　名	说　明	数　据　类　型	约　束
读者号	读者的唯一编号	定长字符型，长度为 10	外键，引用读者表的主键
图书号	图书的唯一编号	定长字符型，长度为 20	外键，引用图书表的主键
借出日期	图书借出的日期	datetime 型	非空值
归还日期	图书归还的日期	datetime 型	空值
主键为：(读者号，图书号)			

1. 用 SQL 语句创建图书馆数据库。
2. 用 SQL 语句创建上述三个表。
3. 对基于图书馆数据库的三个表，用 SQL 语句完成以下各项操作：
1）给图书表增加一列 ISBN，数据类型为 char(10)。
2）为刚添加的 ISBN 列增加默认值约束，约束名为 ISBNDEF，默认值为 7111085949。

3）为读者表的"办公电话"列，添加一个 CHECK 约束，要求前 5 位为 88320，约束名为 CHECKDEF。

4）删除图书表中 ISBN 列的默认值约束。

5）删除读者表中"办公电话"列的 CHECK 约束。

6）删除图书表中新增的 ISBN 列。

第 7 章　数据的输入与维护

前面的章节完成了学籍管理系统的物理结构设计，所建的表只是有了表结构，表里面没有记录，全是空表。本章讲解如何向表中添加记录及表中记录的维护。

7.1　向表中添加记录

表创建之后只是一个空表，因此在表结构创建之后，首先需要执行的操作就是向表中添加记录。可以在 SSMS 中方便地添加记录，也可以用 Transact-SQL 语句添加记录。

7.1.1　使用 SSMS 向表中添加记录

【例 7-1】　向 Student 表中添加记录。操作步骤如下。

① 启动 SSMS，在对象资源管理器中展开数据库 StudentManagement 结点，右击 Student 表，从快捷菜单中选择"编辑前 200 行"命令，如图 7-1 所示。

② 打开表的"记录编辑"窗格，如图 7-2 所示。

图 7-1　表的快捷菜单　　　　图 7-2　"记录编辑"窗格

在其中逐行输入记录的各个字段值，对于表中的某些字段值允许空值的可以暂不录入，如图 7-3 所示。

图 7-3　Student 表中的记录

③ 记录输入完毕后，单击"记录编辑"窗格的"关闭"按钮×，或者选择"文件"→"关闭"命令，关闭 Student 表的"记录编辑"窗格。系统将自动保存表的记录内容，完成表记录的添加操作。

向 Course 表、SelectCourse 表中输入记录，如图 7-4、图 7-5 所示。

图 7-4　Course 表中的记录

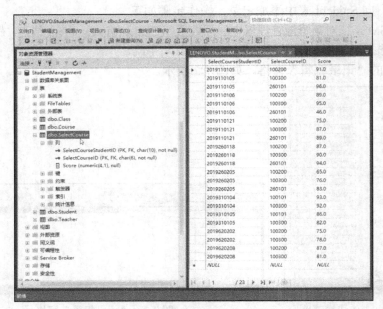

图 7-5　SelectCourse 表中的记录

7.1.2　使用 T-SQL 语句向表中添加记录

INSERT 语句用于向数据库表或者视图中加入记录。其基本语法格式如下：

  INSERT [INTO] { table_name| view_name} {[(column_list)]
    { VALUES({ DEFAULT | NULL | expression } [,…n])| derived_table}

其中，各参数的说明如下。

INTO：一个可选的保留字，使用这个保留字可以使语句的意思更清晰。

table_name：要插入数据的表名称。

view_name：要插入数据的视图名称。

column_list：要插入数据的一列或多列的列表。column_list 的内容必须用圆括号括起来，并且用逗号进行分隔。

VALUES：要插入的数据值的列表。注意：必须用圆括号将数据值列表括起来，并且数据值的顺序和类型要与 column_list 中的数据相对应。

DEFAULT：使用默认值填充。

NULL：使用空值填充。

expression：常量、变量或表达式。表达式中不能包含 SELECT 或 EXECUTE 语句。

derived_table：任何有效的 SELECT 语句，它返回将要插入表中的数据行。

【例 7-2】 向 Class 表中添加 4 个班级记录。操作步骤如下。

① 单击"新建查询"按钮，在查询编辑器中输入如下 T-SQL 语句：

```
USE StudentManagement
GO
INSERT Class(ClassID, ClassDepartmentID, ClassTeacherID, ClassName, Amount)
    VALUES('20191101', '11', '20101123', '计算机1901', 30)
INSERT Class
    VALUES('20192602', '26', '20122652', '自动化1902', 40)
INSERT Class
    VALUES('20193101 ','31','20113145', '哲学1901',60)
INSERT Class
    VALUES('20196202', '62', '20136238', '经贸1902', 40)
GO
SELECT * FROM Class
GO
```

② 单击"执行"按钮，在下方的"结果"选项卡中将显示出添加的 4 个班级记录，如图 7-6 所示。

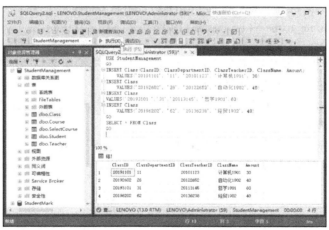

图 7-6 向 Class 表中添加 4 个班级记录

说明：如果要向一个表中的所有字段插入数据值，既可以列出所有字段的名称，也可以省略不写，此时要求给出的值的顺序要与数据表的结构相对应。

7.2 修改表中的记录

对已有记录修改是经常要做的操作。

7.2.1 使用 SSMS 修改表中的记录

【例 7-3】 修改 Student 表中的记录。操作步骤如下。

① 在 SSMS 的对象资源管理器中展开数据库 StudentManagement 结点,右击 Student 表,从快捷菜单中选择"编辑前 200 行"命令。

② 打开表的"记录编辑"窗格,定位到要更改的记录,对记录做相应的修改,如图 7-7 所示。

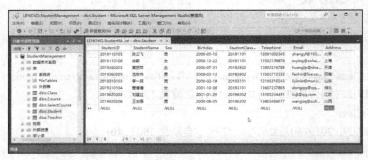

图 7-7 修改记录的内容

③ 记录更改完毕后,单击"记录编辑"窗格的"关闭"按钮×,或者选择"文件"→"关闭"命令,关闭 Student 表的"记录编辑"窗格,将修改结果保存。

7.2.2 使用 T-SQL 语句修改表中的记录

UPDATE 语句用于修改数据库表中特定记录或者字段的数据,既可以一次修改一行数据,也可以一次修改多行语句,甚至可以一次修改表中的全部数据。其基本语法格式如下:

```
UPDATE{ table_name | view_name}[ FROM { < table_source > } [,…n ]
    SET column_name = { expression | DEFAULT | NULL }[,…n ]
    [ WHERE   search_condition > ]
```

其中,UPDATE 指明要修改数据所在的表或视图,SET 子句指明要修改的列及新数据的值(表达式或默认值),WHERE 子句指明修改元组的条件。

【例 7-4】 将 Class 表中班级编号为"20196202"的班级名称改为"外经贸 1902",人数改为 30。操作步骤如下。

① 单击"新建查询"按钮,在查询编辑器中输入如下 T-SQL 语句:

```
USE StudentManagement
GO
UPDATE Class
    SET ClassName ='外经贸 1902', Amount=30
    WHERE ClassID='20196202'
GO
SELECT * FROM Class
GO
```

② 单击"执行"按钮,在下方的"结果"选项卡中将显示出班级编号为"20196202"的更改数据,如图 7-8 所示。

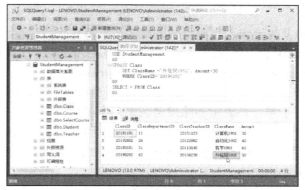

图 7-8 修改表中的记录

7.3 删除表中的记录

对于表中的无用记录,要及时删除它们。

7.3.1 使用 SSMS 删除表中的记录

【例 7-5】 删除 Student 表中的记录。操作步骤如下。

① 在 SSMS 的对象资源管理器中展开数据库 StudentManagement 结点,右击 Class 表,从快捷菜单中选择"编辑前 200 行"命令。

② 打开表的"记录编辑"窗格。按下面方法选中记录:
- 选中单个记录:在记录最左端的区域单击,选中的记录呈选中状态。
- 选中连续记录:在第一个记录的最左端单击,按下 Shift 键不松开,单击最后一个记录的最左端。
- 选中不连续记录:按下 Ctrl 键不松开,分别单击要选择记录的最左端。

选中要删除的记录后,右击选中区域的任意处,从快捷菜单中选择"删除"命令,如图 7-9 所示。显示确认删除提示框,如图 7-10 所示。单击"是"按钮,将所选记录永久删除。

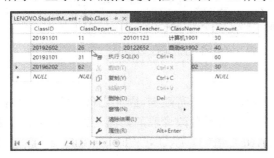

图 7-9 选择"删除"命令　　　　　　　　图 7-10 确认删除提示框

③ 记录删除后,单击"记录编辑"窗格的"关闭"按钮×,或者选择"文件"→"关闭"命令,关闭 Class 表的"记录编辑"窗格,将操作结果保存。

7.3.2 使用 T-SQL 语句删除表中的记录

DELETE 语句用来删除表中的记录,可以一次从表中删除一个或多个记录。用户也可以使用 TRUNCATE TABLE 语句从表中快速删除所有记录。

1. DELETE 语句

DELETE 语句用以从表或视图中删除一个或多个不再有用的记录。其基本语法格式如下:

```
DELETE   [ FROM ] { table_name WITH ( < table_hint_limited > [,…n ] )
          | view_name    } [ WHERE    < search_condition > ]
```

其中,如果使用 WHERE 子句,则表示从指定的表中删除满足 WHERE 子句条件的数据行;如果没有使用 WHERE 子句,则表示删除指定表中的全部记录。

【例 7-6】 删除 Student 表中姓名为"王一鸣"的学生的记录。操作步骤如下。

① 单击"新建查询"按钮,在查询编辑器中输入如下 T-SQL 语句:

```
USE StudentManagement
GO
DELETE Student
    WHERE StudentName='李一民'
Go
SELECT * FROM Student
GO
```

② 单击"执行"按钮,在下方的"结果"选项卡中将看到姓名为"王一鸣"的学生的记录已被删除了,如图 7-11 所示。

图 7-11 姓名为"王一鸣"的学生的记录已被删除

2. TRUNCATE TABLE 语句

使用 TRUNCATE TABLE 语句将删除指定表中的所有数据,因此也称为清除表数据语句。TRUNCATE TABLE 语句并不会改变表的结构,也不会改变表的约束与索引定义。如果要删除表的定义及所有的数据,应使用 DROP TABLE 语句。TRUNCATE TABLE 语句的基本语法格式如下:

```
TRUNCATE TABLE tb_name
```

TRUNCATE TABLE 语句与 DELETE 语句的对比如下:

● TRUNCATE TABLE 在功能上与不带 WHERE 子句的 DELETE 语句相同,二者均删除表中的全部行。
● DELETE 语句每次删除一行,并在事务日志中为所删除的每行记录一项,而 TRUNCATE TABLE 通过释放存储表数据所用的数据页来删除数据,并且只在事务日志中记录页的释放。
- TRUNCATE TABLE 比 DELETE 速度快，且使用的系统和事务日志资源少，删除数据不可恢复，而 DELETE 语句操作可以通过事务回滚，恢复删除的操作。

需要说明的是，如果要删除的表被其他表建立了外键引用，则无法删除该表中的数据。如果要删除记录，则要先删除引用表的外键引用。

【例 7-7】 清除 Class 表中的数据。操作步骤如下。

① 单击"新建查询"按钮，在查询编辑器中输入如下 T-SQL 语句：

USE StudentManagement
GO
TRUNCATE TABLE Class
GO
SELECT * FROM Class
GO

② 单击"执行"按钮，在下方的"结果"选项卡中将看到 Class 表中的数据全部被清除，只保留了表的结构。

7.4 实训——学籍管理系统中数据的输入与维护

在前面的操作中，介绍了输入与维护学籍管理系统中的 Student 表和 Class 表的方法。在下面的实训中，可以参照表结构的定义，练习输入与维护其他表中的数据。

【实训 7-1】 使用 T-SQL 语句向 Teacher 表中添加 5 个记录。操作步骤如下。

① 单击"新建查询"按钮，在查询编辑器中输入如下 T-SQL 语句：

USE StudentManagement
GO
INSERT Teacher(TeacherID,TeacherDepartmentID,TeacherTitleID,TeacherName,Sex,WorkDate)
    VALUES('20101123','1101','41','王宇宏','男','2010-09-01')
INSERT Teacher(TeacherID,TeacherDepartmentID,TeacherTitleID,TeacherName,Sex,WorkDate)
    VALUES('20122652','2603','32','赵玉青','女','2012-11-01')
INSERT Teacher(TeacherID,TeacherDepartmentID,TeacherTitleID,TeacherName,Sex,WorkDate)
    VALUES('20113145','3112','33','宋惠芳','女','2011-10-01')
INSERT Teacher(TeacherID,TeacherDepartmentID,TeacherTitleID,TeacherName,Sex,WorkDate)
    VALUES('20136238','6208','42','张霞','女','2013-12-1')
INSERT Teacher(TeacherID,TeacherDepartmentID,TeacherTitleID,TeacherName,Sex,WorkDate)
    VALUES('20151142','1101','23','黄仁','男','2015-11-01')
GO
SELECT * FROM Teacher
GO

② 单击"执行"按钮，在下方的"结果"选项卡中将显示出添加的 5 个记录，如图 7-12 所示。

图 7-12　向 Teacher 表中添加 5 个记录

【实训 7-2】　使用 T-SQL 语句将 Teacher 表中 TeacherID 为 20113145 的教师的职称编号修改为 41。操作步骤如下。

① 单击"新建查询"按钮，在查询编辑器中输入如下 T-SQL 语句：

　　USE StudentManagement
　　GO
　　UPDATE Teacher
　　　　SET TeacherTitleID='41'
　　　　WHERE TeacherID='20113145'
　　GO
　　SELECT * FROM Teacher
　　GO

② 单击"执行"按钮，在下方的"结果"选项卡中将显示修改结果，如图 7-13 所示。

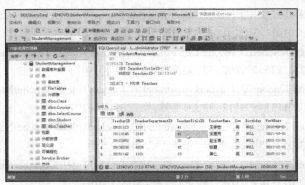

图 7-13　修改教师的职称编号

【实训 7-3】　使用 T-SQL 语句删除 Teacher 表中部门号为 1101 的人员记录。操作步骤如下。

① 单击"新建查询"按钮，在查询编辑器中输入如下 T-SQL 语句：

　　USE StudentManagement
　　DELETE Teacher
　　　　WHERE TeacherDepartmentID='1101'
　　GO

· 116 ·

```
SELECT * FROM Teacher
GO
```

② 单击"执行"按钮,在下方的"结果"选项卡中将显示删除后的结果,如图 7-14 所示。

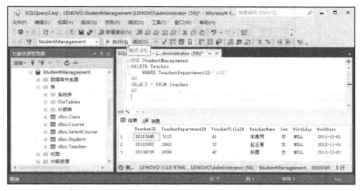

图 7-14　删除指定记录

按照类似的方法,读者可以继续对学籍管理系统其余的表进行数据的输入与维护操作,这里不再赘述。

习题 7

一、填空题

1. T-SQL 语言中,将数据插入数据表的语句是_____,修改数据的语句是_____。

2. SQL 语言中,删除一个表中所有数据,但保留表结构的命令是_____。

二、单项选择题

1. SQL 语言集数据查询、数据操作、数据定义和数据控制功能于一体,语句 INSERT、DELETE、UPDATE 实现哪类功能_____。

　　A. 数据查询　　　B. 数据操纵　　　C. 数据定义　　　D. 数据控制

2. 下面关于 INSERT 语句的说法正确的是_____。

　　A. INSERT 一次只能插入一行元组　　　B. INSERT 只能插入不能修改
　　C. INSERT 可以指定要插入哪行　　　　D. INSERT 可以加 WHERE 条件

三、设计题

1. 基于习题 6 的设计题中图书馆数据库的三个基本表,按表 7-1、表 7-2、表 7-3 内容,向表中添加数据。

表 7-1　图书表

图书号	书名	作者	出版社	单价
TP913.2/530	21 世纪的电信网	盛友招	人民邮电出版社	27.5
TP311.13/CM3	数据库系统原理及应用	苗雪兰	机械工业出版社	28
TP311.132/ZG1	XML 数据库设计	尹志军	机械工业出版社	38
TP316/ZW6	操作系统	吴庆菊	科学出版社	35
TP316/ZY1	操作系统	沈学明	电子工业出版社	31
TP391.132.3/ZG5	企业管理信息系统	田吉春	机械工业出版社	27

表 7-2 读者表

读者号	姓名	性别	电话
081688	吴玉海	男	64455668
081689	王一飞	男	68864579
081690	赵艳丽	女	68899756
081691	王坤	男	63344567
081692	李剑锋	男	65566723
081693	陈玉	女	69978345

表 7-3 借阅表

读者号	图书号	借出日期	归还日期
081688	TP316/ZW6	2019-4-23	2019-5-12
081688	TP391.132.3/ZG5	2019-4-23	2019-5-12
081690	TP311.13/CM3	2019-4-23	2019-6-12
081692	TP316/ZY1	2019-4-23	2019-6-12
081691	TP311.132/ZG1	2019-4-23	2019-6-12
081693	TP913.2/530	2019-4-23	2019-5-12

2．用 SQL 语言完成以下数据更新操作：

1）向读者表中添加一个新读者记录，该读者的信息为：('200997', '赵晓东', '男', '68320788')。

2）向借阅表中插入一个借阅记录，表示读者"赵晓东"借阅了一本书，图书号为"TP316/ZW6"，借出日期为当天的日期，归还日期为空值。

3）读者"赵晓东"在借到上述图书 10 日后归还该书。

4）当读者"赵晓东"按期归还图书后，删除上述借阅记录。

5）向图书表中添加记录，该记录的信息为：('TP311.13/CM4', '数据库原理与应用教程', '何玉洁', '机械工业出版社', 28)。

6）修改图书表中"数据库原理与应用教程"这本书的单价为 29 元。

7）删除图书表中"数据库原理与应用教程"这本书的信息。

第8章 数据查询

数据存储到数据库中后，如果不进行分析和处理，数据就是没有价值的。数据库应用中使用最多的是数据的查询操作，而数据查询也是 SQL 的核心功能。

8.1 查询语句

查询功能是 T-SQL 的核心，通过 T-SQL 的查询功能可以从表或视图中迅速、方便地检索到数据。T-SQL 最基本的查询方式是 SELECT 语句，其功能十分强大。它能够以任意顺序、从任意数目的列中查询数据，并在查询过程中进行计算，甚至能包含来自其他表的数据。

SELECT 语句的完整语法格式为：

  SELECT <目标列>
   [INTO <新表名>**]**
   FROM <数据源>
   [WHERE <元组条件表达式>**]**
   [GROUP BY <分组条件>**][HAVING** <组选择条件>**]**
   [ORDER BY <排序条件>**]**
   [COMPUTE <统计列组>**][BY** <表达式>**]**

其中，SELECT 和 FROM 子句为必选子句，而 WHERE、ORDER BY、GROUP BY 和 COMPUTE 子句为可选子句，要根据查询的需要去选用。

SELECT 语法格式中各参数说明如下。

SELECT 子句：用来指定由查询返回的列，并且各列在 SELECT 子句中的顺序决定了它们在结果表中的顺序。

FROM 子句：用来指定数据来源的表。

WHERE 子句：用来限定返回行的搜索条件。

GROUP BY 子句：用来指定查询结果的分组条件。

ORDER BY 子句：用来指定查询结果的排序方式。

COMPUTE 子句：用来对记录进行分组统计。

SELECT 语句可以写在一行中。但对于复杂的查询，SELECT 语句随着查询子句的增加不断增长，一行很难写下，此时可以采用分行的写法，即每个子句分别放在不同的行中。需要注意，子句与子句之间不能使用符号分隔。

下面以学籍管理数据库 StudentManagement 为例，介绍各种查询的使用方法。选择操作对象为 StudentManagement 数据库中的 Student 表、Course 表和 SelectCourse 表，其结构为：

  Student(StudentID, StudentName, Sex, Birthday, StudentClassID, Telephone, Email, Address);
  Course(CourseID, CourseTypeID, CourseName, Info, Credits, Time, PreCourseID, Term);
  SelectCourse(SelectCourseStudentID, SelectCourseID, Score)

8.2 单表查询

单表查询是指在一个源表中查找所需的数据。因此，进行单表查询时，FROM 子句中的<数据源>只有一个。

1. 使用 SELECT 子句选取字段

此方式可以简单地说明为，在指定的表中查询指定的字段。其语法格式为：

　　SELECT <目标列>
　　　　FROM <数据源>

（1）选择表中所有列

查询全部列，即将表中的所有列都选出来。一般有两种方法：一是在<目标列>中指定表中所有列的列名，此时目标列所列出的顺序可以与表中的顺序不同；二是将目标列用"*"来代替，或用"<表名>.*"代表指定表的所有列，此时列的显示顺序与表中的顺序相同。

【例 8-1】 查询全体学生的学号、姓名、性别、出生日期、班级编号、电话、电子邮件和家庭地址。操作步骤如下。

① 单击"新建查询"按钮，在查询编辑器中输入如下 T-SQL 语句：

```
USE StudentManagement
SELECT StudentID,StudentName,Sex,Birthday,StudentClassID,Telephone,Email,Address
    FROM Student
GO
```

② 单击"执行"按钮，在"结果"选项卡中可以查看查询结果，如图 8-1 所示。

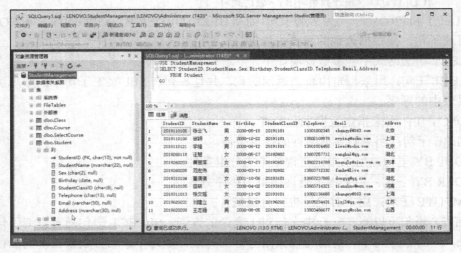

图 8-1 查询结果

其中的 SELECT 语句还可以写为如下形式：

　　SELECT * FROM Student

（2）查询指定表中的部分列

在很多情况下，用户只对表中的部分列值感兴趣，这时可以通过 SELECT 子句中的<目标列>来指定要查询的目标列，各个列名之间用逗号分隔，各列的先后顺序可以与表中的顺序不一致。用户可以根据需要改变列的显示顺序。

【例 8-2】 查询全体学生的学号、姓名、性别。操作步骤如下。

① 单击"新建查询"按钮，在查询编辑器中输入如下 T-SQL 语句：

  USE StudentManagement
  SELECT StudentID,StudentName,Sex
    FROM Student
  GO

② 单击"执行"按钮，查询结果如图 8-2 所示。

图 8-2　查询结果

（3）为查询结果中的列指定别名

如果某列在 SELECT 子句中未经修改，列名就是默认的列标题。为增加查询结果的可读性，可以不使用表中的列名，而是指定一个列标题来替换掉默认的标题。

【例 8-3】　查询全体学生的学号、姓名、性别，在查询结果中将字段名显示为中文"学号""姓名""性别"。操作步骤如下。

① 单击"新建查询"按钮，在查询编辑器中输入如下 T-SQL 语句：

  USE StudentManagement
  SELECT StudentID 学号,StudentName AS 姓名,性别=Sex
    FROM Student
  GO

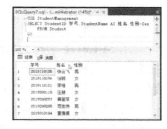

② 单击"执行"按钮，查询结果如图 8-3 所示。

图 8-3　查询结果

（4）查询结果为表达式

有时，查询结果中的某些列不是表中现成的列，而是一列或多列运算后产生的结果。如果在 SELECT 子句中有表达式或者对某列进行了运算，那么由表达式生成的列标题就是空白的。此时，如果想要为空白列提供一个列标题，则可以通过对某一列指定列标题来实现。

【例 8-4】　查询 SelectCourse 表中的所有信息，并将查询结果中的 Score 统一增加 5 分。操作步骤如下。

① 单击"新建查询"按钮，在查询编辑器中输入如下 T-SQL 语句：

  USE StudentManagement
  SELECT SelectCourseStudentID,SelectCourseID,Score=Score+5
    FROM SelectCourse
  GO

② 单击"执行"按钮，查询结果如图 8-4 所示。

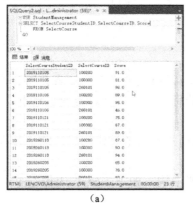
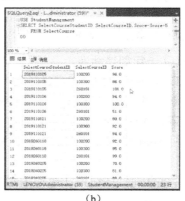

(a)　　　　　　　　　　(b)

图 8-4　原始数据与查询结果

（5）为查询结果消除重复列

当查询结果中仅包含表中的部分列时，有可能出现重复记录。如果要消除查询结果中的重复记录，可以在目标列前面加上 DISTINCT 短语。

【例 8-5】 查询 Student 表中的班级编号，字段名显示为中文，在查询结果中消除重复行。操作步骤如下。

① 单击"新建查询"按钮，在查询编辑器中输入如下 T-SQL 语句：

USE StudentManagement
SELECT DISTINCT 班级编号= StudentClassID
    FROM Student
GO

② 单击"执行"按钮，查询结果如图 8-5 所示。

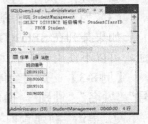

图 8-5　查询结果

（6）限制返回行数

用 SELECT 子句选取输出列时，如果在目标列前面使用 TOP n 子句，则在查询结果中输出前 n 个记录；如果在目标列前面使用 TOP n PERCENT 子句，则在查询结果中输出前面占记录总数百分比为 n% 的记录。

【例 8-6】 查询 Student 表中的所有列，在查询结果中输出前 3 个记录。操作步骤如下。

① 单击"新建查询"按钮，在查询编辑器中输入如下 T-SQL 语句：

USE StudentManagement
SELECT TOP 3 * FROM Student
GO

② 单击"执行"按钮，查询结果如图 8-6 所示。

图 8-6　查询结果

【例 8-7】 查询 Student 表中的所有列，在查询结果中输出前 10% 的记录。操作步骤如下。

① 单击"新建查询"按钮，在查询编辑器中输入如下 T-SQL 语句：

USE StudentManagement
SELECT TOP 10 PERCENT *
    FROM Student
GO

② 单击"执行"按钮，查询结果如图 8-7 所示。

2. 使用 INTO 子句创建新表

通过在 SELECT 语句中使用 INTO 子句，可以自动创建一个新表并将查询结果中的记录添加到该表中。新表的列由 SELECT 子句中的目标列来决定。若新表名以"#"开头，则生成的新表为临时表；不带"#"的为永久表。

【例 8-8】 将 Student 表中学号、姓名、性别的查询结果作为新建的临时表 TempStudent。操作步骤如下。

① 单击"新建查询"按钮，在查询编辑器中输入如下 T-SQL 语句：

USE StudentManagement
SELECT StudentID,StudentName,Sex INTO #TempStudent

    FROM Student
   GO
   SELECT * FROM #TempStudent
   GO
② 单击"执行"按钮，查询结果如图 8-8 所示。

图 8-7　查询结果

图 8-8　查询结果

3．使用 WHERE 子句设置查询条件

大多数查询都不希望得到表中所有的记录，而是一些满足条件的记录，这时就要用到 WHERE 子句。

WHERE 子句中常用的查询条件包括比较、确定范围、确定集合、字符匹配、空值匹配、多重条件等。下面分别介绍相关运算符的具体使用方法。

（1）比较运算符

比较运算符用于比较大小，包括：>，<，=，>=，<=，<>或!=，!>，!<，其中<>或!=表示不等于，!>表示不大于，!<表示不小于。

【例 8-9】　查询 SelectCourse 表中成绩高于 80 分的记录。操作步骤如下。

① 单击"新建查询"按钮，在查询编辑器中输入如下 T-SQL 语句：

   USE StudentManagement
   SELECT * FROM SelectCourse
       WHERE Score>80
   GO

② 单击"执行"按钮，查询结果如图 8-9 所示。

图 8-9　查询结果

【例 8-10】　查询 Student 表中所有女生的学号、姓名。操作步骤如下。

① 单击"新建查询"按钮，在查询编辑器中输入如下 T-SQL 语句：

   USE StudentManagement
   SELECT StudentID,StudentName
       FROM Student

```
    WHERE Sex='女'
GO
```
② 单击"执行"按钮,查询结果如图 8-10 所示。

说明:如果将学生性别字段定义为 bit 型,男生字段输入值为 True,女生字段输入值为 False,那么使用 WHERE 子句设置查询条件时就要写为下面的格式:

```
SELECT StudentID,StudentName
    FROM Student
    WHERE Sex=0    --查询 Student 表中所有女生
```

图 8-10 查询结果

(2) 范围运算符

在 WHERE 子句的<元组条件表达式>中使用谓词 BETWEEN…AND 或 NOT BETWEEN…AND。

● BETWEEN…AND:查询条件的值包含在指定范围内。
● NOT BETWEEN…AND:查询条件的值不包含在指定范围内。

【例 8-11】 查询 SelectCourse 表中成绩在 70～79 分(包括 70 分和 79 分)之间的学生的学号和成绩。操作步骤如下。

① 单击"新建查询"按钮,在查询编辑器中输入如下 T-SQL 语句:

```
USE StudentManagement
SELECT SelectCourseStudentID,Score
    FROM SelectCourse
    WHERE Score BETWEEN 70 AND 79
GO
```

② 单击"执行"按钮,查询结果如图 8-11 所示。

图 8-11 查询结果

【例 8-12】 查询 SelectCourse 表中成绩不在 70～79 分之间的学生的学号和成绩。操作步骤如下。

① 单击"新建查询"按钮,在查询编辑器中输入如下 T-SQL 语句:

```
USE StudentManagement
SELECT SelectCourseStudentID,Score
    FROM SelectCourse
    WHERE Score NOT BETWEEN 70 AND 79
GO
```

② 单击"执行"按钮,查询结果如图 8-12 所示。

(3) 集合运算符

在 WHERE 子句的<元组条件表达式>中使用谓词 IN(值序列)或 NOT IN(值序列),其中,(值序列)是用逗号分隔的一组取值。

IN——查询条件的值等于值序列中的某个值。

图 8-12 查询结果

NOT IN——测试表达式的值不等于值序列中的任何一个值。

【例 8-13】 查询班级编号为 20191101 和 20193101 的学生的姓名、性别和出生日期。操作步骤如下。

① 单击"新建查询"按钮，在查询编辑器中输入如下 T-SQL 语句：

  USE StudentManagement
  SELECT StudentName,Sex,Birthday
    FROM Student
    WHERE StudentClassID IN ('20191101','20193101')
  GO

② 单击"执行"按钮，查询结果如图 8-13 所示。

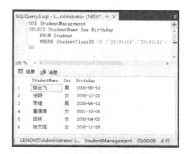

图 8-13 查询结果

【例 8-14】 查询 Student 表中班级编号既不是 20191101，也不是 20193101 的学生的姓名、性别和出生日期。操作步骤如下。

① 单击"新建查询"按钮，在查询编辑器中输入如下 T-SQL 语句：

  USE StudentManagement
  SELECT StudentName,Sex,Birthday
    FROM Student
    WHERE StudentClassID NOT IN ('20191101','20193101')

② 单击"执行"按钮，查询结果如图 8-14 所示。

（4）字符匹配运算符

字符匹配运算符用来判断字符型数据的值是否与指定的字符通配格式相符。在 WHERE 子句的<元组条件表达式>中使用谓词

图 8-14 查询结果

  [NOT] LIKE '<匹配串>'

其中，<匹配串>可以是一个由数字或字母组成的字符串，也可以是含有通配符的字符串。

通配符包括以下 4 种。

- %：可匹配任意长度的字符串，例如，B%表示以'B'开头的字符串。
- _：可匹配任何单个字符，例如，B_C 表示第一个字符为'B'，第二个字符任意，第三个为'C'的字符串。
- [ ]：指定范围或集合中的任何单个字符，例如，B[cd]表示第一个字符为'B'，第二个字符为'c'，'d'中任意一个的字符串。
- [^]：不属于指定范围的任何单个字符，例如，[^cd]表示除'c'，'d'之外的任意字符。

【例 8-15】 查询 Student 表中所有姓张的学生的所有信息。操作步骤如下。

① 单击"新建查询"按钮，在查询编辑器中输入如下 T-SQL 语句：

  USE StudentManagement
  SELECT *
    FROM Student
    WHERE StudentName LIKE '张%'
  GO

② 单击"执行"按钮，查询结果如图 8-15 所示。

【例 8-16】 查询 Student 表中所有姓王且名字为 3 个汉字的学生的所有信息。操作步骤如下。

① 单击"新建查询"按钮，在查询编辑器中输入如下 T-SQL 语句：

图 8-15 查询结果

```
USE StudentManagement
SELECT *
    FROM Student
    WHERE StudentName LIKE '王__'
GO
```

图 8-16　查询结果

② 单击"执行"按钮，查询结果如图 8-16 所示。

（5）空值运算符

空值运算符用来判断列值是否为空值（NULL），包括：

IS NULL——列值为空；

IS NOT NULL——列值不为空。

【例 8-17】　查询 SelectCourse 表中成绩非空的记录。操作步骤如下。

① 单击"新建查询"按钮，在查询编辑器中输入如下 T-SQL 语句：

```
USE StudentManagement
SELECT *
    FROM SelectCourse
    WHERE Score IS NOT NULL
GO
```

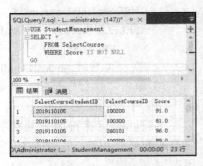

图 8-17　查询结果

② 单击"执行"按钮，查询结果如图 8-17 所示。

（6）逻辑运算符

一个查询条件有时可能是多个简单条件的组合。逻辑运算符能够连接多个简单条件，构成一个复杂的查询条件，包括：

AND——当运算符两端表达式同时成立时，表达式结果才成立；

OR——当运算符两端表达式有一个成立时，表达式结果即成立；

NOT——将运算符右侧表达式的结果取反。

【例 8-18】　查询 Student 表中 20192602 班所有女生的信息。操作步骤如下。

① 单击"新建查询"按钮，在查询编辑器中输入如下 T-SQL 语句：

```
USE StudentManagement
SELECT *
    FROM Student
    WHERE StudentClassID='20192602' AND Sex='女'
GO
```

图 8-18　查询结果

② 单击"执行"按钮，查询结果如图 8-18 所示。

4．使用 ORDER BY 子句对结果进行排序

查询结果中记录的顺序是按它们在表中的顺序排列的，使用 ORDER BY 子句可以按一列或多列排序。升序为 ASC，降序为 DESC。默认为升序。当被排序列中含有空值时，按 ASC 排序，该列为空值的元组最后显示，按 DESC 排序，该列为空值的元组最先显示。

如果在 ORDER BY 子句中指定多列，检索结果首先按第 1 列进行排序，对第 1 列值相同值的那些数据行，再按照第 2 列排序，其余类推。ORDER BY 子句要写在 WHERE 子句的后面。

【例8-19】 查询 SelectCourse 表中选修了课程编号为 260101 课程的学生的学号、课程编号和成绩，查询结果按成绩降序排列。操作步骤如下。

① 单击"新建查询"按钮，在查询编辑器中输入如下 T-SQL 语句：

    USE StudentManagement
    SELECT SelectCourseStudentID, SelectCourseID,Score
        FROM SelectCourse
        WHERE SelectCourseID='260101'
        ORDER BY Score DESC
    GO

② 单击"执行"按钮，查询结果如图 8-19 所示。

图 8-19 查询结果

【例8-20】 查询 Student 表中全体学生的情况，结果按所在班级编号的升序排列，同一班级中的学生按学号降序排列。操作步骤如下。

① 单击"新建查询"按钮，在查询编辑器中输入如下 T-SQL 语句：

    USE StudentManagement
    SELECT *
        FROM Student
        ORDER BY StudentClassID,StudentID DESC
    GO

② 单击"执行"按钮，查询结果如图 8-20 所示。

图 8-20 查询结果

5．使用集合函数统计数据

在实际应用中，往往需要对表中的原始数据进行数学处理。SELECT 语句中的统计功能实现对查询结果进行求和、求平均值、求最大/最小值等操作。统计的方法是通过集合函数和 GROUP BY 子句、COMPUTE 子句进行组合来实现的。

下面首先介绍 SQL 中常见的集合函数的使用方法。常见的集合函数有 5 种。

- 计数：COUNT([DISTINCT|ALL] *)或 COUNT([DISTINCT|ALL] <列名>)
- 求和：SUM([DISTINCT|ALL] <列名>)
- 求平均值：AVG([DISTINCT|ALL] <列名>)
- 求最大值：MAX([DISTINCT|ALL] <列名>)
- 求最小值：MIN([DISTINCT|ALL] <列名>)

其中，DISTINCT 短语在计算时将取消指定列中的重复值，ALL 短语不取消重复值。ALL 为默认值。

【例8-21】 查询 Student 表中学生的总人数。操作步骤如下。

① 单击"新建查询"按钮，在查询编辑器中输入如下 T-SQL 语句：

    USE StudentManagement
    SELECT COUNT(*)
        FROM Student
    GO

② 单击"执行"按钮，查询结果如图 8-21 所示。

图 8-21 查询结果

【例 8-22】 查询 SelectCourse 表中选修了课程的学生人数。操作步骤如下。

① 单击"新建查询"按钮,在查询编辑器中输入如下 T-SQL 语句:

  USE StudentManagement
  SELECT COUNT(DISTINCT SelectCourseStudentID)
    FROM SelectCourse
  GO

② 单击"执行"按钮,查询结果如图 8-22 所示。

注意:用 DISTINCT 以避免重复计算学生人数。

图 8-22 查询结果

【例 8-23】 计算 SelectCourse 表中选修课程编号为 100200 的课程的学生的平均成绩。操作步骤如下。

① 单击"新建查询"按钮,在查询编辑器中输入如下 T-SQL 语句:

  USE StudentManagement
  SELECT AVG(Score)
    FROM SelectCourse
    WHERE SelectCourseID='100200'
  GO

② 单击"执行"按钮,查询结果如图 8-23 所示。

图 8-23 查询结果

【例 8-24】 查询 SelectCourse 表中选修课程编号为 100200 的课程的学生的最高分数。操作步骤如下。

① 单击"新建查询"按钮,在查询编辑器中输入如下 T-SQL 语句:

  USE StudentManagement
  SELECT MAX(Score)
    FROM SelectCourse
    WHERE SelectCourseID='100200'
  GO

② 单击"执行"按钮,查询结果如图 8-24 所示。

图 8-24 查询结果

6. 使用 GROUP BY 子句

前面进行的统计都是针对整个查询结果的,通常也会要求按照一定的条件对数据进行分组统计。GROUP BY 子句能够实现这种统计,它按照指定的列,对查询结果进行分组统计。"HAVING <组选择条件>"项用于对生成的组进行筛选,只有满足 HAVING 短语指定条件的组才输出。HAVING 短语与 WHERE 子句的区别是,WHERE 子句作用于基本表或视图,从中选择满足条件的元组;HAVING 短语作用于组,从中选择满足条件的组。

注意:在 SELECT 子句的目标列中出现的列,或者包含在集合函数中,或者包含在 GROUP BY 子句中,否则,SQL Server 将返回错误信息。

【例 8-25】 统计 SelectCourse 表中各门课程的选课人数,并输出课程编号和选课人数,字段名显示为中文。操作步骤如下。

① 单击"新建查询"按钮,在查询编辑器中输入如下 T-SQL 语句:

  USE StudentManagement

SELECT 课程编号=SelectCourseID,选课人数=COUNT(SelectCourseStudentID)
   FROM SelectCourse
   GROUP BY SelectCourseID
GO

② 单击"执行"按钮，查询结果如图 8-25 所示。

【例 8-26】 统计 Student 表中各班学生的人数，并输出班级编号和学生人数，字段名显示为中文。操作步骤如下。

① 单击"新建查询"按钮，在查询编辑器中输入如下 T-SQL 语句：

USE StudentManagement
SELECT 班级编号=StudentClassID,学生人数=COUNT(StudentID)
   FROM Student
   GROUP BY StudentClassID
GO

② 单击"执行"按钮，查询结果如图 8-26 所示。

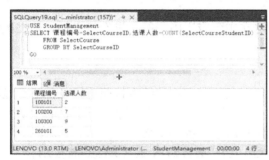

图 8-25 查询结果

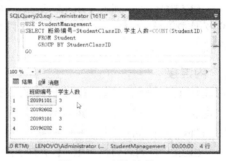

图 8-26 查询结果

【例 8-27】 查询 SelectCourse 表中选修了两门（不含）以上课程的学生的学号，字段名显示为中文。操作步骤如下。

① 单击"新建查询"按钮，在查询编辑器中输入如下 T-SQL 语句：

USE StudentManagement
SELECT 学号=SelectCourseStudentID
   FROM SelectCourse
   GROUP BY SelectCourseStudentID HAVING COUNT(*) >2
GO

② 单击"执行"按钮，查询结果如图 8-27 所示。

图 8-27 查询结果

8.3 连接查询

一个数据库的多个表之间一般都存在某种内在联系，它们共同提供有用的信息。前面所举的查询例子都是针对一个表进行的。在实际的数据库操作中，往往需要同时从两个或两个以上的表中查询相关数据，连接就是满足这些需求的技术。如果一个查询同时涉及两个或两个以上的表，则称为连接查询。连接查询是关系数据库中最主要的查询。

通过连接运算符可以实现多个表查询。连接是关系数据库模型的主要特点，也是它区别于其他类型数据库管理系统的一个标志。连接分为交叉连接、内连接、外连接和自连接。

1. 交叉连接

交叉连接有以下两种语法格式：

    SELECT 列名列表 FROM 表名1 CROSS JOIN 表名2

或

    SELECT 列名列表 FROM 表名, 表名2

交叉连接的结果是两个表的笛卡儿积。这在实际应用中一般是没有意义的，但在数据库的数学模型上有重要的作用。

2. 内连接

内连接就是只包含满足连接条件的数据行，是将交叉连接结果按照连接条件进行过滤的结果，也称自然连接。连接条件通常采用"主键=外键"的形式，即按一个表的主键值与另一个表的外键值相同的原则进行连接。内连接有以下两种语法格式：

    SELECT 列名列表 FROM 表名1 [INNER] JOIN 表名2 ON 表名1.列名=表名2.列名

或

    SELECT 列名列表 FROM 表名1, 表名2 WHERE 表名1.列名=表名2.列名

【例8-28】 查询每个学生的基本信息及选课的情况。操作步骤如下。

① 单击"新建查询"按钮，在查询编辑器中输入如下 T-SQL 语句：

```
USE StudentManagement
SELECT Student.*,SelectCourse.*
    FROM Student,SelectCourse
    WHERE Student.StudentID = SelectCourse.SelectCourseStudentID
GO
```

② 单击"执行"按钮，查询结果如图8-28所示。

【例8-29】 查询每个学生的学号、姓名、选修的课程名称、成绩。操作步骤如下。

① 单击"新建查询"按钮，在查询编辑器中输入如下 T-SQL 语句：

```
USE StudentManagement
SELECT Student.StudentID,StudentName,CourseName,Score
    FROM Student,Course,SelectCourse
    WHERE Student.StudentID = SelectCourse.SelectCourseStudentID AND Course.CourseID = SelectCourse.SelectCourseID
GO
```

② 单击"执行"按钮，查询结果如图8-29所示。

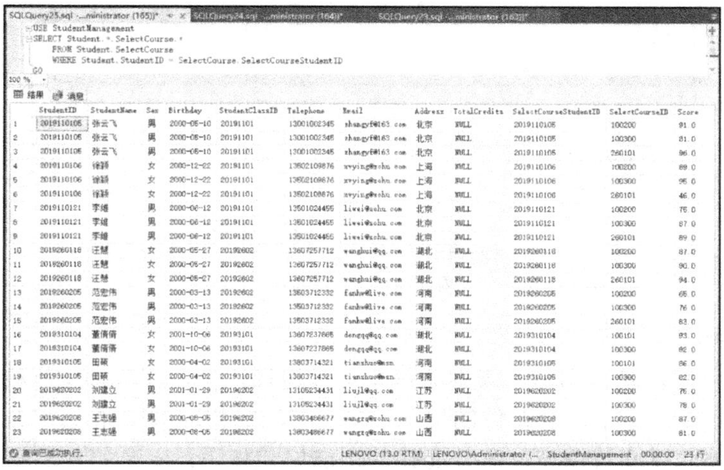

图 8-28　查询结果

图 8-29　查询结果

【例 8-30】　查询选修了课程编号为 100200 的课程且成绩高于 80 分（不含 80 分）的学生的学号、姓名、成绩。操作步骤如下。

① 单击"新建查询"按钮，在查询编辑器中输入如下 T-SQL 语句：

USE StudentManagement
SELECT Student.StudentID,StudentName,Score
　　FROM Student,SelectCourse
　　　　WHERE Student.StudentID=SelectCourse.SelectCourseStudentID AND SelectCourseID='100200'
AND Score>80
　　GO

② 单击"执行"按钮，查询结果如图 8-30 所示。

3．外连接

外连接包括左外连接、右外连接、全外连接三种形式。

图 8-30 查询结果

（1）左外连接

将左表中的所有记录分别与右表中的每个记录进行组合，在查询结果中除返回内连接的记录外，还会返回左表中不符合条件的记录，并在右表的相应列中填上 NULL。由于 bit 型不允许为 NULL，因此以 0 值填充。左外连接的语法格式如下：

  SELECT 列名列表
  FROM 表名 1 AS A LEFT [OUTER] JOIN 表名 2 AS B ON A.列名=B.列名

（2）右外连接

和左外连接类似，右外连接将左表中的所有记录分别与右表中的每个记录进行组合，在查询结果中除返回内连接的记录以外，还会返回右表中不符合条件的记录，并在左表的相应列中填上 NULL。bit 型以 0 值填充。右外连接的语法格式如下：

  SELECT 列名列表
  FROM 表名 1 AS A RIGHT [OUTER] JOIN 表名 2 AS B ON A.列名=B.列名

【例 8-31】　查询所有学生的选修情况，要求包括选修了课程的学生和没有选修任何课程的学生，显示他们的学号、姓名、课程编号、成绩。操作步骤如下。

① 单击"新建查询"按钮，在查询编辑器中输入如下 T-SQL 语句：

  USE StudentManagement
  SELECT Student.StudentID,StudentName,SelectCourseID,Score
    FROM Student LEFT JOIN SelectCourse
    ON Student.StudentID = SelectCourse.SelectCourseStudentID
  GO

② 单击"执行"按钮，查询结果如图 8-31 所示。

（3）全外连接

全外连接将左表中的所有记录分别与右表中的每个记录进行组合，在查询结果中除返回内连接的记录以外，还会返回两个表中不符合条件的记录，并在左表或右表的相应列中填上 NULL。bit 型以 0 值填充。全外连接的语法格式如下：

  SELECT 列名列表
  FROM 表名 1 AS A FULL [OUTER] JOIN 表名 2 AS B ON A.列名=B.列名

4．自连接

自连接是指一个表的两个副本之间的内连接。表名在 FROM 子句中出现两次，必须对表指定不同的别名，在 SELECT 子句中引用的列名也要使用表的别名进行限定。其语法格式如下：

  SELECT 列名, 列名, …
    FROM 表名 AS A，表名 AS B
    WHERE A.列名=B.列名

	StudentID	StudentName	SelectCourseID	Score
1	2019110105	张云飞	100200	91.0
2	2019110105	张云飞	100300	81.0
3	2019110105	张云飞	260101	96.0
4	2019110106	徐颖	100200	89.0
5	2019110106	徐颖	100300	95.0
6	2019110106	徐颖	260101	46.0
7	2019110121	李维	100200	75.0
8	2019110121	李维	100300	87.0
9	2019110121	李维	260101	89.0
10	2019260118	汪慧	100200	87.0
11	2019260118	汪慧	100300	90.0
12	2019260118	汪慧	260101	94.0
13	2019260203	黄丽萍	NULL	NULL
14	2019260205	范宏伟	100200	65.0
15	2019260205	范宏伟	100300	76.0
16	2019260205	范宏伟	260101	83.0
17	2019310104	董倩倩	100101	93.0
18	2019310104	董倩倩	100300	92.0
19	2019310105	田硕	100101	86.0
20	2019310105	田硕	100300	82.0
21	2019311013	张文瑶	NULL	NULL
22	2019620202	刘建立	100200	75.0
23	2019620202	刘建立	100300	78.0
24	2019620208	王志强	100200	87.0
25	2019620208	王志强	100300	81.0

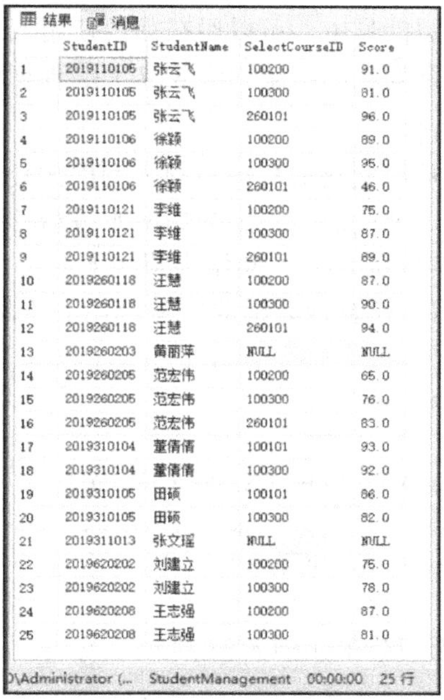

图 8-31 查询结果

【例 8-32】 查询与学生“董倩倩”在同一个班级学习的所有学生的学号和姓名。操作步骤如下。

① 单击“新建查询”按钮，在查询编辑器中输入如下 T-SQL 语句：

```
USE StudentManagement
SELECT S2.StudentID,S2.StudentName
    FROM Student S1,Student S2
    WHERE S1.StudentClassID = S2.StudentClassID AND S1.StudentName='董倩倩'
GO
```

② 单击“执行”按钮，查询结果如图 8-32 所示。

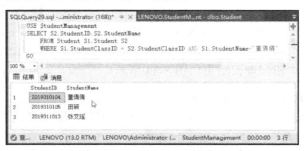

图 8-32 查询结果

8.4 嵌套查询

在 SQL 语言中，一条 SELECT…FROM…WHERE 语句称为一个查询块。将一个查询块嵌套在另一个查询块的 WHERE 子句或 HAVING 短语的条件中的查询，称为嵌套查询。

在书写嵌套查询语句时，总是从上层查询块（也称外层查询块）向下层查询块（也称子查询）书写。子查询总是写在圆括号中，可以用在需要使用表达式的任何地方。而在处理时则由下层向上层处理，即下层查询块的结果用于建立上层查询块的条件。

1. 带有比较运算符的子查询

带有比较运算符的子查询是指父查询与子查询之间用比较运算符进行连接，但是用户必须确切地知道子查询返回的是一个单值，否则数据库服务器将报错。

【例8-33】 用嵌套查询实现例8-32。操作步骤如下。

① 单击"新建查询"按钮，在查询编辑器中输入如下 T-SQL 语句：

```
USE StudentManagement
SELECT StudentID,StudentName
    FROM Student
    WHERE StudentClassID = (SELECT StudentClassID
        FROM Student
        WHERE StudentName = '董倩倩')
GO
```

② 单击"执行"按钮，查询结果如图8-33所示。

图8-33 查询结果

2. 带有 IN 谓词的子查询

带有 IN 谓词的子查询是指父查询与子查询之间用 IN 或 NOT IN 进行连接，判断某个属性列值是否在子查询的结果中。通常子查询的结果是一个集合。

【例8-34】 查询选修了哲学的学生的学号和姓名。操作步骤如下。

① 单击"新建查询"按钮，在查询编辑器中输入如下 T-SQL 语句：

```
USE StudentManagement
SELECT StudentID,StudentName
    FROM Student
    WHERE StudentID IN (SELECT SelectCourseStudentID
        FROM SelectCourse
        WHERE SelectCourseID IN (SELECT CourseID
            FROM Course
            WHERE CourseName = '哲学'))
GO
```

② 单击"执行"按钮，查询结果如图8-34所示。

图8-34 查询结果

3. 带有 ANY 或 ALL 谓词的子查询

使用 ANY 或 ALL 谓词时必须与比较运算符配合使用，语法格式为：

<字段> <比较运算符> [ANY | ALL] <子查询>

ANY 的含义为：将一个列值与子查询返回的一组值中的每个值进行比较。若在某次比较中结果为 True，则 ANY 返回 True；若每次比较的结果均为 False，则 ANY 返回 False。

ALL 的含义为：将一个列值与子查询返回的一组值中的每个值进行比较。若每次比较的结果均为 True，则 ALL 测试返回 True；只要有一次比较的结果为 False，则 ALL 测试返回 False。

ANY 或 ALL 与比较运算符结合形成的操作符及其语义见表8-1。

表 8-1 ANY 和 ALL 与比较运算符结合形成的操作符及其语义

操 作 符	语　　义
>ANY	大于子查询结果中的某个值，即表示大于子查询结果中的最小值
>ALL	大于子查询结果中的所有值，即表示大于子查询结果中的最大值
<ANY	小于子查询结果中的某个值，即表示小于子查询结果中的最大值
<ALL	小于子查询结果中的所有值，即表示小于子查询结果中的最小值
>=ANY	大于等于子查询结果中的某个值，即表示大于等于子查询结果中的最小值
>=ALL	大于等于子查询结果中的所有值，即表示大于等于子查询结果中的最大值
<=ANY	小于等于子查询结果中的某个值，即表示小于等于子查询结果中的最大值
<=ALL	小于等于子查询结果中的所有值，即表示小于等于子查询结果中的最小值
=ANY	等于子查询结果中的某个值，即相当于 IN
=ALL	等于子查询结果中的所有值（通常没有实际意义）
!=(或<>)ANY	不等于子查询结果中的某个值
!=(或<>)ALL	不等于子查询结果中的任何一个值，即相当于 NOT IN

【例 8-35】　查询其他班级中比 20191101 班级某个学生出生日期小的学生（即求出生日期小于 20191101 班级出生日期最大者的学生）。操作步骤如下。

① 单击"新建查询"按钮，在查询编辑器中输入如下 T-SQL 语句：

```
USE StudentManagement
SELECT *
    FROM Student
    WHERE Birthday <ANY (SELECT Birthday
                        FROM Student
                        WHERE StudentClassID = '20191101')
        AND StudentClassID <> '20191101'
GO
```

② 单击"执行"按钮，查询结果如图 8-35 所示。

图 8-35　查询结果

说明：

① 该查询在处理时，首先处理子查询，找出 20192602 班级的所有学生的出生日期，构成一个集合；然后处理父查询，找出其出生日期小于集合中某个值且不在 20192602 班级的学生。

② 该例的子查询嵌套在 WHERE 选择条件中，子查询后又有"StudentClassID <> '20192602'"选择条件。SQL 中允许表达式中嵌入查询语句。

【例 8-36】 查询其他班级中比 20191101 班级学生的出生日期都小的学生（即求出生日期小于 20191101 班级出生日期最小者的学生）。操作步骤如下。

① 单击"新建查询"按钮，在查询编辑器中输入如下 T-SQL 语句：

  USE StudentManagement
  SELECT *
   FROM Student
   WHERE Birthday < ALL (SELECT Birthday
         FROM Student
         WHERE StudentClassID = '20191101')
         AND StudentClassID <> '20191101'
  GO

② 单击"执行"按钮，查询结果如图 8-36 所示。

图 8-36 查询结果

4. 带有 EXISTS 谓词的子查询

相关子查询，即子查询的执行依赖于外查询。相关子查询执行过程是，先外查询，后内查询，然后又外查询，再内查询，如此反复，直到外查询处理完毕。

使用 EXSISTS 或 NOT EXSISTS 谓词来表示相关子查询。

EXISTS 表示存在量词，用来测试子查询是否有结果，如果子查询结果非空（至少有一行），则 EXISTS 条件为 True，否则为 False。

由于 EXISTS 的子查询只测试子查询结果是否为空，因此，在子查询中指定列名是没有意义的。所以在有 EXISTS 的子查询中，其列名序列通常都用"*"表示。

【例 8-37】 查询选修了 100101 课程的学生的姓名。操作步骤如下。

① 单击"新建查询"按钮，在查询编辑器中输入如下 T-SQL 语句：

  USE StudentManagement
  SELECT StudentName
  FROM Student
  WHERE EXISTS (SELECT *
        FROM SelectCourse
        WHERE Student.StudentID = SelectCourseStudentID
        AND SelectCourseID = '100101')
  GO

② 单击"执行"按钮，查询结果如图 8-37 所示。

图 8-37　查询结果

说明：

① 本查询涉及学生和选课两个关系。在处理时，先从学生表中依次取每个元组的学号值；然后用此值去检查选课表中是否有该学号且课程编号为 100101 的元组；若有，则子查询的 WHERE 条件为真，该学生元组中的姓名应在查询结果中。

② 在子查询的条件中，由于当前表为选课，故不需要用表名限定属性，而学生表（父查询中的源表）中的属性需要用表名限定。

【例 8-38】　查询至少选修了学号为 2019110106 的学生所选修全部课程的学生学号和姓名。操作步骤如下。

① 单击"新建查询"按钮，在查询编辑器中输入如下 T-SQL 语句：

　　USE StudentManagement
　　SELECT StudentID,StudentName
　　　　FROM Student
　　　　WHERE NOT EXISTS (SELECT *
　　　　　　　　FROM SelectCourse SC1
　　　　　　　　WHERE SC1.SelectCourseStudentID='2019110106' AND NOT EXISTS
　　　　　　　　(SELECT *
　　　　　　　　　FROM SelectCourse SC2
　　　　　　　　　WHERE Student.StudentID=SC2.SelectCourseStudentID
　　　　　　　　　　AND SC2.SelectCourseID=SC1.SelectCourseID))
　　GO

② 单击"执行"按钮，查询结果如图 8-38 所示。

图 8-38　查询结果

8.5 集合查询

在标准 SQL 中，集合运算的保留字分别为 UNION（并）、INTERSECT（交）、MINUS 或 EXCEPT（差）。由于一个查询的结果是一个表，可以看作行的集合，因此，可以利用 SQL 的集合运算保留字，对两个或两个以上查询结果进行集合运算。这种查询通常称为组合查询（也称为集合查询）。

并运算将两个查询结果合并，并消去重复行，从而产生最终的一个结果表。

【例 8-39】 查询选修了 10001 课程或选修了 10002 课程的学生学号。操作步骤如下。

① 单击"新建查询"按钮，在查询编辑器中输入如下 T-SQL 语句：

    USE StudentManagement
    SELECT SelectCourseStudentID,SelectCourseID FROM SelectCourse
                                         WHERE SelectCourseID='100200'
    UNION
    SELECT SelectCourseStudentID,SelectCourseID FROM SelectCourse
                                           WHERE SelectCourseID='100300'
    GO

② 单击"执行"按钮，查询结果如图 8-39 所示。

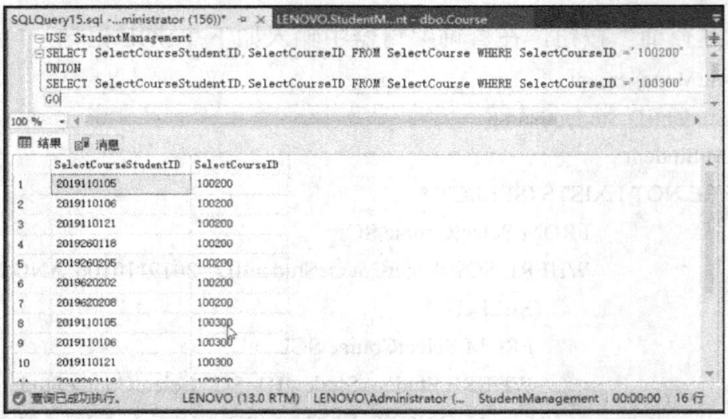

图 8-39 查询结果

说明：

① 两个查询结果表必须是兼容的，即列的数目相同且对应列的数据类型相同。

② 组合查询最终结果表中的列名来自第一个 SELECT 语句。

③ 可以在最后一条 SELECT 语句之后使用 ORDER BY 子句来进行排序。

④ 在两个查询结果合并时，将删除重复行。若 UNION 后加 ALL，则在查询结果中包含重复行。

在 SQL Server 中，没有直接提供集合交操作和集合差操作，可以用其他方法间接实现。

【例 8-40】 求选修了 100200 课程但没有选修 260105 课程的学生学号。操作步骤如下。

① 单击"新建查询"按钮，在查询编辑器中输入如下 T-SQL 语句：

    USE StudentManagement
    SELECT SelectCourseStudentID, SelectCourseID

```
            FROM SelectCourse SC1
            WHERE SelectCourseID = '100200' AND NOT EXISTS
                (SELECT SelectCourseStudentID
                    FROM SelectCourse SC2
                    WHERE SC1.SelectCourseStudentID = SC2.SelectCourseStudentID
                    AND SC2.SelectCourseID = '260105')
        GO
```
② 单击"执行"按钮,查询结果如图 8-40 所示。

图 8-40 查询结果

8.6 实训——学籍管理系统的查询操作

【实训 8-1】 查询 20191101 班级选修课程多于等于 2 门的学生的学号和平均成绩(显示中文),并按平均成绩从高到低排序。操作步骤如下。

① 单击"新建查询"按钮,在查询编辑器中输入如下 T-SQL 语句:
```
    USE StudentManagement
    SELECT Student.StudentID,平均成绩=AVG(Score)
        FROM Student,SelectCourse
        WHERE Student.StudentID = SelectCourse.SelectCourseStudentID
            AND Student.StudentClassID = '20191101'
        GROUP BY Student.StudentID HAVING COUNT(*) >= 2
        ORDER BY AVG(Score) DESC
    GO
```
② 单击"执行"按钮,查询结果如图 8-41 所示。

【实训 8-2】 查询 100200 课程的成绩高于"徐颖"的学生的学号和成绩。操作步骤如下。
① 单击"新建查询"按钮,在查询编辑器中输入如下 T-SQL 语句:
```
    USE StudentManagement
    SELECT SelectCourseStudentID,Score
        FROM SelectCourse
        WHERE SelectCourseID ='100200'
            AND Score > (SELECT Score
```

```
            FROM SelectCourse
            WHERE SelectCourseID='100200'
                AND SelectCourseStudentID = (SELECT StudentID
                                              FROM Student
                                              WHERE StudentName='徐颖'))
GO
```
② 单击"执行"按钮,查询结果如图 8-42 所示。

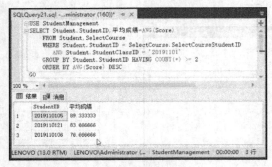
图 8-41 查询结果

图 8-42 查询结果

【实训 8-3】 查询"英语 1"课程成绩低于 85 分(不含)的学生姓名和年龄(显示中文)。操作步骤如下。

① 单击"新建查询"按钮,在查询编辑器中输入如下 T-SQL 语句:
```
USE StudentManagement
SELECT StudentName,年龄=YEAR(GETDATE())-YEAR(Birthday)
    FROM Student
    WHERE StudentID IN (SELECT SelectCourseStudentID
                        FROM SelectCourse
                        WHERE Score<85
                            AND SelectCourseID IN (SELECT CourseID
                                                    FROM Course
                                                    WHERE CourseName='英语 1'))
GO
```
② 单击"执行"按钮,查询结果如图 8-43 所示。

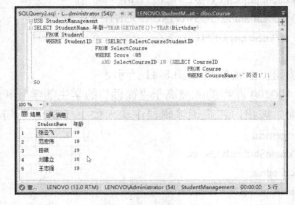
图 8-43 查询结果

实训说明：Student 表中并没有年龄字段，只有和年龄相关的出生日期字段。可以使用 YEAR(GETDATE())-YEAR(Birthday)求出学生的年龄。

习题 8

一、填空题

1. SQL 语句中条件短语的保留字是_____。
2. 在 SELECT 语句中，_____子句根据列的数据对查询结果进行排序。
3. 联合查询指使用_____运算将多个_____合并到一起。
4. 一条 SELECT 语句的结果作为查询的条件，即在一条 SELECT 语句的 WHERE 子句中出现另一条 SELECT 语句，这种查询称为_____查询。
5. 在 SELECT 语句中，定义一个区间范围的特殊运算符是_____，检查一个属性值是否属于一组值中的特殊运算符是_____。
6. 已知"出生日期"求"年龄"的表达式是_____。
7. 语句"SELECT * FROM 成绩表 WHERE 成绩>(SELECT AVG(成绩) FROM 成绩表)"的功能是_____。
8. 采用_____操作时，查询结果中包括连接表中的所有数据行。

二、单项选择题

1. 在 SELECT 语句中，如果需要显示的内容使用"*"，则表示_____。
   A．选择任何属性　　　　　　B．选择所有属性
   C．选择所有元组　　　　　　D．选择主键
2. 查询时若要去掉重复的元组，则在 SELECT 语句中使用_____。
   A．All　　　　B．UNION　　　　C．LIKE　　　　D．DISTINCT
3. 使用 SELECT 语句进行分组检索时，为了去掉不满足条件的分组，应当_____。
   A．使用 WHERE 子句
   B．在 GROUP BY 后面使用 HAVING 子句
   C．先使用 WHERE 子句，再使用 HAVING 子句
   D．先使用 HAVING 子句，再使用 WHERE 子句
4. 在 SQL 语句中，与表达式"仓库号 NOT IN("wh1","wh2")"功能相同的表达式是_____。
   A．仓库号="wh1" And 仓库号="wh2"　　B．仓库号<>"wh1" Or 仓库号<>"wh2"
   C．仓库号<>"wh1" Or 仓库号="wh2"　　D．仓库号<>"wh1" And 仓库号<>"wh2"

第 5～8 题使用如下 3 个表：

部门：部门号，char (8)；部门名，char (12)；负责人，char (6)；电话，char (16)
职工：部门号，char (8)；职工号，char(10)；姓名，char (8)；性别，char (2)；
　　　出生日期，datetime
工资：职工号，char (10)；基本工资，numeric (8, 2)；津贴，numeric (8, 2)；
　　　奖金，numeric (8, 2)；扣除，numeric (8, 2)

5. 查询职工实发工资的正确命令是_____。
   A．SELECT 姓名,(基本工资+津贴+奖金−扣除) AS 实发工资 FROM 工资

B． SELECT 姓名,(基本工资+津贴+奖金-扣除) AS 实发工资 FROM 工资 WHERE 职工.职工号=工资.职工号

C． SELECT 姓名,(基本工资+津贴+奖金-扣除) AS 实发工资 FROM 工资,职工 WHERE 职工.职工号=工资.职工号

D． SELECT 姓名,(基本工资+津贴+奖金-扣除) AS 实发工资 FROM 工资 JOIN 职工 WHERE 职工.职工号=工资.职工号

6． 查询1972年10月27日出生的职工信息的正确命令是_____。

　　A． SELECT * FROM 职工 WHERE 出生日期={1972-10-27}
　　B． SELECT * FROM 职工 WHERE 出生日期=1972-10-27
　　C． SELECT * FROM 职工 WHERE 出生日期="1972-10-27"
　　D． SELECT * FROM 职工 WHERE 出生日期='1972-10-27'

7． 查询每个部门年龄最长者的信息，要求得到的信息包括部门名和最长者的出生日期，正确的命令是_____。

　　A． SELECT 部门名,MIN(出生日期) FROM 部门 JOIN 职工 ON 部门.部门号=职工.部门号 GROUP BY 部门名

　　B． SELECT 部门名,MAX(出生日期) FROM 部门 JOIN 职工 ON 部门.部门号=职工.部门号 GROUP BY 部门名

　　C． SELECT 部门名,MIN(出生日期) FROM 部门 JOIN 职工 WHERE 部门.部门号=职工.部门号 GROUP BY 部门名

　　D． SELECT 部门名,MAX(出生日期) FROM 部门 JOIN 职工 WHERE 部门.部门号=职工.部门号 GROUP BY 部门名

8． 查询所有目前年龄在35岁（不含）以上的职工信息（姓名、性别和年龄），正确的命令是_____。

　　A． SELECT 姓名,性别,YEAR(GETDATE())-YEAR(出生日期) AS 年龄 FROM 职工 WHERE 年龄>35

　　B． SELECT 姓名,性别,YEAR(GETDATE())-YEAR(出生日期) AS 年龄 FROM 职工 WHERE YEAR(出生日期)>35

　　C． SELECT 姓名,性别,YEAR(GETDATE())-YEAR(出生日期) AS 年龄 FROM 职工 WHERE YEAR(GETDATE())-YEAR(出生日期)>35

　　D． SELECT 姓名,性别,年龄=YEAR(GETDATE())-YEAR(出生日期) FROM 职工 WHERE YEAR(GETDATE())-YEAR(出生日期)>35

三、设计题

基于图书馆数据库的3个表如下：

　　图书（图书号，书名，作者，出版社，单价）；
　　读者（读者号，姓名，性别，办公电话，部门）；
　　借阅（读者号，图书号，借出日期，归还日期）。

用SQL语句完成以下各项查询：

1）查询全体图书的图书号、书名、作者、出版社、单价。

2）查询全体图书的信息，其中单价打7折，并且将该列别名设置为"打折价"。

3）显示所有读者的读者号，并去掉重复行。

4）查询电子工业出版社、科学出版社、人民邮电出版社出版的图书信息。

5）查找姓名的第二个字符是"建"并且只有 3 个字符的读者的读者号、姓名。

6）查找姓名以"王"开头的所有读者的读者号、姓名。

7）查询无归还日期的借阅信息。

8）查询单价在 20 元（不含）以上，30 元（不含）以下的电子工业出版社出版的图书的书名、单价。

9）求借阅了图书的读者的总人数。

10）求电子工业出版社出版的图书的平均价格、最高价、最低价。

11）查询借阅本数超过 2 本的读者的读者号、总本数，并按总本数从大到小排序。

12）查询读者的读者号、姓名、借阅的书名、借出日期、归还日期。

13）查询借阅了电子工业出版社出版的并且书名中包含"数据库"三个字的图书的读者，显示读者号、姓名、书名、出版社、借出日期、归还日期。

14）查询至少借阅过 1 本电子工业出版社出版的图书的读者，显示读者号、姓名及书名和借阅本数，并按借阅本数降序排列。

15）查询与"王平"的办公电话相同的读者的姓名。

16）查询所有单价小于平均单价的图书的图书号、书名、出版社。

17）查询科学出版社出版的图书中单价比电子工业出版社出版的图书的最高单价还高的图书的书名、单价。

第 9 章 视 图

视图是数据库中很重要的对象。它是一种让用户以多种视角来观察、使用数据库的机制，为用户使用数据库提供了极大的方便，大大提高了数据库的运行效率和效果。本章主要讲解视图的创建、修改和删除的方法，以及利用视图简化查询操作的方法。

9.1 视图的基础知识

视图是一种数据库对象，它是从一个或多个表或视图中导出的虚表，也就是说，它可以从一个或多个表中的一列或多列中提取数据，并按照表的行和列来显示这些信息，可以把视图看作一个能把焦点定在用户感兴趣的数据上的监视器。

9.1.1 视图的基本概念

视图是虚拟的表。与表不同的是，视图本身并不存储视图中的数据。视图是由表派生的。派生表被称为视图的基本表，简称基表。视图可以来源于一个或多个基表的行或列的子集，也可以是基表的统计汇总，或者是视图与基表的组合。视图中的数据是通过视图定义语句由其基表中动态查询得来的。

视图就是由 SELECT 语句构成的、基于选择查询的虚拟表。其内容是通过选择查询来定义的；数据的形式和表一样，由行和列组成；而且可以像表一样作为 SELECT 语句的数据源。但是视图中的数据是存储在基表中的，数据库中只存储视图的定义，数据是在引用视图时动态产生的。因此，当基表中的数据发生变化时，可以从视图中直接反映出来。当对视图执行更新操作时，其操作的是基表中的数据。

9.1.2 视图的优点和缺点

1. 视图的优点

使用视图有下列优点：

① 为用户集中数据，简化用户的数据查询和处理。有时用户所需要的数据分散在多个表中，定义视图可将它们集中在一起，从而方便用户进行数据查询和处理。

② 屏蔽数据库的复杂性。用户不必了解复杂的数据库中的表结构，并且表的更改也不影响用户对数据库的使用。

③ 简化用户权限的管理。只需要授予用户使用视图的权限，而不必指定用户只能使用表的特定列，增强了安全性。

④ 便于数据共享。各用户不必定义和存储自己所需的数据，而是共享数据库中的数据。这样，同样的数据只需要存储一次。

⑤ 可以重新组织数据以便输出到其他应用程序中。

2. 视图的缺点

视图的缺点主要表现在其对数据修改的限制上。当更新视图中的数据时，实际上就是对基表中的数据进行更新。事实上，当从视图中插入或者删除数据时，情况也是一样的。然而，某些视图是不能更新数据的，这些视图有如下的特征：

① 有 UNION 等集合操作符的视图。
② 有 GROUP BY 子句的视图。
③ 有诸如 AVG，SUM 等函数的视图。
④ 使用 DISTINCT 短语的视图。
⑤ 连接表的视图（其中有一些例外）。

所以视图的主要用途在于数据的查询。在使用视图时，要注意，只能在当前数据库中创建与保存视图。并且，定义视图的基表一旦被删除，视图也将不可再用。

9.2 创建视图

用户必须拥有数据库所有者授予的创建视图的权限才可以创建视图，同时，用户也必须对定义视图时所引用的基表有适当的权限。视图的创建者必须拥有在视图定义中引用的任何对象的许可权，如相应的表、视图等，才可以创建视图。

视图的命名也采用 Pascal 命名规则，以"View_功能"形式进行命名，并且对每个用户都是唯一的。视图名称不能和创建该视图的用户的其他任何一个表的名称相同。

9.2.1 使用 SSMS 创建视图

使用 SSMS 创建视图的操作步骤如下。
① 启动 SSMS，在对象资源管理器中展开"数据库"结点。
② 右击 StudentManagement 数据库下的"视图"结点，从快捷菜单中选择"新建视图"命令，如图 9-1（a）所示。
③ 显示"添加表"对话框，添加所需要关联的基表、视图、函数、同义词。这里只使用"表"选项卡，选择 Student 表，单击"添加"按钮，如图 9-1（b）所示。如果还需要添加其他表，则可以继续选择并添加。如果不再需要添加，可以单击"关闭"按钮关闭该对话框。

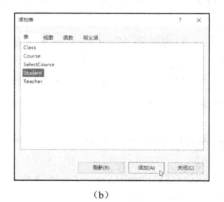

(a)　　　　　　　　　　　　　　(b)

图 9-1　新建视图并添加需要关联的表

④ 基表添加完后，将打开视图设计器，在"关系图"窗格中将显示基表的全部列信息。可根据需要选择创建视图所需的字段，在"列"栏中指定与视图关联的列，在"排序类型"栏中指定列的排序方式，在"筛选器"栏中指定创建视图的规则。例如，按照 StudentID 字

段升序排序，在 Sex 字段的"筛选器"栏中填写筛选条件"='男'"，如图 9-2 所示。

⑤ 单击工具栏中的"保存"按钮，出现"选择名称"对话框，在其中输入视图名 View_Student，如图 9-3 所示。单击"确定"按钮，便完成了视图的创建。

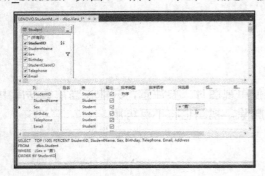
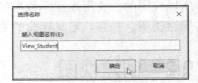

图 9-2　创建视图　　　　　　　　　　图 9-3　"选择名称"对话框

9.2.2　使用 T-SQL 语句创建视图

用户可以使用 T-SQL 语言中的 CREATE VIEW 语句创建视图，其语法格式如下：

  CREATE VIEW　视图名[（视图列名 1，视图列名 2，…，视图列名 n）]
   [WITH ENCRYPTION]
   AS
   SELECT 语句
   [WITH CHECK OPTION]

其中，WITH ENCRYPTION 子句对视图进行加密。WITH CHECK OPTION 子句强制视图上执行的所有数据修改语句都必须符合由 SELECT 语句设置的准则。通过视图修改数据行时，WITH CHECK OPTION 可确保提交修改后，仍可通过视图看到修改的数据。

SELECT 语句可以是任何复杂的查询语句，但通常不允许包含 ORDERBY 子句和 DISTINCT 短语。

如果 CREATE VIEW 语句没有指定视图列名，则视图的列名默认为 SELECT 语句目标列中各字段的列名。

【例 9-1】　创建视图 View_Course_Credits，其内容是 Course 表中学分为 4 学分的课程编号、课程名称和学分。操作步骤如下。

① 单击"新建查询"按钮，在查询编辑器中输入如下 T-SQL 语句：

  USE StudentManagement
  GO
  CREATE VIEW View_Course_Credits
   AS
   SELECT CourseID,CourseName,Credits
    FROM Course
    WHERE Credits = 4
  GO

② 单击"执行"按钮，即可生成视图 View_Course_Credits。在对象资源管理器中刷新后可以看到视图名称，如图 9-4 所示。

【例 9-2】 创建视图 View_StudentInfo，包含学生的学号、姓名、性别、课程名称和成绩。操作步骤如下。

① 单击"新建查询"按钮，在查询编辑器中输入如下 T-SQL 语句：

```
CREATE VIEW View_StudentInfo
AS
SELECT Student.StudentID,StudentName,Sex,CourseName,Score
    FROM Course INNER JOIN SelectCourse
    ON Course.CourseID = SelectCourse.SelectCourseID
    INNER JOIN Student ON SelectCourse.SelectCourseStudentID = Student.StudentID
GO
```

② 单击"执行"按钮，即可生成视图 View_StudentInfo。在对象资源管理器中刷新后可以看到视图名称，如图 9-5 所示。

图 9-4 例 9-1 视图

图 9-5 例 9-2 视图

9.3 查询视图

创建视图后，就可以像对表一样对视图进行查询了。执行查询时，首先要进行有效性检查。检查通过后，将视图定义中的查询和用户对视图的查询结合起来，转换成对基表的查询。对基表执行的是这种联合查询。

9.3.1 使用 SSMS 查询视图

使用 SSMS 查询视图的操作步骤如下。

① 启动 SSMS，在对象资源管理器中展开"数据库"结点。

② 展开 StudentManagement 下的"视图"结点，右击要查看的视图（如 View_StudentInfo），从弹出的快捷菜单中选择"编辑前 200 行"命令，如图 9-6（a）所示。

③ 打开视图的"数据编辑"窗格，显示出视图中的数据，如图 9-6（b）所示。

9.3.2 使用 T-SQL 语句查询视图

可以使用 SELECT 语句查询视图中的数据。

【例 9-3】 使用视图 View_StudentInfo 查询学生"徐颖"所选课的成绩。操作步骤如下。

① 单击"新建查询"按钮，在查询编辑器中输入如下 T-SQL 语句：

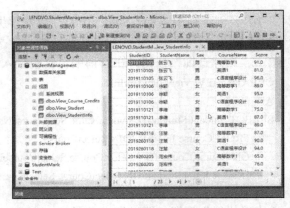

(a)   (b)

图 9-6   使用 SSMS 查询视图

USE StudentManagement
SELECT *
    FROM View_StudentInfo
    WHERE StudentName='徐颖'
GO

② 单击"执行"按钮，查询结果如图 9-7 所示。

9.4   查看视图信息

图 9-7   查询结果

系统存储过程 sp_help 可以显示数据库对象的特征信息，sp_helptext 可以显示视图、触发器或存储过程等在系统表中的定义，sp_depends 可以显示数据库对象所依赖的对象。它们的语法格式如下：

    sp_help 数据库对象名称
    sp_helptext 视图（触发器、存储过程）
    sp_depends 数据库对象名称

【例 9-4】 使用系统存储过程 sp_help 显示视图 View_StudentInfo 的特征信息。操作步骤如下。

① 单击"新建查询"按钮，在查询编辑器中输入如下 T-SQL 语句：
    sp_help View_StudentInfo

② 单击"执行"按钮，查询结果如图 9-8 所示。

【例 9-5】 使用系统存储过程 sp_helptext 显示视图 View_StudentInfo 在系统表中的定义。操作步骤如下。

① 单击"新建查询"按钮，在查询编辑器中输入如下 T-SQL 语句：
    sp_helptext View_StudentInfo

② 单击"执行"按钮，查询结果如图 9-9 所示。

【例 9-6】 使用系统存储过程 sp_depends 显示视图 View_StudentInfo 所依赖的对象。操作步骤如下。

① 单击"新建查询"按钮，在查询编辑器中输入如下 T-SQL 语句：
    sp_depends View_StudentInfo

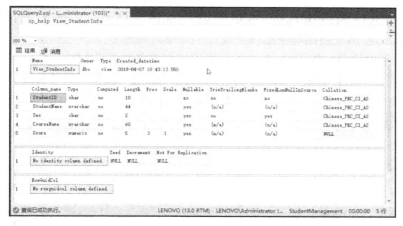

图 9-8　查询结果

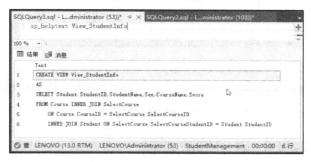

图 9-9　查询结果

② 单击"执行"按钮，查询结果如图 9-10 所示。

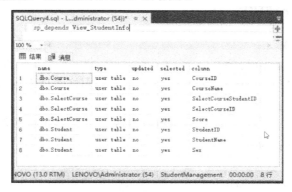

图 9-10　查询结果

9.5　修改视图

可以通过 SSMS 的视图设计器修改视图，也可以使用 ALTER VIEW 语句修改视图。

9.5.1　使用 SSMS 修改视图

使用 SSMS 修改视图的操作步骤如下。
① 启动 SSMS，在对象资源管理器中展开"数据库"结点。

② 展开数据库 StudentManagement 下的"视图"结点，右击要修改的视图（如 View_StudentInfo），从快捷菜单中选择"设计"命令。

③ 打开视图设计器，如图 9-11 所示。视图的修改和视图的创建一样，可以在视图设计器中进行，修改也就是再创建。这里不再详述其操作过程，读者可参考视图的创建。

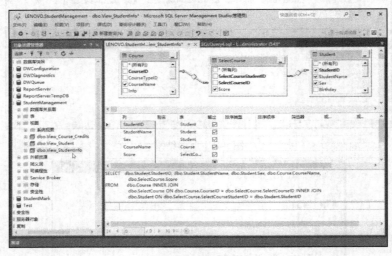

图 9-11　修改视图

9.5.2　使用 T-SQL 语句修改视图

使用 ALTER VIEW 语句可以修改视图，其语法格式如下：

　　ALTER VIEW 视图名
　　　　[WITH ENCRYPTION]
　　　　AS
　　　　SELECT 语句
　　　　[WITH CHECK OPTION]

【例 9-7】　修改视图 View_StudentInfo，要求该视图修改后去除 Sex 字段并添加每门课程的 Credits 字段。操作步骤如下。

① 单击"新建查询"按钮，在查询编辑器中输入如下 T-SQL 语句：

```
USE StudentManagement
GO
ALTER VIEW View_StudentInfo
AS
SELECT Student.StudentID,StudentName,CourseName,Credits,Score
    FROM Course INNER JOIN SelectCourse
        ON Course.CourseID = SelectCourse.SelectCourseID
        INNER JOIN Student ON SelectCourse.SelectCourseStudentID = Student.StudentID
GO
sp_help View_StudentInfo
GO
```

② 单击"执行"按钮，查询结果如图 9-12 所示。

图 9-12　查询结果

9.6　通过视图修改表数据

在创建了视图后,用户可以使用该视图来检索表中的数据,在满足条件的情况下还可以通过视图来插入、修改和删除数据。由于视图是不存储数据的虚表,因此对视图中数据的修改,最终将转换为对基表中数据的修改。

对视图进行的修改操作有以下限制。

① 如果视图的字段来自表达式或常量,则不允许对该视图执行 INSERT 和 UPDATE 操作,但允许执行 DELETE 操作。

② 如果视图的字段来自集合函数,则此视图不允许修改操作。

③ 如果视图定义中含有 GROUP BY 子句,则此视图不允许修改操作。

④ 如果视图定义中含有 DISTINCT 短语,则此视图不允许修改操作。

⑤ 在一个不允许修改操作视图上定义的视图,同样也不允许修改操作。

【例 9-8】　使用 T-SQL 语句对视图 View_StudentInfo 进行修改,修改学生"李维"的"英语 1"课程的成绩为 90 分。操作步骤如下。

① 单击"新建查询"按钮,在查询编辑器中输入如下 T-SQL 语句:

UPDATE View_StudentInfo
　　SET Score=90
　　WHERE StudentName='李维' AND CourseName='英语 1'
GO
SELECT *
　　FROM View_StudentInfo
　　WHERE StudentName='李维'
GO

② 单击"执行"按钮,查询结果如图 9-13 所示。

图 9-13　查询结果

9.7 删除视图

视图的删除与表的删除类似，既可以在 SSMS 中删除，也可以通过 DROP VIEW 语句来删除视图。删除视图不会影响表中的数据，如果在某个视图上创建了其他数据对象，该视图仍然可以被删除，但是当执行创建在该视图上的数据对象时，操作将出错。

在确认删除视图之前，应该查看是否有数据库对象依赖于将被删除的视图。如果存在这样的对象，那么首先应确定是否还有必要保留该对象，如果不必保留，则可以直接删除该视图，否则只能放弃删除。

9.7.1 使用 SSMS 删除视图

【例 9-9】 删除数据库 StudentManagement 中的视图 View_Course_Credits。操作步骤如下。

① 启动 SSMS，在对象资源管理器中右击视图 View_Course_Credits，从快捷菜单中选择"删除"命令。

② 打开"删除对象"对话框，如图 9-14 所示。在删除某个视图之前，应该首先查看它与其他数据库对象之间是否存在依赖关系。单击"显示依赖关系"按钮，会打开相应的依赖关系对话框，如图 9-15 所示。

图 9-14　"删除对象"对话框

图 9-15　依赖关系对话框

在依赖关系对话框中可以查看该视图所依赖的对象和依赖于该视图的对象。当有对象依赖于该视图时，该视图就不能删除。显然，从图 9-15 中可以看出，视图 View_Course_Credits 不存在依赖关系，因此，这里的删除操作可以实现。

③ 在依赖关系对话框中单击"确定"按钮，返回"删除对象"对话框。单击"确定"按钮，视图 View_Course_Credits 就被成功地删除了。

9.7.2 使用 T-SQL 语句删除视图

可以使用 T-SQL 语句中的 DROP VIEW 命令删除视图，其语法格式如下：

　　DROP VIEW 视图名 1，…，视图名 n

可以使用该命令同时删除多个视图，只需在要删除的各视图名之间用逗号隔开即可。

【例 9-10】 使用 T-SQL 语句删除视图 View_StudentInfo。操作步骤如下。

① 单击"新建查询"按钮,在查询编辑器中输入如下 T-SQL 语句:
DROP VIEW View_StudentInfo
GO
② 单击"执行"按钮,在对象资源管理器中刷新后,可以看到视图 View_StudentInfo 被删除了,如图 9-16 所示。

图 9-16 视图 View_StudentInfo 被删除了

9.8 实训——学籍管理系统中视图的创建

【实训 9-1】 创建名称为 View_Student_Score 的视图,包含学生学号、总学分、平均成绩。操作步骤如下。

① 单击"新建查询"按钮,在查询编辑器中输入如下 T-SQL 语句:
```
CREATE VIEW View_Student_Score
AS
SELECT Student.StudentID,SUM(Credits) AS CreditsTotal,AVG(Score) AS ScoreAverage
    FROM Course INNER JOIN SelectCourse
        ON Course.CourseID = SelectCourse.SelectCourseID
        INNER JOIN Student ON SelectCourse.SelectCourseStudentID = Student.StudentID
    GROUP BY Student.StudentID
GO
SELECT *
    FROM View_Student_Score
GO
```
② 单击"执行"按钮,即可生成视图 View_Student_Score,查询结果如图 9-17 所示。

【实训 9-2】 使用视图 View_Student_Score 查找平均成绩在 80 分(不含)以上的学生的学号和平均成绩。操作步骤如下。

① 单击"新建查询"按钮,在查询编辑器中输入如下 T-SQL 语句:
```
USE StudentManagement
SELECT StudentID,ScoreAverage
    FROM View_Student_Score
    WHERE ScoreAverage > 80
GO
```

② 单击"执行"按钮，即可生成视图 View_Student_Score，查询结果如图 9-18 所示。

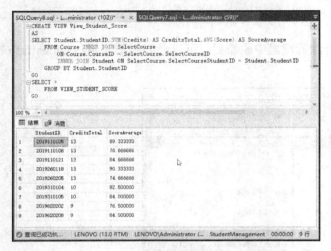

图 9-17　查询结果　　　　　　　　　　　图 9-18　查询结果

习题 9

一、单项选择题

1. SQL 的视图是从_____中导出的。
   A．基表　　　　　　　　　　　　B．视图
   C．基表或视图　　　　　　　　　D．数据库
2. 在视图上不能完成的操作是_____。
   A．更新视图数据　　　　　　　　B．查询
   C．在视图上定义新的基表　　　　D．在视图上定义新视图
3. 关于数据库视图，下列说法正确的是_____。
   A．视图可以提高数据的操作性能
   B．定义视图的语句可以是任何数据操作语句
   C．视图可以提供一定程度的数据独立性
   D．视图中的数据一般是物理存储的
4. 在下列关于视图的叙述中，正确的是_____。
   A．当某个视图被删除后，由该视图导出的其他视图也将被自动删除
   B．若导出某个视图的基表被删除了，则该视图不受任何影响
   C．视图一旦建立，就不能被删除
   D．当修改某个视图时，导出该视图的基表也随之被修改

二、简答题

1. 简答视图的作用及视图的优缺点。
2. 简答基表与视图的区别和联系。
3. 简答查看视图定义信息的方法。

三、设计题

基于图书馆数据库的 3 个表：

  图书（图书号，书名，作者，出版社，单价）
  读者（读者号，姓名，性别，办公电话，部门）
  借阅（读者号，图书号，借出日期，归还日期）

用 T-SQL 语言建立以下视图：

1）建立视图 View_Book，包括全体图书的图书号、书名、作者、出版社、单价。

2）建立视图 View_Press，包括电子工业出版社、科学出版社、人民邮电出版社的图书信息。

3）建立视图 View_Press_Phei，包括电子工业出版社图书的平均价格、最高价、最低价。

4）建立视图 View_Reader，包括读者的读者号、姓名、借阅的书名、借出日期、归还日期。

第 10 章 索　　引

对数据库最频繁的操作是数据查询。在一般情况下，数据库在进行查询操作时需要对整个表进行数据搜索。当表中的数据很多时，搜索数据就需要很长的时间，这就造成了服务器的资源浪费。为了加快查询速度，数据库引入了索引机制。

10.1 索引的基础知识

索引是数据库随机检索的常用手段，它实际上就是记录的关键字与其相应地址的对应表。通过索引可以大大提高查询速度。

10.1.1 SQL Server 中数据的存储与访问

在 SQL Server 中，数据存储的基本单位是页。一个页是 8KB 的磁盘物理空间。向数据库中插入数据时，数据按照插入的时间顺序被放置在页中。通常，放置数据的顺序与数据本身的逻辑关系之间并没有任何的关系。因此，从数据之间的逻辑关系方面来讲，数据是乱七八糟地堆放在一起的。数据的这种堆放方式称为"堆"。当一个页中的数据堆满之后，其他的数据就堆放在另外一个页中。

根据上面的叙述，在没有建立索引的表内，使用堆的集合方法组织页。在堆的集合中，数据行不按任何顺序进行存储，页序列也没有任何特殊顺序。因此，扫描这些数据堆集所花费的时间肯定较长。在建有索引的表内，数据行基于索引的键值按顺序存放，必将改善系统查询数据的速度。在数据存储方面，SQL Server 提供了两种数据访问的方法。

1. 表扫描法

在没有建立索引的表内进行数据访问时，SQL Server 通过表扫描法来获取所需要的数据。当 SQL Server 执行表扫描时，它从表的第一行开始逐行查找，直到找到符合查询条件的行为止。

显然，使用表扫描法所耗费的时间将直接同数据库中存在的数据量成正比。因此，当数据库中存放大量的数据时，使用表扫描法将造成系统响应时间过长的问题。

2. 索引法

在建有索引的表内进行数据访问时，SQL Server 通过使用索引来获取所需要的数据。当 SQL Server 使用索引时，它会通过遍历索引树等更高级的针对有序数据的查询算法来查找所需数据行的存储位置，并通过查找的结果提取所需的数据行。一般而言，因为索引加速了对表中数据行的检索，所以通过使用索引可以加快 SQL Server 访问数据的速度，缩短数据访问时间。

10.1.2 索引的优缺点

1. 索引的优点

创建索引的优点主要有以下两点。

① 加快数据查询。在表中创建索引后，当进行以索引为条件的查询时，由于索引是有序的，因此可以采用较优的算法来进行查找，这样就提高了查询速度。对经常用作查询条件的列应当建立索引，而不经常作为查询条件的列则可不建立索引。

② 加快表的连接、排序和分组操作。进行表的连接、排序和分组操作，都要涉及表的查询工作，而建立索引会提高表的查询速度，从而也加快了这些操作的速度。

2．索引的缺点

创建索引的缺点主要有以下两点。

① 创建索引需要占用数据空间和时间。创建索引时所需的工作空间大概是数据表空间的 1.2 倍，而且还要占用一定的时间。

② 建立索引会减慢数据修改的速度。在有索引的数据表中修改数据时，包括记录的插入、删除和修改操作，都要对索引进行更新。修改的数据越多，索引的维护开销就越大，因此索引的存在减慢了数据修改的速度。

10.1.3 索引的分类

1．唯一索引和非唯一索引

唯一索引要求所有数据行中任意两行中的被索引列或索引列组合不能存在重复值，包括不能有两个空值（NULL）；而非唯一索引则不存在这样的限制。也就是说，对于表中的任何两行记录来说，索引键的值都是不同的。若表中有多行的记录在某个字段上具有相同的值，则不能在该字段上建立唯一索引。

2．聚集索引和非聚集索引

根据索引的顺序与数据表的物理顺序是否相同，可以把索引分为聚集索引和非聚集索引。聚集索引会对磁盘中的数据进行物理排序，所以这种索引对查询非常有效。一个表中只能有一个聚集索引。当建立主键约束时，如果表中没有聚集索引，SQL Server 会用主键作为聚集索引。聚集索引将数据行的键值在表内排序并存储对应的数据记录，使数据表的物理顺序与索引顺序相同。

非聚集索引与图书中的目录类似。非聚集索引不会对表进行物理排序，数据记录与索引分开存储。使用非聚集索引不会影响数据表中记录的实际存储顺序。非聚集索引中存储了组成非聚集索引的关键字值和行定位器。由于非聚集索引使用索引页存储，因此它比聚集索引需要较少的存储空间，但检索效率比聚集索引低。由于一个表只能建一个聚集索引，因此，当用户需要建立多个索引时，就需要使用非聚集索引了。每个表中最多只能创建 249 个非聚集索引。

显然，聚集索引的查询速度比非聚集索引快，但非聚集索引的维护比较容易。

10.1.4 建立索引的原则

创建索引虽然可以提高查询速度，但是它需要牺牲一定的系统性能，因此，创建索引时，需要考察并判断哪些列适合创建索引，哪些列不适合创建索引。

创建索引需要注意以下事项：

① 每个表只能有一个聚集索引。

② 创建索引所需要的可用空间是表空间的 1.2 倍，因此要求数据库应有足够的空间。

③ 主键一般都建有聚集索引。

④ 唯一键（UNIQUE）将作为非聚集索引创建。
⑤ 对经常查询的数据列，最好建立索引。

10.2 创建索引

在 SQL Server 中，只有表或视图的拥有者才可以为表创建索引，即使表中没有数据也可以创建索引。索引可以在创建表的约束时由系统自动创建，也可以使用 SSMS 或使用 T-SQL 语句来创建。索引的命名也采用 Pascal 命名规则，以"IDX_表名_列名"形式进行命名。

在 SQL Server 中，系统在创建表中的其他对象时可以附带地创建新索引，例如新建表时，如果创建主键或者唯一性约束，系统会自动创建相应的索引。如果在 SSMS 中设置主键，系统会自动创建一个唯一的聚集索引，索引名为"PK_表名"。如果使用 T-SQL 语句添加主键约束，也会创建一个唯一索引，但索引名称为"PK_表名_xxxxxxxx"，其中 x 是由系统自动生成的。如图 10-1 所示。

图 10-1　索引

10.2.1　使用 SSMS 创建索引

使用 SSMS 创建索引又可以分为以下两种方式。

1. 在对象资源管理器中使用"新建索引"快捷菜单命令创建索引

【例 10-1】　创建 Class 表的 ClassID 为唯一索引（UNIQUE 约束），组织方式为聚集索引。操作步骤如下。

① 在对象资源管理器中展开"数据库"结点，找到要建立索引的表或视图，这里是 Class 表。

② 右击其下的"索引"结点，从快捷菜单中选择"新建索引"→"聚集索引"命令，如图 10-2（a）所示。

③ 显示"新建索引"对话框，选中"唯一"复选框，单击"添加"按钮，如图 10-2（b）所示。

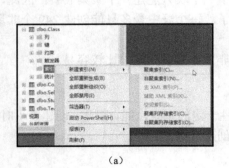

(a)　　　　　　　　　　　　　　　　(b)

图 10-2　新建索引

④ 显示该表的选择列对话框，在"选择要添加到索引中的表列"框中选中要添加的列

ClassID，如图 10-3 所示。添加完毕后，单击"确定"按钮。

⑤ 返回"新建索引"对话框，可以更改"索引名称"，这里改为"ClusteredIndex-ClassID"，如图 10-4 所示。单击"确定"按钮，完成索引的创建。

图 10-3　选择要添加的列

图 10-4　添加列后的"新建索引"对话框

在对象资源管理器中刷新后，在"索引"结点下可以看到新建的索引"ClusteredIndex-ClassID(聚集)"，如图 10-5 所示。

2．使用表设计器创建索引

【例 10-2】　创建 Class 表的 ClassName 为唯一索引（UNIQUE 约束），组织方式为非聚集索引。操作步骤如下。

① 在对象资源管理器中展开"数据库"结点，找到 Class 表，右击它，从快捷菜单中选择"设计"命令。

② 显示表设计器，右击 ClassName 列，从快捷菜单中选择"索引/键"命令。

③ 显示"索引/键"对话框，单击"添加"按钮，在该对话框右边的"标识"属性区的"名称"栏中输入新索引的名称 IDX_ClassName（也可以使用系统默认的名称），如图 10-6 所示。

图 10-5　新建的索引

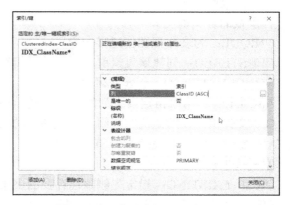
图 10-6　"索引/键"对话框

④ 在"常规"属性区中，单击"列"栏后面的按钮，将显示"索引列"对话框，可以

· 159 ·

选择要创建索引的列和排序顺序。

⑤ 将"是唯一的"栏设定为"是"，如图 10-7 所示，表示不允许重复，生成的索引是唯一索引。

⑥ 在"表设计器"属性区中，"创建为聚集的"栏用于设置是否创建为聚集索引。由于 Class 表中已经存在聚集索引，因此这里的该栏不可修改（显示为灰色），如图 10-7 所示。

⑦ 添加完毕后，单击"关闭"按钮关闭对话框。单击工具栏中的"保存"按钮或者关闭表设计器，即完成了索引的创建。在对象资源管理器中刷新后，可以在 Class 表的"索引"结点下看到创建的索引，如图 10-8 所示。

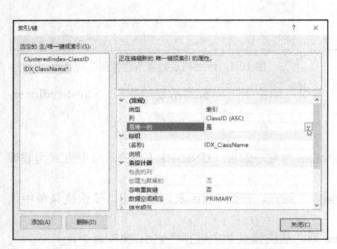
图 10-7 设置"是唯一的"栏

图 10-8 创建的索引

10.2.2 使用 T-SQL 语句创建索引

使用 T-SQL 语句中的 CREATE INDEX 命令可以创建索引，其语法格式如下：

  CREATE[UNIQUE][CLUSTERED| NONCLUSTERED] INDEX 索引名
    ON 表名 (字段名[ASC/DESC,…n])　[WITH [索引选项 [,…n]]
    [ON 文件组]

各参数的含义说明如下。

UNIQUE：为表或视图创建唯一索引。

CLUSTERED：创建聚集索引。键值的逻辑顺序决定了表中对应行的物理顺序。

NONCLUSTERED：创建非聚集索引。

ASC/DESC：用来指定索引列的排序方式，ASC 是升序，DESC 是降序。默认值为 ASC。

ON 文件组：在给定的文件组上创建指定的索引。该文件组必须已经通过执行 CREATE DATABASE 或 ALTER DATABASE 语句创建。

索引选项说明如下。

DROP_EXISTING：指定先删除已存在的聚集、非聚集索引或 XML 索引。

FILLFACTOR（填充因子）：设置创建索引时每个索引页的页级别中数据容量所占页容量的百分比，FILLFACTOR 的取值是 1~100。

IGNORE_DUP_KEY：控制当尝试向属于唯一聚集索引的列插入重复的键值时所发生的情况。

【例 10-3】 为 Student 表创建一个非聚集索引，索引字段为 StudentName，排序顺序为按 StudentName 降序，索引名为 IDX_StudentName。操作步骤如下。

① 单击"新建查询"按钮，在查询编辑器中输入如下 T-SQL 语句：

```
USE StudentManagement
CREATE NONCLUSTERED INDEX IDX_StudentName
    ON Student(StudentName DESC)
GO
```

② 单击"执行"按钮，即可生成索引。

【例 10-4】 为 Student 表创建一个非聚集复合索引，使用 Sex 字段和 Birthday 字段，排序顺序为按 Sex 降序，按 Birthday 升序，FILLFACTOR（填充因子）为 60，索引名为 IDX_Student_SexBirthday。操作步骤如下。

① 单击"新建查询"按钮，在查询编辑器中输入如下 T-SQL 语句：

```
USE StudentManagement
CREATE NONCLUSTERED INDEX IDX_Student_SexBirthday
    ON Student(Sex DESC, Birthday)
    WITH FILLFACTOR = 60
GO
```

② 单击"执行"按钮，即可生成索引。

【例 10-5】 使用 CREATE INDEX 语句为 SelectCourse 表创建一个唯一聚集索引，使用 SelectCourseStudentID 字段和 SelectCourseID 字段，索引名为 IDX_SelectCourseStudentID_SelectCourseID。操作步骤如下。

① 单击"新建查询"按钮，在查询编辑器中输入如下 T-SQL 语句：

```
USE StudentManagement
CREATE UNIQUE CLUSTERED INDEX IDX_SelectCourseStudentID_SelectCourseID
    ON SelectCourse(SelectCourseStudentID,SelectCourseID)
GO
```

② 单击"执行"按钮，即可生成索引。

10.3 查看和修改索引

可以使用 SSMS 查看和修改索引，也可以使用 T-SQL 语句完成这个任务。

10.3.1 使用 SSMS 查看和修改索引

【例 10-6】 查看 Student 表中的索引。操作步骤如下。

① 在对象资源管理器中展开 Student 表的索引结点，找到要查看的索引，这里是索引 IDX_Student_SexBirthday，右击它，从快捷菜单中选择"属性"命令。

② 打开"索引属性"对话框，显示出定义索引的各项参数，如图 10-9 所示。在对话框中可以修改索引的定义，单击"添加"按钮可以向当前索引键列中加入新的索引字段；选中某个索引字段后，单击"删除"按钮可以将其从索引键列中移走。

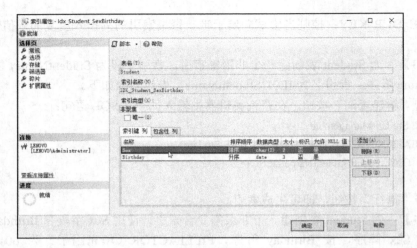

图 10-9 "索引属性"对话框

10.3.2 使用 T-SQL 语句查看和修改索引

1. 查看索引信息

可以使用系统存储过程 sp_helpindex 查看有关表中的索引信息，其语法格式如下：

　　sp_helpindex '表名'

【例 10-7】 使用系统存储过程查看 Student 表中的索引信息。操作步骤如下。

① 单击"新建查询"按钮，在查询编辑器中输入如下 T-SQL 语句：

　　USE StudentManagement
　　GO
　　EXEC sp_helpindex Student
　　GO

② 单击"执行"按钮，在下方"结果"选项卡中显示出 Student 表中的索引信息，如图 10-10 所示。

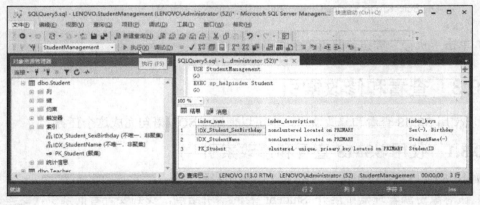

图 10-10 查询结果

2. 修改索引名称

可以使用系统存储过程 sp_rename 修改索引的名称，其语法格式如下：

　　sp_rename[@objname=]'object_name',[@newname=]'new_name'

【例10-8】 使用系统存储过程修改索引 IDX_StudentName 的名称为 IDX_StudentName1。操作步骤如下。

① 单击"新建查询"按钮,在查询编辑器中输入如下 T-SQL 语句:

```
USE StudentManagement
GO
EXEC sp_rename 'Student.IDX_StudentName','IDX_StudentName1'
GO
```

② 单击"执行"按钮,在对象资源管理器中刷新后显示出修改后的索引名称,如图10-11所示。

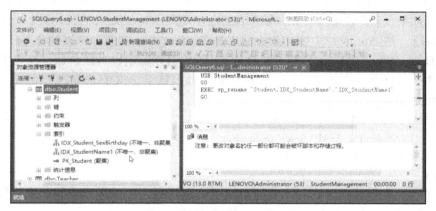

图 10-11　修改后的索引名称

10.4　统计索引

SQL Server 可以为索引创建统计信息。SQL Server 可以为维护某个索引中关键值的分布创建统计信息,并且使用这些统计信息来确定在查询过程中哪个索引是有用的。查询的优化依赖于这些统计信息的分布准确度。

当表中数据发生变化时,SQL Server 周期性地自动修改统计信息。索引统计信息被自动地修改,索引中的关键值显著变化。统计信息修改的频率由索引中的数据量和数据变化量确定。例如,如果表中有 10000 行数据,其中 1000 行数据修改了,那么统计信息可能需要修改。然而如果只有 50 行数据修改了,那么仍然保持当前的统计信息。

索引统计信息既可以在 SSMS 中自动创建(在表中建立索引的同时,SSMS 也自动建立该索引的统计信息),也可以使用 CREATE STATISTICS 语句在表的某一列或多列上创建。其语法格式如下:

```
CREATE STATISTICS statistics_name
    ON {table | view}(column [,…n])
    [WITH
    [[FULLSCAN | SAMPLE number {PERCENT | ROWS}][,]]
    [NORECOMPUTE]]
```

各参数的含义说明如下。

statistics_name:要创建的统计信息名称。

table：要在其上创建统计的表名。table 是与 column 关联的表。可以选择是否指定表所有者的名称。若指定合法的数据库名称，则可以在其他数据库的表中创建统计。

view：要在其上创建统计的视图名。

column：要在其上创建统计的一列或多列的名称。

FULLSCAN：指定应读取 table 中的所有行以收集统计信息。指定 FULLSCAN 具有与 SAMPLE 100 PERCENT 相同的行为。此选项不能与 SAMPLE 选项一起使用。

SAMPLE number {PERCENT | ROWS}：指定应使用随机采样来读取一定百分比或指定行数的数据以收集统计信息。number 只能为整数。如果是 PERCENT，则 number 应介于 0～100 之间；如果是 ROWS，则 number 可以是 0～n 的总行数。此选项不能与 FULLSCAN 选项一起使用。如果没有给出 SAMPLE 或 FULLSCAN 选项，SQL Server 会计算出一个自动样本。

【例 10-9】 在 Student 表中创建名为 IDX_Student_Sex 的统计，该统计基于 Student 表中 StudentID 列、StudentName 列和 Sex 列的 5%的数据计算随机采样统计。操作步骤如下。

① 单击"新建查询"按钮，在查询编辑器中输入如下 T-SQL 语句：

```
USE StudentManagement
CREATE STATISTICS IDX_Student_Sex
    ON Student(StudentID,StudentName,Sex)
    WITH SAMPLE 5 PERCENT
GO
```

② 单击"执行"按钮，在对象资源管理器中刷新后，可以从该表的"统计信息"中看到新建的索引统计信息 IDX_Student_Sex，如图 10-12 所示。

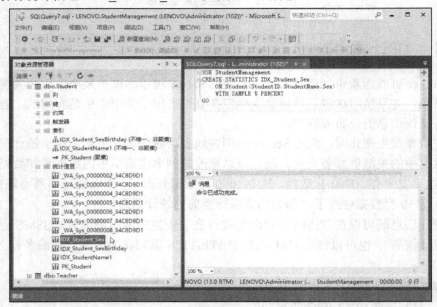

图 10-12 新建的索引统计信息

10.5 删除索引

当不再需要某个索引或表中的某个索引已经对系统性能造成负面影响时，需要删除索引。可以在 SSMS 中删除索引，也可以使用 T-SQL 语句删除索引。

10.5.1 使用 SSMS 删除索引

【例 10-10】 删除 Student 表中的索引 IDX_Student_Name1。操作步骤如下。

① 在对象资源管理器中展开服务器结点，找到 Student 表的索引 IDX_StudentName1，右击它，从快捷菜单中选择"删除"命令。

② 显示"删除对象"对话框，其中显示了当前要删除索引的基本情况，如图 10-13 所示。选择要删除的对象，单击"确定"按钮。索引 IDX_StudentName1 被删除，从对象资源管理器中消失。

图 10-13 "删除对象"对话框

需要说明的是，以上操作是删除单个索引的方法。如果用户需要删除多个索引，可以在表设计器中，右击某个字段，从快捷菜单中选择"索引/键"命令，在打开的"索引/键"对话框中完成多个索引的删除。

10.5.2 使用 T-SQL 语句删除索引

使用 DROP INDEX 语句可以删除一个或多个当前数据库中的索引，其语法格式如下：

DROP INDEX 表名.索引名 [,…n]

在删除索引时，需要注意如下事项：

① 不能删除由 PRIMARY KEY 约束或 UNIQUE 约束创建的索引。这些索引必须通过删除 PRIMARY KEY 约束或 UNIQUE 约束，由系统自动删除。

② 在删除聚集索引时，表中的所有非聚集索引都将被重建。

③ 在系统表的索引上不能进行 DROP INDEX 操作。

【例 10-11】 删除 Student 表中的索引 IDX_Student_SexBirthday。操作步骤如下。

① 单击"新建查询"按钮，在查询编辑器中输入如下 T-SQL 语句：

USE StudentManagement
DROP INDEX Student.IDX_Student_SexBirthday
GO

② 单击"执行"按钮，在对象资源管理器中刷新后可以看到，索引被成功地删除了，如图 10-14 所示。

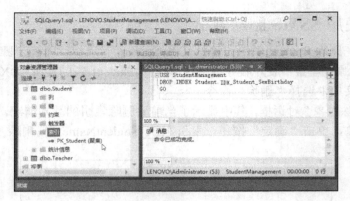

图 10-14 索引被删除

10.6 实训——学籍管理系统中索引的创建

【实训 10-1】 为 Teacher 表创建一个唯一非聚集复合索引,使用的字段为 TeacherTitleID 和 TeacherID,排序顺序为按 TeacherTitleID 升序,按 TeacherID 降序,索引名为 IDX_TeacherID_TitleID。操作步骤如下。

① 单击"新建查询"按钮,在查询编辑器中输入如下 T-SQL 语句:

USE StudentManagement
GO
CREATE UNIQUE NONCLUSTERED INDEX IDX_TeacherID_TitleID
    ON Teacher(TeacherTitleID,TeacherID DESC)
GO
EXEC sp_helpindex Teacher
GO

② 单击"执行"按钮,即可生成索引 IDX_TeacherID_TitleID,查询索引定义信息的结果如图 10-15 所示。

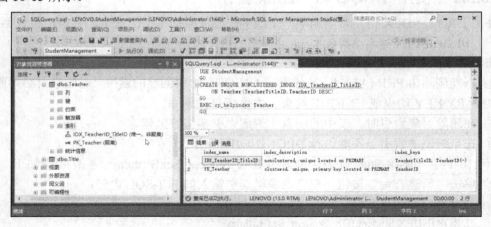

图 10-15 查询结果

【实训 10-2】 为 Teacher 表创建一个非聚集复合索引,使用的字段为 TeacherDepartmentID 和 TeacherName,排序顺序为按 TeacherDepartmentID 降序,按 TeacherName 升序,索引名称

为 IDX_TeacherName_DepartmentID。操作步骤如下。

① 单击"新建查询"按钮，在查询编辑器中输入如下 T-SQL 语句：

```
USE StudentManagement
GO
CREATE NONCLUSTERED INDEX IDX_TeacherName_DepartmentID
    ON Teacher(TeacherDepartmentID DESC,TeacherName)
GO
EXEC sp_helpindex Teacher
GO
```

② 单击"执行"按钮，即可生成索引 IDX_TeacherName_DepartmentID，查询索引定义信息的结果如图 10-16 所示。

图 10-16　查询结果

按照类似的方法，读者可以继续创建学籍管理系统其余表的相关索引，这里不再赘述。

习题 10

一、填空题

1．在索引命令中使用保留字 CLUSTERED 和 NONCLUSTERED 表示将分别建立_____索引和_____索引。

2．访问数据库中的数据有两种方法，分别是：_____和_____。

3．索引一旦创建，将由_____自动管理和维护。

4．在一个表中，最多可以定义_____个聚集索引，最多可以有_____个非聚集索引。

二、单项选择题

1．为数据表创建索引的目的是_____。
　　A．提高查询的检索性能　　　　B．节省存储空间
　　C．便于管理　　　　　　　　　D．归类

2．索引是指对数据库表中_____字段的值进行排序。
　　A．一个　　　B．多个　　　C．一个或多个　　　D．零个

3．下列_____属性不适合建立索引。
　　A．经常出现在 GROUP BY 字句中的属性

B. 经常参与连接操作的属性
C. 经常出现在 WHERE 字句中的属性
D. 经常需要进行更新操作的属性

三、简答题
1. 简述引入索引的主要目的。
2. 简述聚集索引和非聚集索引的区别。
3. 删除索引时,其所对应的数据表会被删除吗?

四、设计题
基于图书馆数据库的 3 个表:
  图书(图书号,书名,作者,出版社,单价)
  读者(读者号,姓名,性别,办公电话,部门)
  借阅(读者号,图书号,借出日期,归还日期)
用 T-SQL 语言建立以下视图:

1) 建立图书表和读者表的主键索引。

2) 建立图书表的非聚集索引 IDX_Books_Price,使用的字段为单价,排序顺序为按单价降序。

3) 建立读者表的唯一非聚集索引 IDX_Readers_ReaderNoAndName,使用的字段为读者号和姓名,排序顺序为按读者号降序,按姓名升序。

4) 建立借阅表的唯一聚集索引 IDX_Borrow_ReaderAndBook,使用的字段为读者号和图书号。

5) 在读者表中创建名为 IDX_Readers_Sex 的统计,该统计基于读者表中读者号列、姓名列和性别列的 5%的数据计算随机采样统计。

6) 修改索引 IDX_Books_Price 的索引名称为 IDX_Books_Money。

7) 删除索引 IDX_Books_Money。

第 11 章 T-SQL 语言、游标和函数

T-SQL 是 SQL Server 提供的查询语言，使用 T-SQL 语言编写应用程序可以完成所有的数据库管理工作。对于用户来说，T-SQL 是唯一可以与 SQL Server 数据库管理系统进行交互的语言。

11.1 T-SQL 语言简介

T-SQL（Transact Structured Query Language）是 SQL Server 专用的标准结构化查询语言增强版。

11.1.1 SQL 语言与 T-SQL 语言

1. SQL 语言

SQL 语言（Structured Query Language，结构化查询语言），是一种介于关系代数与关系演算之间的结构化查询语言，其功能并不仅仅是查询。SQL 语言是一种通用的、功能极强的关系数据库语言。IBM 公司最早在其开发的数据库系统中使用该语言。1986 年 10 月，ANSI 公司对 SQL 语言进行规范后，以此作为关系数据库管理系统的标准语言。

SQL 作为关系数据库的标准语言，它已被众多商用数据库管理系统产品所采用。由于不同的数据库管理系统，在其实践过程中对 SQL 语言规范做了某些改变和扩充，因此，实际上，不同数据库管理系统之间的 SQL 语言不能完全通用。例如，微软公司的 SQL Server 支持的是 T-SQL 语言，而甲骨文公司的 Oracle 所使用的则是 PL-SQL 语言。

2. T-SQL 语言

T-SQL 是 SQL 语言的一种版本，且只能在微软 SQL Server 及 Sybase Adaptive Server 系列数据库上使用。

T-SQL 语言是 ANSI SQL 语言的扩展加强版。除提供标准的 SQL 命令之外，T-SQL 语言还对 SQL 语言做了许多补充，提供了类似 C，BASIC 和 Pascal 语言的基本功能，如变量说明、流控制语言、功能函数等。尽管 SQL Server 提供了使用方便的图形化用户界面，但各种功能的实现基础是 T-SQL 语言，只有 T-SQL 语言才可以直接和数据库引擎进行交互。

11.1.2 T-SQL 语言的构成

在 SQL Server 数据库中，T-SQL 语言由以下几部分构成。

1. 数据定义语言（DDL）

DDL 用于执行数据库的任务，对数据库及数据库中的各种对象进行创建、删除、修改等操作。如前所述，数据库对象主要包括表、默认约束、规则、视图、触发器、存储过程。DDL 主要语句及功能见表 11-1。

表 11-1　DDL 主要语句及功能

语　句	功　能	说　明
CREATE	创建数据库或数据库对象	不同数据库对象，其 CREATE 语句的语法格式不同
ALTER	对数据库或数据库对象进行修改	不同数据库对象，其 ALTER 语句的语法格式不同
DROP	删除数据库或数据库对象	不同数据库对象，其 DROP 语句的语法格式不同

2．数据操纵语言（DML）

DML 用于操纵数据库中的各种对象，检索和修改数据。DML 主要语句及功能见表 11-2。

表 11-2　DML 主要语句及功能

语　句	功　能	说　明
SELECT	从表或视图中检索数据	是使用最频繁的 SQL 语句之一
INSERT	将数据插入表或视图中	可根据需要只插入某些列的数据
UPDATE	修改表或视图中的数据	既可修改表或视图的一行数据，也可修改一组或全部数据
DELETE	从表或视图中删除数据	可根据条件删除指定的数据

3．数据控制语言（DCL）

DCL 用于安全管理，确定哪些用户可以查看或修改数据库中的数据。DCL 主要语句及功能见表 11-3。

表 11-3　DCL 主要语句及功能

语　句	功　能	说　明
GRANT	授予权限	可把语句许可或对象许可的权限授予其他用户和角色
REVOKE	收回权限	与 GRANT 的功能相反，但不影响该用户或角色从其他角色中作为成员继承许可权限
DENY	收回权限，并禁止从其他角色继承许可权限	功能与 REVOKE 相似，不同之处是，除收回权限外，还禁止从其他角色继承许可权限

4．T-SQL 增加的语言元素

这部分不是 ANSI SQL 所包含的内容，而是微软公司为了用户编程方便而增加的语言元素。这些语言元素包括变量、运算符、流程控制语句、函数等。这些 T-SQL 语句都可以在查询编辑器中交互执行。本章将介绍这部分增加的语言元素。

11.2　注释符和标识符

11.2.1　注释符

注释，也称为注解，是写在程序代码中的说明性文字，它们对程序的结构及功能进行文字说明。注释内容不被系统编译，也不被程序执行。程序中的注释可以增加程序的可读性。在 T-SQL 语言中可以使用两种注释符：行注释符和块注释符。

1. 行注释符

行注释符为"--"，这是 ANSI 标准的注释符，用于单行注释。

2. 块注释符

块注释符为"/*…*/"，其中，"/*"用于注释内容的开头，"*/"用于注释内容的末尾。块注释符可在程序中标识多行文字为注释内容。

11.2.2 标识符

SQL Server 中的所有对象，包括服务器、数据库及数据库对象，如表、视图、列、索引、触发器、存储过程、规则、默认值和约束等都可以有一个标识符。对绝大多数对象来说，标识符是必不可少的；但对某些对象（如约束）来说，是否规定标识符是可选的。对象的标识符一般在创建对象时定义，作为引用对象的工具使用。

1. 标识符的分类

在 SQL Server 中，标识符共有两种类型：一种是规则标识符（Regular Identifier），另一种是界定标识符（Delimited Identifier）。其中，规则标识符严格遵守标识符的有关格式的规定，所以在 T_SQL 中，凡是规则运算符都不必使用界定标识符。对于不符合标识符格式的标识符，要使用界定标识符"[ ]"。

2. 标识符格式

标识符格式有以下要求：
- 标识符必须是统一码（Unicode）2.0 标准中规定的字符，包括 26 个英文字母及其他语言字符（如汉字）。
- 标识符后的字符可以是（除条件 1 外）"_""@""#""$"及数字。
- 标识符不允许是 T-SQL 的保留字。
- 标识符内不允许有空格和特殊字符。
- 标识符不区分大小写。

另外，某些以特殊符号开头的标识符在 SQL Server 中具有特定的含义。例如，以"@"开头的标识符表示这是一个局部变量或一个函数的参数；以"#"开头的标识符表示这是一个临时表或一个存储过程；以"##"开头的标识符表示这是一个全局的临时数据库对象。

无论是界定标识符还是规则标识符，最多都只能容纳 128 个字符。对于本地的临时表，最多可以有 116 个字符。

3. 对象命名规则

SQL Server 的数据库对象名由 1～128 个字符组成，不区分大小写。在一个数据库中创建了一个数据库对象后，数据库对象的全名应该由服务器名、数据库名、拥有者名和对象名这 4 个部分组成，其格式如下：

[[[server.][database].][owner_name].]object_name

在实际引用对象时，可以省略其中某部分的名称，只留下空白的位置。

11.3 常量与变量

在学习 T-SQL 编程之前，首先应掌握常量与变量的定义和使用方法。

11.3.1 常量

常量是指在程序运行过程中其值不变的量。T-SQL 的常量主要有以下几种。

1．字符串常量

字符串常量包含在单引号之内，由字母数字（如 a～z，A～Z，0～9）及特殊符号（!，@，#）组成，如：'SQL Server 2016'。如果单引号中的字符串包含引号，则使用两个单引号来表示嵌入的单引号。例如，'Tom''s birthday'即表示 Tom's birthday。

2．数值常量

（1）Bit 常量

Bit 常量用 0 或 1 表示。如果是一个大于 1 的数，它将被转化为 1。

（2）Integer 常量

Integer 常量即整数常量，不包含小数点，例如，1260。

（3）Decimal 常量

Decimal 常量可以包含小数点的数值常量，例如，123.456。

（4）Float 常量和 Real 常量

Float 常量和 Real 常量使用科学计数法表示，例如，101.5E6，54.8E-11 等。

（5）Money 常量

Money 常量为货币类型，以"$"作为前缀，可以包含小数点，例如，$2000。

3．日期常量

日期常量使用特定格式的字符日期表示，并用单引号括起来。SQL Server 可以识别如下格式的日期和时间：

字母日期格式，例如，'April 20,2019'。

数字日期格式，例如，'04/15/2010'，'2019-03-15'。

未分隔的字符串格式，例如，'20191207'。

11.3.2 变量

变量是指在程序运行过程中其值可以改变的量。变量又分为局部变量和全局变量。局部变量是一个能够保存特定数据类型实例的对象，是程序中各种类型数据的临时存储单元。全局变量是系统给定的特殊变量。

1．局部变量

局部变量是用户在程序中定义的变量，一次只能保存一个值，它仅在定义的批处理范围内有效。局部变量可以临时存储数值。局部变量名总是以"@"符号开始，最长为 128 个字符。

（1）局部变量的声明

使用 DECLARE 语句声明局部变量，定义局部变量的名字、数据类型，有些还需要确定变量的长度。局部变量声明格式为：

DECLARE @变量名 数据类型[,…n]

其中，变量名采用 Camel 命名规则，混合使用大小写字母来构成变量的名字，每个逻辑断点都由一个大写字母或下画线来标记。同时，变量名还要符合 SQL 标识符的命名规则，并且首字母为"@"字符。

（2）给局部变量赋值

局部变量的初值为 NULL，可以使用 SELECT 或 SET 语句对局部变量进行赋值。SET 语句一次只能给一个局部变量赋值，而 SELECT 语句可以同时给一个或多个变量赋值，并将结果显示在"结果"选项卡中。其语法格式为：

SET @变量名=表达式

或者

SELECT @变量名=表达式 FROM 表名 WHERE 条件表达式

【例 11-1】 定义两个局部变量，用它们来显示当前的日期。操作步骤如下。

① 单击"新建查询"按钮，在查询编辑器中输入如下 T-SQL 语句：

DECLARE @todayDate CHAR(10),@dispStr VARCHAR(20)
set @todayDate=getdate()
set @dispStr='今天的日期为:'
SELECT @dispstr+@todaydate

② 单击"执行"按钮，查询结果如图 11-1 所示。

图 11-1　查询结果

【例 11-2】 通过 SELECT 语句来给多个变量赋值。操作步骤如下。

① 单击"新建查询"按钮，在查询编辑器中输入如下 T-SQL 语句：

USE StudentManagement
DECLARE @学号 VARCHAR(10), @姓名 VARCHAR(50), @班级 VARCHAR(50)
DECLARE @msg VARCHAR(50)
--变量赋值
SELECT @学号 = Student.StudentID, @姓名=StudentName, @班级=ClassName
    FROM Student, Class
    WHERE Student. StudentClassID = Class.ClassID
SET @msg = '学号:'+ @学号 +'　　姓名:' + @姓名 +'　　班级:' + @班级
--显示信息
SELECT @msg
GO

② 单击"执行"按钮，查询结果如图 11-2 所示。

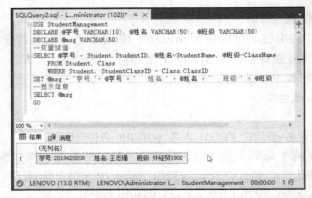

图 11-2 查询结果

需要说明的是,当返回的行数大于 1 时,仅将最后一行的数据赋给变量。如果要一行一行地进行处理,则需要用到游标或循环的概念。

(3) 局部变量的作用域

局部变量只能在声明它的批处理、存储过程或触发器中使用,而且引用它的语句必须在声明语句之后。也就是说,局部变量的使用遵循"先声明,后引用"的原则,即变量的作用域局限于定义它的批处理、存储过程或触发器中。一旦离开定义单元,局部变量也将自动消失。

【例 11-3】 局部变量引用出错的演示。操作步骤如下。

① 单击"新建查询"按钮,在查询编辑器中输入如下 T-SQL 语句:

```
DECLARE @disp VARCHAR(20)
SET @disp='这是一个局部变量引用出错的演示'
GO
--批处理在这里结束,局部变量被清除。
SELECT @disp
GO
```

② 单击"执行"按钮,"结果"选项卡中的错误信息如图 11-3 所示。

图 11-3 错误信息

2. 全局变量

全局变量是 SQL Server 系统提供并赋值的变量。用户不能定义全局变量,也不能用 SET 语句来修改全局变量。通常,将全局变量的值赋给局部变量,以便保存和处理。事实上,在 SQL Server 中,全局变量是一组特定的函数,它们的名称是以"@@"开头的,而且不需要任何参数。在调用时,无须在函数名后面加上一对圆括号。这些函数也称为无参数函数。

大部分的全局变量用于记录 SQL Server 服务器的当前状态信息,通过引用这些全局变量,查询服务器的相关信息和操作的状态等。

【例 11-4】 利用全局变量查看 SQL Server 的版本信息、当前使用的语言、服务器名称及所用的服务。操作步骤如下。

① 单击"新建查询"按钮,在查询编辑器中输入如下 T-SQL 语句:

```
PRINT '所用 SQL Sever 的版本信息'
PRINT @@version
PRINT ''
```

```
PRINT '所用的语言为：    '+@@language
PRINT '服务器名称为：    '+@@servername
PRINT '所用的服务为：    '+@@servicename
GO
```

② 单击"执行"按钮，查询结果如图 11-4 所示。

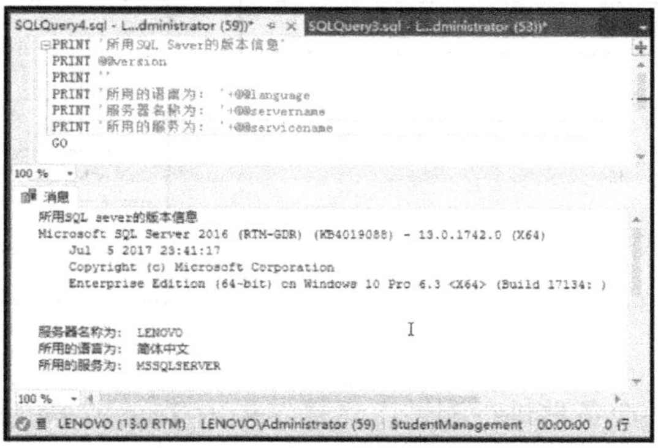

图 11-4　查询结果

11.4　运算符与表达式

运算符与表达式是构成 T-SQL 语句的基础。

11.4.1　运算符

运算符是一种符号，用来指定要在一个或多个表达式中执行的操作。在 SQL Server 中，运算符主要有以下六大类：算术运算符、赋值运算符、位运算符、比较运算符、逻辑运算符、字符串连接运算符。

1．算术运算符

算术运算符用于对两个表达式执行数学运算，这两个表达式可以是任何一种数值型数据。算术运算符包括加（+）、减（−）、乘（*）、除（/）和取模（%）。加（+）、减（−）运算符还可用于对日期时间型的值进行算术运算。

2．赋值运算符

T-SQL 中只有一个赋值运算符，即等号（=）。赋值运算符使用户能够将数据值指派给特定的对象。另外，还可以使用赋值运算符在列标题和为列定义值的表达式之间建立关系。

3．位运算符

位运算符用于对两个表达式执行位操作，这两个表达式的类型可以是整型或与整型兼容的数据类型（如字符型等，但不能为 image 型）。位运算符见表 11-4。

4．比较运算符

比较运算符也称为关系运算符，见表 11-5，用于比较两个表达式的大小或是否相同，其比较的结果是布尔值，即 True（表示表达式的结果为真）、False（表示表达式的结果为假）及 UNKNOWN。除 text，ntext 或 image 型的表达式外，比较运算符还可以用于其他所有的表达式。

表 11-4 位运算符

运算符	运算规则
&	当两个位值均为 1 时，结果为 1，否则为 0
|	只要一个位值为 1，结果就为 1，否则为 0
^	当两个位值不同时，结果为 1，否则为 0

表 11-5 比较运算符

运算符	含义
=	相等
>	大于
<	小于
>=	大于等于
<=	小于等于
<>、!=	不等于
!<	不小于
!>	不大于

5. 逻辑运算符

逻辑运算符用于对某个条件进行测试，运算结果为 True 或 False。SQL Server 提供的逻辑运算符见表 11-6。这里的逻辑运算符在 SELECT 语句的 WHERE 子句中使用过，此处再做一些补充。

表 11-6 逻辑运算符

运算符	运算规则
AND	如果两个操作数值都为 True，则运算结果为 True
OR	如果两个操作数值中有一个为 True，则运算结果为 True
NOT	若一个操作数值为 True，则运算结果为 False，否则为 True
ALL	如果每个操作数值都为 True，则运算结果为 True
ANY	在一系列操作数值中只要有一个值为 True，则运算结果为 True
BETWEEN	如果操作数值在指定的范围内，则运算结果为 True
EXISTS	如果子查询包含一些行，则运算结果为 True
IN	如果操作数值等于表达式列表中的一个，则运算结果为 True
LIKE	如果操作数值与一种模式相匹配，则运算结果为 True
SOME	如果在一系列操作数值中，有些值为 True，则运算结果为 True

6. 字符串连接运算符

加号（+）是字符串连接运算符，它可以将字符串连接起来。在 SQL Server 中，允许使用加号对两个或多个字符串进行串联。

例如，对于语句"SELECT 'abc'+'def'"，其结果为 abcdef。

运算符的优先顺序如下。

当一个复杂的表达式中包含多种运算符时，运算符的优先顺序将决定表达式的计算和比较顺序。在一个表达式中，按先高（优先级数字小）后低（优先级数字大）的顺序进行运算。当一个表达式中的两个运算符有相同的运算符优先级别时，将按照它们在表达式中的位置对其从左到右进行求值。运算符的优先级见表 11-7。

表 11-7 运算符的优先级

优先级	运算符
1	+（正），-（负），~（按位 NOT）
2	*（乘），/（除），%（模）
3	+（加），+（连接），-（减）
4	=，>，<，>=，<=，<>，!=，!>，!<
5	^（位异或），&（位与），|（位或）
6	NOT
7	AND
8	ALL，ANY，BETWEEN，IN，LIKE，OR，SOME
9	=（赋值）

11.4.2 表达式

表达式就是常量、变量、列名、复杂计算式、运算符和函数的组合。表达式通常可以得到一个值，并且值也具有某种数据类型。这样，根据表达式的值的数据类型，表达式可分为字符型表达式、数值型表达式和日期时间型表达式。表达式一般用在 SELECT 及 SELECT 语句的 WHERE 子句中，还可以根据值的复杂性来分类。

如果表达式的结果只是一个值，如一个数值、一个单词或一个日期，则这种表达式称为标量表达式，如 1+2，'a'>'b'。

如果表达式的结果是由不同类型数据组成的一行值，则这种表达式称为行表达式。例如，对于(学号，'王红'，'计算机'，60*5)，当学号列的值为 091101 时，这个行表达式的值就为 ('091101'，'王红'，'计算机'，300)。

如果表达式的结果为 0 个、1 个或多个行表达式的集合，则这个表达式称为表表达式。

11.5 流程控制语句

SQL Server 支持结构化编程方法，对顺序结构、选择分支结构和循环结构，都有相应的语句来实现。在开发设计 T-SQL 程序时，常常需要使用流程控制语句来实现较复杂的功能。SQL Server 提供的流程控制语句见表 11-8。

表 11-8 流程控制语句

关键字	描述
BEGIN…END	定义语句块
BREAK	退出最内层的 WHILE 循环
CONTINUE	重新开始 WHILE 循环
GOTO label	从 label 之后的语句处继续处理
IF…ELSE	定义条件及当条件为 False 时的操作
RETURN	无条件退出
WAITFOR	为语句的执行设置延迟
WHILE	当特定条件为 True 时重复操作

11.5.1 BEGIN…END 语句块

BEGIN…END 语句块用于将多条 T-SQL 语句组合成一个语句块，并将它们视为一个单元处理。在条件语句和循环语句等流程控制语句中，当符合特定条件需要执行两条或者多条语句时，就应该使用 BEGIN…END 语句将这些语句组合在一起。其语法格式如下：

```
BEGIN
    { sql_statement | statement_block }
END
```

其中，保留字 BEGIN 是 T-SQL 语句块的起始位置，END 用于标记同一个 T-SQL 语句块的结尾；sql_statement 是语句块中的 T-SQL 语句；BEGIN…END 可以嵌套使用，statement_block 表示使用 BEGIN…END 定义的另一个语句块。

【例 11-5】 使用 BEGIN…END 语句块分别显示 Student 表和 Course 表中的记录。操作步骤如下。

① 单击"新建查询"按钮，在查询编辑器中输入如下 T-SQL 语句：

```
USE StudentManagement
BEGIN
    SELECT * FROM Student
    SELECT * FROM Course
END
GO
```

② 单击"执行"按钮，执行结果如图 11-5 所示。

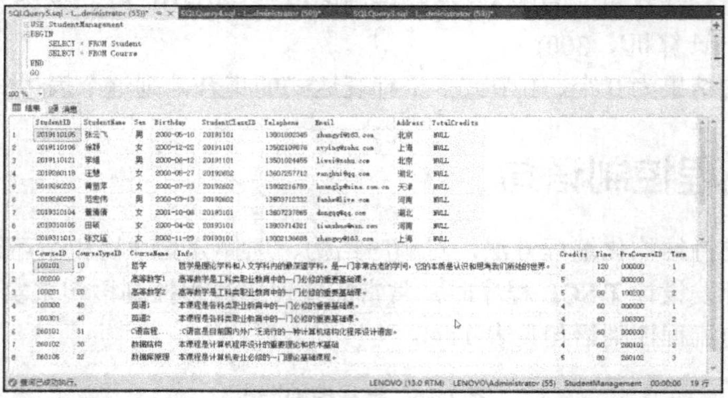

图 11-5 执行结果

11.5.2 IF…ELSE 语句

在程序中如果要对给定的条件进行判定，当条件为真或假时分别执行不同的 T-SQL 语句，可用 IF…ELSE 条件判断语句实现。其语法格式如下：

```
IF Boolean_expression
    { sql_statement | statement_block }
[ ELSE
    { sql_statement | statement_block } ]
```

其中，ELSE 子句是可选的，最简单的 IF 语句没有 ELSE 子句部分。IF…ELSE 语句用来判断当条件成立时执行某段程序,当条件不成立时执行另一段程序。SQL Server 允许嵌套使用 IF…ELSE 语句,而且嵌套层数没有限制。

【例 11-6】 使用 IF…ELSE 语句编写程序,如果有选修 3 门(含)课程以上的学生,就列出学生的姓名及选修课程门数;否则,输出没有学生符合条件的信息。操作步骤如下。

① 单击"新建查询"按钮,在查询编辑器中输入如下 T-SQL 语句:

```
USE StudentManagement
BEGIN
    DECLARE @num INT
    SET @num=3
    IF EXISTS(SELECT COUNT(SelectCourseID) FROM SelectCourse
    GROUP BY SelectCourseStudentID HAVING COUNT(SelectCourseID)>=@num)
        BEGIN
            SELECT '选课'+CAST(@num AS CHAR(2))+'门以上的学生名单'
            SELECT 姓名= StudentName,COUNT(SelectCourseID) 选课门数
            FROM SelectCourse,Student
            WHERE Student.StudentID = SelectCourse.SelectCourseStudentID
            GROUP BY StudentName HAVING COUNT(SelectCourseID)>=@num
            ORDER BY COUNT(SelectCourseID) DESC
        END
    ELSE
        PRINT '没有选课'+CAST(@num AS CHAR(2))+'门以上的学生'
END
GO
```

② 单击"执行"按钮,执行结果如图 11-6 所示。

图 11-6 执行结果

【例 11-7】 使用嵌套的 IF…ELSE 语句编写程序,从成绩表中读出学生"汪慧"的成绩,并将百分制转换为等级制(优、良、中、及格、不及格)。操作步骤如下。

① 单击"新建查询"按钮,在查询编辑器中输入如下 T-SQL 语句:

```
USE StudentManagement
DECLARE @score NUMERIC(4,1), @step VARCHAR(6), @studentName VARCHAR(20)
SET @studentName='汪慧' --要查询的学生名
BEGIN
    SELECT @score= Score FROM Student,SelectCourse
        WHERE Student.StudentID=SelectCourse.SelectCourseStudentID
            AND StudentName=@studentName
    IF @score>=90 and @score<=100
        SET @step='优'
    ELSE
        IF @score>=80
            SET @step='良'
        ELSE
            IF @score>=70
                SET @step='中'
            ELSE
                IF @score>=60
                    SET @step='及格'
                ELSE
                    SET @step='不及格'
    PRINT @studentName+'的等级是：'+@step
END
GO
```

② 单击"执行"按钮，执行结果如图 11-7 所示。

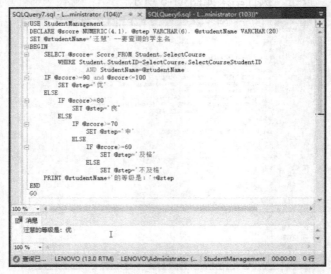

图 11-7 执行结果

11.5.3 CASE 语句

CASE 语句用于多重选择的情况，可以根据条件表达式的值进行判断，并将其中一个满足条件的结果表达式返回。CASE 语句按照使用形式的不同,分为简单 CASE 语句和搜索 CASE 语句。

1. 简单 CASE 语句

简单 CASE 语句将一个测试表达式与一组简单表达式进行比较,如果某个简单表达式与测试表达式的值相等,则返回相应结果表达式的值,否则返回 ELSE 后面的表达式的值。其语法格式如下:

  CASE input_expression
  WHEN when_expression THEN result_expression [,…n]
  [ELSE else_result_expression]
  END

其中,input_expression 是要判断的值或表达式。接下来是一系列的 WHEN…THEN 块,每块的 when_expression 参数指定要与 input_expression 进行比较的值,如果为真,则返回 result_expression 的值。如果前面的每块都不匹配,就会返回 else_result_expression 的值。CASE 语句最后以 END 保留字结束。

【例 11-8】 从 Student 表中输出学生的学号、姓名及性别,当性别为"男"时输出"Man",当性别为"女"时输出"Woman"。操作步骤如下。

① 单击"新建查询"按钮,在查询编辑器中输入如下 T-SQL 语句:

  USE StudentManagement
  SELECT 学号=StudentID,姓名=StudentName,性别=CASE Sex
              WHEN '男' THEN 'Man'
              WHEN '女' THEN 'Woman'
              END
  FROM Student
  GO

② 单击"执行"按钮,执行结果如图 11-8 所示。

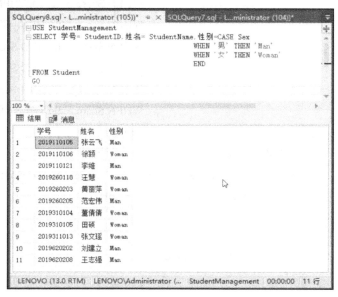

图 11-8 执行结果

2. 搜索 CASE 语句

与简单 CASE 语句不同的是，在搜索 CASE 语句中，CASE 保留字后面不跟任何表达式，在各 WHEN 保留字后面跟的都是逻辑表达式。其语法格式如下：

CASE　　WHEN Boolean_expression THEN result_expression

[,…n]　　[ELSE else_result_expression]

END

搜索 CASE 语句的执行过程为：如果 WHEN 后面的逻辑表达式 Boolean_expression 为真，则返回 THEN 后面的表达式 result_expression 的值，然后判断下一个逻辑表达式；如果所有的逻辑表达式都为假，则返回 ELSE 后面的表达式的值。与第一种 CASE 语句格式相比，这种格式能够实现更为复杂的条件判断，使用起来更方便。

【例 11-9】　　显示课程编号为 260101 的学生成绩单：成绩为空的输出"未考"，低于 60 分的输出"不及格"，60~69 分之间的输出"及格"，70~79 分之间的输出"中"，80~89 分之间的输出"良好"，高于或等于 90 分的输出"优秀"。操作步骤如下：

① 单击"新建查询"按钮，在查询编辑器中输入如下 T-SQL 语句：

```
USE StudentManagement
BEGIN
    DECLARE @studentName CHAR(20),@courseID CHAR(6)
    SET @courseID='260101' --必须与定义的位数相同
    SET @studentName=(SELECT DISTINCT CourseName FROM SelectCourse,Course
                      WHERE SelectCourse.SelectCourseID=Course.CourseID
                      AND SelectCourse.SelectCourseID=@courseID)
    SELECT '课程号 '+@courseID+' 的选修课程"'+@studentName+'"的学生成绩单'
    SELECT  学号=Student.StudentID,姓名=StudentName,成绩=CASE
                      WHEN Score IS NULL THEN '未考'
                      WHEN Score <60 THEN '不及格'
                      WHEN Score >=60 AND Score <70 THEN '及格'
                      WHEN Score >=70 AND Score <80 THEN '中'
                      WHEN Score >=80 AND Score <90 THEN '良好'
                      WHEN Score >=90 THEN '优秀'
                      END
    FROM Student,SelectCourse
    WHERE Student.StudentID = SelectCourse.SelectCourseStudentID
        AND SelectCourseID =@courseID
END
GO
```

② 单击"执行"按钮，执行结果如图 11-9 所示。

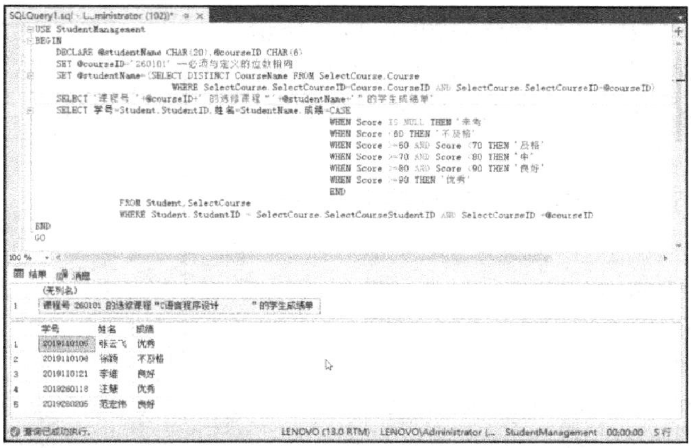

图 11-9　执行结果

11.5.4　循环语句

如果需要重复执行程序中的一部分语句，则可使用 WHILE 循环语句实现。其语法格式如下：

WHILE Boolean_expression
{ sql_statement | statement_block }
[BREAK]
{ sql_statement | statement_block }
[CONTINUE]

WHILE…CONTINUE…BREAK 语句的功能是重复执行 SQL 语句或语句块。当 WHILE 后面的条件（逻辑表达式）为真时，重复执行语句。CONTINUE 语句一般用在循环语句中，用于结束本次循环，重新转到下一次循环条件的判断。BREAK 语句一般用在循环语句中，用于退出本层循环。当程序中有多层循环嵌套时，使用 BREAK 语句只能退出其所在的这一层循环。

【例 11-10】　使用 WHILE…CONTINUE…BREAK 语句求 5 的阶乘。操作步骤如下。

① 单击"新建查询"按钮，在查询编辑器中输入如下 T-SQL 语句：

```
DECLARE @result INT,@i INT
SELECT @result=1,@i=5
WHILE @i>0
    BEGIN
        SET @result=@result*@i
        SET @i=@i-1
        IF @i>1
            CONTINUE
        ELSE
            BEGIN
                PRINT '5！='+STR(@result)
                BREAK
            END
    END
```

② 单击"执行"按钮，执行结果如图 11-10 所示。

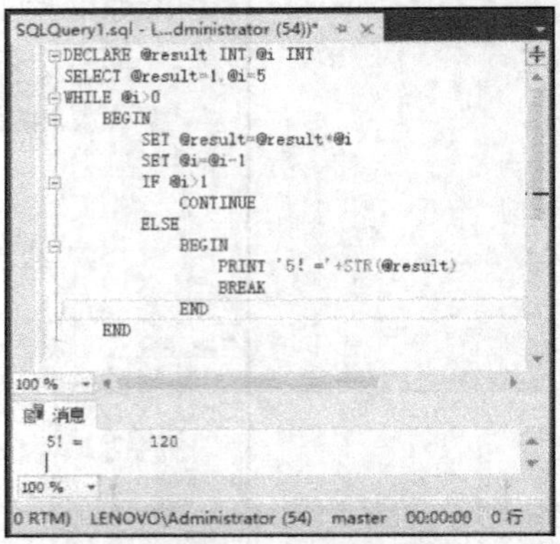

【例 11-11】 将班级编号为 20192602 的班级的总人数使用循环语句修改到 60，每次只加 10，并判断循环了多少次。操作步骤如下。

① 单击"新建查询"按钮，在查询编辑器中输入如下 T-SQL 语句：

```
USE StudentManagement
DECLARE @num INT
SET @num=0
WHILE (SELECT Amount FROM Class WHERE ClassID ='20192602')<60
BEGIN
    UPDATE Class SET Amount = Amount +10 WHERE ClassID ='20192602'
    SET @num=@num+1
END
SELECT @num AS 循环次数
GO
```

图 11-10 执行结果

② 单击"执行"按钮，执行结果如图 11-11 所示。

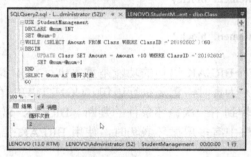

图 11-11 执行结果

11.5.5 无条件转向语句

GOTO（无条件转向）语句可以使程序直接跳到指定的标有标号的位置处继续执行，而位于 GOTO 语句和标号之间的程序将不会被执行。GOTO 语句可以用在语句块、批处理和存储过程中。其语法格式如下：

GOTO label

其中，label 是指向的语句标号。标号必须符合标识符规则，标号的定义格式为：

label：语句

【例 11-12】 使用 GOTO 语句求出从 1 累加到 100 的总和。操作步骤如下。

① 单击"新建查询"按钮，在查询编辑器中输入如下 T-SQL 语句：

```
DECLARE @sum INT,@count INT
SELECT @sum=0, @count=1
label_1:
SELECT @sum=@sum+@count
```

```
SELECT @count=@count+1
IF @count<=100
GOTO label_1
SELECT @sum AS 总和
```

② 单击"执行"按钮，执行结果如图 11-12 所示。

11.5.6 返回语句

图 11-12　执行结果

RETURN（返回）语句用于无条件地终止一个查询、存储过程或者批处理，此时位于 RETURN 语句之后的程序将不会被执行。RETURN 语句与 BREAK 语句的作用类似，但 RETURN 语句可以返回一个整型值，可以将 RETURN 的返回值作为程序执行是否成功的一个判断标志。RETURN 语句的语法格式为：

RETURN [integer_expression]

其中，参数 integer_expression 为返回的整型值。如果不提供 integer_expression，则退出程序并返回一个空值；如果用在存储过程中，则可以返回整型值 integer_expression。

【例 11-13】　判断是否存在班级编号为 20194203 的班级，如果存在则返回，如果不存在则插入班级编号为 20194203 的班级信息。操作步骤如下。

① 单击"新建查询"按钮，在查询编辑器中输入如下 T-SQL 语句：

```
USE StudentManagement
IF EXISTS(SELECT * FROM Class WHERE ClassID='20194203')
    RETURN
ELSE
    INSERT INTO Class VALUES('20194203', '42', '20101123', '网络安全 1901',30)
GO
SELECT * FROM Class
GO
```

② 单击"执行"按钮，执行结果如图 11-13 所示。

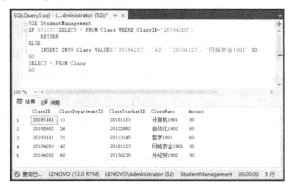

图 11-13　执行结果

11.5.7 等待语句

WAITFOR（等待）语句用于暂时停止执行 SQL 语句、语句块或者存储过程等。WAITFOR

语句的语法格式为：

　　　　WAITFOR { DELAY 'time' | TIME 'time' }

其中，DELAY 用于指定时间间隔，TIME 用于指定某一时刻，其数据类型为 datetime，格式为"hh:mm:ss"。

【例 11-14】　设定在早上 10 点时执行查询语句。

单击"新建查询"按钮，在查询编辑器中输入如下 T-SQL 语句：

```
BEGIN
    WAITFOR TIME '10:00'
    SELECT * FROM Student
END
```

11.6　批处理与脚本

T-SQL 语言的基本成分是语句，由一条或多条语句可以构成一个批处理，由一个或多个批处理可以构成一个查询脚本（以.sql 作为文件扩展名）并保存到磁盘文件中，供以后需要时使用。

11.6.1　批处理

批处理就是一条或多条 T-SQL 语句的集合。用户或应用程序一次将它发送给 SQL Server，由 SQL Server 编译成一个执行单元。此单元称为执行计划。执行计划中的语句每次执行一条。批处理的种类较多，如存储过程、触发器、函数内的所有语句都可构成批处理。

建立批处理类似于编写 SQL 语句，区别在于它是多条语句同时执行的，用 GO 语句作为一个批处理的结束。

1．使用批处理的优点

在数据库应用的客户端适当使用批处理具有如下优点：

① 减少数据库服务器端与客户端之间的数据传输次数，消除过多的网络流量。

② 减少数据库服务器端与客户端之间的数据传输量。

③ 缩短完成逻辑任务或事务所需的时间。

④ 较短的事务不会占用数据库资源，能尽快释放锁，有效地避免出现死锁现象。

⑤ 增加逻辑任务处理的模块化，提高代码的可复用度，减少维护修改工作量。

2．编写批处理的规则

某些 SQL 语句不能放在同一个批处理中执行，它们需要遵循下述规则：

① 多数 CREATE 语句要在单个批处理中执行，但 CREATE DATABASE，CREATE TABLE，CREATE INDEX 语句除外。

② 调用存储过程时，如果它不是批处理中的第一条语句，则在它前面必须加上 EXECUTE。

③ 把规则和默认值绑定到用户定义的数据类型上后，不能在同一个批处理中使用它们。

④ 给表字段定义了一个 CHECK 约束后，不能在同一个批处理中使用该约束。

⑤ 修改表的字段名后，不能在同一个批处理中引用该新字段名。

⑥ 在一个批处理中，只能引用全局变量或自己定义的局部变量。

3. 批处理的执行

批处理的执行过程如下：

① 单击"新建查询"按钮，在查询编辑器中，编辑批处理程序，并请求系统执行批处理。

② 当系统收到用户的请求后，由编译器扫描批处理程序，并进行语法检查。如果在扫描到 GO 语句后，每条 SQL 语句都无语法错误，就将扫描完成的各条语句，按顺序编译成一个可执行计划，准备执行。同时，向用户返回"命令已成功完成"的信息，表示语法分析完成，未发现语法错误（但操作并未执行）。如果 SQL 语句有语法错误，则返回相应的语法错误，不产生可执行计划。

③ 凡是无语法错误的批处理，都可以执行。用户在发出执行请求后，系统将按执行计划，逐条语句执行。如果在执行过程中发现隐含的错误（例如，其操作破坏约束条件等），有错误的语句将不能执行，但不影响批处理作业中其他语句的执行。

【例 11-15】 建立批处理作业，统计学生的总人数和男、女学生人数。操作步骤如下。

① 单击"新建查询"按钮，在查询编辑器中输入如下 T-SQL 语句：

```
USE StudentManagement
SELECT COUNT(*) 学生总人数 FROM Student
SELECT 性别= Sex,COUNT(Sex) 人数 FROM Student GROUP BY Sex
GO
```

② 单击"执行"按钮，执行结果如图 11-14 所示。

图 11-14 执行结果

在上面这个批处理中，有 3 条可执行语句。执行第 1 条语句打开数据库；第 2 条语句实现查询统计；第 3 条语句也实现查询统计。

需要说明的是，GO 语句本身并不是 T-SQL 语句的组成部分，它只是一个用于表示批处理结束的前端命令。

11.6.2 脚本

在数据库应用过程中，经常需要把编写好的 SQL 语句（例如，创建数据库对象、调试通过的 SQL 语句集合）保存起来，以便在下一次执行同样（或类似）操作时，调用这些语句集合。这样可以省去重新编写调试 SQL 语句的麻烦，提高工作效率。这些用于执行某项操作的 T-SQL 语句集合称为脚本。T-SQL 脚本存储在扩展名为.sql 的文件中。

使用脚本文件对重复操作或几台计算机之间交换 SQL 语句是非常有用的。

脚本是一系列按顺序提交的批处理作业，也就是 SQL 语句的组合。脚本通常以文本的形式存储。SQL 的脚本与 Java 的脚本类似，可以脱机编辑、修改。一个 SQL 脚本，可以包含一个或多个批处理。不同的批处理之间用 GO 语句分隔。

脚本是批处理的存在方式,将一个或多个批处理组织到一起就是一个脚本。例如,用户在查询编辑器中执行的各个实例都可以称为一个脚本。

在查询编辑器中,创建新查询,编辑 SQL 语句,调试通过后,使用文件保存功能,将 SQL 语句保存在一个脚本文件中。脚本文件可以调入查询编辑器中查看其内容,也可以通过记事本等浏览器查看其内容。

脚本文件还可以随时被调入查询编辑器中执行。操作方法是,执行"文件"→"打开"菜单命令,从打开的对话框中选择需要执行的脚本,在查询编辑器中执行即可。

11.7 游标

数据库的游标是类似于 C 语言的指针一样的语言结构。在通常情况下,数据库执行的大多数 SQL 语句都是同时处理集合内部的所有数据的。但是,有时用户也需要对这些数据集合中的每行进行操作。在没有游标的情况下,这种工作不得不放到数据库前端,用高级语言来实现。这将导致不必要的数据传输,从而延长执行的时间。通过使用游标,可以在服务器端有效地解决这个问题。游标提供了一种在服务器内部处理结果集的方法,它可以识别一个数据集合内部指定的工作行,从而可以有选择地按行采取操作。

游标的功能比较复杂,要灵活使用游标需要花费较长的时间练习和积累经验。本教材只介绍使用游标最基本和最常用的方法。如果想进一步学习,可以参考数据库的相关书籍。

游标主要用在存储过程、触发器和 T-SQL 脚本中。

SELECT 语句返回所有满足条件的完整记录集,但是,在数据库应用程序中常常需要处理结果集中的一行或多行。游标(CURSOR)是结果集的逻辑扩展,可以看作指向结果集的一个指针。通过使用游标,应用程序可以逐行访问并处理结果集。

游标支持以下功能:
- 在结果集中定位特定行。
- 从结果集的当前位置检索行。
- 支持对结果集中当前位置的行进行数据修改。

用户在使用游标时,应先声明游标,然后打开并使用游标,使用完后应关闭游标、释放资源。

11.7.1 声明游标

使用 DECLARE CURSOR 语句声明一个游标。声明的游标应该指定产生该游标的结果集的 SELECT 语句。声明游标有两种语法格式,即基于 SQL-92 标准的语法格式和 T-SQL 扩展的语法格式。

1. 基于 SQL-92 标准的语法格式

基于 SQL-92 标准的语法格式如下:

  DECLARE cursor_name [INSENSITIVE] [SCROLL] CURSOR
    FOR select_statement
    [FOR {READ ONLY|UPDATE [OF column_name [,…n]] }]

各个参数的含义说明如下。

cursor_name 为声明的游标所取的名字。声明游标必须遵守 T-SQL 对标识符的命名规则。

使用 INSENSITIVE 保留字定义的游标，把提取出来的数据放入一个在 tempdb 数据库中创建的临时表里。任何通过这个游标进行的操作，都在这个临时表中进行。因此所有对基表的改动都不会在用游标进行的操作中体现出来。如果省略了 INSENSITIVE 保留字，那么用户对基表所做的任何操作，都将在游标中得到体现。

使用 SCROLL 保留字定义的游标，具有以下取数据功能。
- FIRST：取第一行数据；
- LAST：取最后一行数据；
- PRIOR：取前一行数据；
- NEXT：取后一行数据；
- RELATIVE：按相对位置取数据；
- ABSOLUTE：按绝对位置取数据。

如果没有在声明时使用 SCROLL 保留字，那么所声明的游标只具有默认的 NEXT 功能。

select_statement 是定义结果集的 SELECT 语句。应当注意的是，在游标中不能使用 COMPUTE，COMPUTE BY，FOR BROWSE，INTO 语句。

READ ONLY 声明为只读游标。不允许通过只读游标进行数据的更新。

UPDATE [OF column_name[,…n]] 定义在这个游标中可以更新的列。如果不指出要更新的列，那么所有的列都将被更新。

2. T-SQL 扩展的语法格式

T-SQL 扩展的语法格式如下：

```
DECLARE cursor_name CURSOR
    [ LOCAL | GLOBAL ]
    [ FORWARD_ONLY | SCROLL ]
    [ STATIC | KEYSET | DYNAMIC | FAST_FORWARD ]
    [ READ_ONLY | SCROLL_LOCKS | OPTIMISTIC ]
    [ TYPE_WARNING ]
    FOR select_statement
    [ FOR UPDATE [ OF column_name [,…n ] ] ]
```

各个参数的含义说明如下。

LOCAL：指定该游标的作用域对在其中创建它的批处理、存储过程或触发器是局部的。即：该游标名称仅在这个作用域内有效。在批处理、存储过程、触发器或存储过程 OUTPUT 参数中，该游标可由局部游标变量引用。OUTPUT 参数用于将局部游标传递回调用的批处理、存储过程或触发器，它们可以在存储过程终止后给游标变量指派参数使其引用游标。除非 OUTPUT 参数将游标传递回来，否则游标将在批处理、存储过程或触发器终止时隐性释放。如果 OUTPUT 参数将游标传递回来，则游标在最后引用它的变量时释放或离开作用域时释放。

GLOBAL：指定该游标的作用域对连接是全局的。在由连接执行的任何存储过程或批处理中，都可以引用该游标名称。该游标仅在脱接时隐性释放。

FORWARD_ONLY：指定游标只能从第一行滚动到最后一行。FETCH NEXT 是唯一受支持的提取选项。如果在指定 FORWARD_ONLY 时不指定 STATIC，KEYSET 和 DYNAMIC，则游标作为 DYNAMIC 游标进行操作。如果 FORWARD_ONLY 和 SCROLL 均未指定，除非指定 STATIC，KEYSET 或 DYNAMIC，否则默认为 FORWARD_ONLY。STATIC，KEYSET 和 DYNAMIC 游标默认为 SCROLL。与 ODBC 和 ADO 这类数据库 API 不同，STATIC，KEYSET 和 DYNAMIC T-SQL 游标支持 FORWARD_ONLY。FAST_FORWARD 和 FORWARD_ONLY 是互斥的，如果指定其中一个，则不能指定另外一个。

STATIC：定义一个游标，以创建由该游标使用的数据的临时副本。对游标的所有请求都从 tempdb 数据库的临时表中得到应答，因此，在对该游标进行提取操作时，返回的数据中不会反映对基表所做的修改，并且该游标不允许修改。

KEYSET：当游标打开时，指定游标中行的成员资格和顺序为固定的。对行进行唯一标识的键集内置在 tempdb 数据库内一个称为 KEYSET 的表中。对基表中的非键值所做的更改（由游标所有者更改或其他用户提交）在用户滚动游标时是可视的。其他用户进行的插入操作是不可视的（不能通过 T-SQL 服务器游标进行插入操作）。如果某行已删除，则对该行进行提取操作将返回@@FETCH_STATUS 值为-2。从游标外更新键值类似于删除旧行后接着插入新行的操作。含有新值的行是不可视的，对含有旧值的行进行提取操作将返回@@FETCH_STATUS 值为-2。如果通过指定 WHERE CURRENT OF 子句用游标完成更新，则新值是可视的。

DYNAMIC：定义一个游标，以反映在滚动游标时对结果集内的行所做的所有数据更改。行的数据值、顺序和成员在每次提取时都会更改。动态游标不支持 ABSOLUTE 提取选项。

FAST_FORWARD：指定启用性能优化的 FORWARD_ONLY，READ_ONLY 游标。如果指定 FAST_FORWARD，则不能再指定 SCROLL 或 FOR UPDATE。FAST_FORWARD 和 FORWARD_ONLY 是互斥的。

SCROLL_LOCKS：用于确保通过游标完成的定位更新或定位删除操作可以成功。当将行读入游标以确保它们可用于以后的修改时，SQL Server 会锁定这些行。如果还指定了 FAST_FORWARD，则不能指定 SCROLL_LOCKS。

OPTIMISTIC：如果行自从被读入游标以来已得到更新，则通过游标进行的定位更新或定位删除操作不成功。当将行读入游标时，SQL Server 不锁定行；相反，SQL Server 使用 timestamp 的列值进行比较，或者如果表中没有 timestamp 列，则使用校验值，以确定将行读入游标后是否已修改该行。如果已修改该行，则尝试进行的定位更新或定位删除操作将失败。如果还指定了 FAST_FORWARD，则不能指定 OPTIMISTIC。

TYPE_WARNING：如果游标从所请求的类型隐性转换为另一种类型，则给客户端发警告信息。

FOR UPDATE [OF column_name ,…]：定义游标中可更新的列。

11.7.2 使用游标

游标声明后就可以使用，使用的方法是：先打开游标，然后通过游标获取数据。

1．打开游标

使用 OPEN 语句填充游标。该语句将执行 DECLARE CURSOR 语句中的 SELECT 语句。其语法格式如下：

    OPEN [GLOBAL] cursor_name | cursor_variable_name

其中，GLOBAL 参数表示要打开的是全局游标。

cursor_name：游标名。

cursor_variable_name：游标变量名称，该变量引用了一个游标。

要判断打开游标是否成功，可以通过全局变量@@ERROR 是否为 0 来确定：若等于 0 则表示成功，否则表示失败。

当游标打开成功后，可以通过全局变量@@CURSOR_ROWS 来获取这个游标中的记录行数，其返回值的含义如下。

-m：表示表中的数据已部分填入游标。m 是数据子集中的当前行数。

-1：表示游标为动态的。因为动态游标可反映所有的更改，所以符合游标的行数不断变化的要求。因而，永远不能确定地说所有符合条件的行均已检索到。

0：表示没有被打开的游标，或最后打开的游标已被关闭或被释放。

n：表示表中的数据已完全填入游标。n 是游标中的总行数。

打开游标，将执行相应的 SELECT 语句，把满足查询条件的所有记录从表中取到缓冲区中。此时游标被激活，指针指向结果集中的第一个记录。

2．从游标中获取数据

使用 FETCH 语句，将缓冲区中的当前记录取出送至主变量中供宿主语言进一步处理。同时，把游标指针向前推进一个记录。使用 FETCH 语句，能够从结果集中检索单独的行。其语法格式如下：

FETCH [NEXT | PRIOR | FIRST | LAST | ABSOLUTE{n|@nvar}|RELATIVE {n|@nvar}]
    FROM [GLOBAL] cursor_name
    [INTO @variable_name [,…n]]

通过检测全局变量@@FETCH_STATUS 的值，获得提取状态信息，这个状态值可以帮你判断提取数据的成功与否。返回类型为 integer，其返回值含义如下。

0：FETCH 语句成功。

-1：FETCH 语句失败或此行不在结果集中。

-2：被提取的行不存在。

通过@@FETCH_STATUS 返回被 FETCH 语句执行的最后游标的状态。

在任何提取操作出现前，@@FETCH_STATUS 的值是没有定义的。

推进游标的目的是取出缓冲区中的下一个记录。因此 FETCH 语句通常用在循环结构的语句中，逐个取出结果集中的所有记录并进行处理。如果记录已被取完，则 SQLCA.SQLCODE 返回值为 100。

3．关闭游标

用 CLOSE 语句关闭游标，释放结果集占用的缓冲区及其他资源。但是，被关闭的游标可以用 OPEN 语句重新初始化，与新的结果集相联系。其语法格式如下：

    CLOSE cursor_name

4．释放游标

使用 DEALLOCATE 语句从当前的会话中移除游标的引用。该过程完全释放分配给游标的所有资源。游标释放之后不可以用 OPEN 语句重新打开，必须使用 DECLARE 语句重建游标。其语法格式如下：

    DEALLOCATE cursor_name

【例 11-16】 统计"英语 1"课程考试成绩的各分数段的分布情况。操作步骤如下。

① 单击"新建查询"按钮,在查询编辑器中输入如下 T-SQL 语句:
```
DECLARE CourseGrade CURSOR
    FOR SELECT Score FROM SelectCourse
        WHERE SelectCourseID=(SELECT CourseID FROM Course
                                WHERE CourseName='英语1')
DECLARE @g100 SMALLINT,@g90 SMALLINT,@g80 SMALLINT
DECLARE @g70 SMALLINT,@g60 SMALLINT,@gOther SMALLINT
DECLARE @gGrade SMALLINT
SET @g100=0
SET @g90=0
SET @g80=0
SET @g70=0
SET @g60=0
SET @gOther=0
SET @gGrade=0
OPEN courseGrade
LOOP:
FETCH NEXT FROM CourseGrade INTO @gGrade
IF (@gGrade=100) SET @g100=@g100+1
    ELSE IF (@gGrade>=90) SET @g90=@g90+1
        ELSE IF (@gGrade>=80) SET @g80=@g80+1
            ELSE IF (@gGrade>=70) SET @g70=@g70+1
                ELSE IF (@gGrade>=60) SET @g60=@g60+1
                    ELSE SET @gOther =@gOther+1
IF (@@FETCH_STATUS=0) GOTO LOOP
PRINT '   100 分:'+STR(@g100,2)+';    '+'90~99 分:'+STR(@g90,2)+';   '+'80~89 分:'+STR(@g80,2)+'; '
PRINT '70~79 分:'+STR(@g70,2)+';    '+'60~69 分:'+STR(@g60,2)+';   '+' 不及格:'+STR(@gOther,2)
CLOSE CourseGrade
DEALLOCATE CourseGrade
```
② 单击"执行"按钮,执行结果如图 11-15 所示。

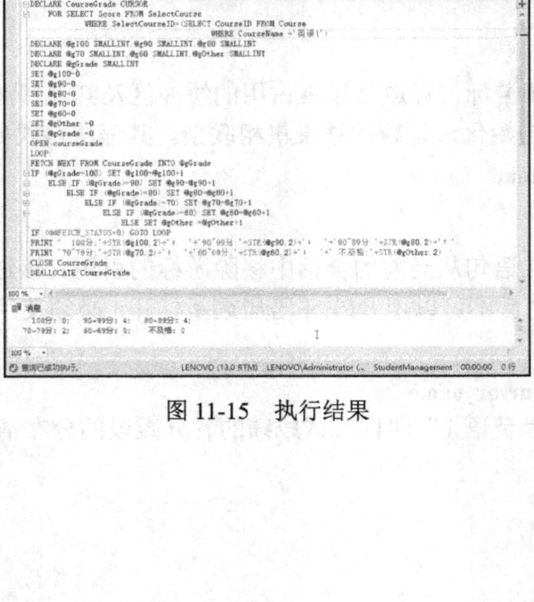

图 11-15 执行结果

【例 11-17】 定义一个游标，将所有教师的姓名、职称显示出来。其中 Teacher 表、Title 表的结构和记录如图 11-16、图 11-17 所示，请读者自己修改或创建这两表。

图 11-16　Teacher 表　　　　　　　　　　　　图 11-17　Title 表

操作步骤如下。

① 单击"新建查询"按钮，在查询编辑器中输入如下 T-SQL 语句：

```
DECLARE @tName VARCHAR(20),@tProfession VARCHAR(10)
DECLARE TeacherCursor SCROLL CURSOR
    FOR SELECT TeacherName,TitleName FROM Teacher,Title
        WHERE Teacher.TitleID=Title.TitleID FOR READ ONLY
OPEN TeacherCursor
FETCH FROM TeacherCursor INTO @tName,@tProfession
WHILE @@FETCH_STATUS=0
    BEGIN
        PRINT '教师姓名：'+@tName+'            '+'职称：'+@tProfession
        FETCH FROM TeacherCursor INTO @tName,@tProfession
    END
CLOSE TeacherCursor
DEALLOCATE TeacherCursor
```

② 单击"执行"按钮，执行结果如图 11-18 所示。

图 11-18　执行结果

11.8 函数

在 T-SQL 中，函数被用来执行一些特殊的运算以支持 SQL Server 的标准命令。SQL Server 包含多种不同的函数用以完成各种工作。每个函数都有一个名称，在名称之后有一对圆括号，如：GETDATE( )。大部分的函数在圆括号中需要一个或者多个参数。

T-SQL 提供了 4 种系统内置函数：行集函数、聚合函数、Ranking 函数、标量函数。SQL Server 不仅提供了系统内置函数，还允许用户创建自己的函数。

有些函数在前面已经介绍过，例如，集合函数 SUM( )、AVG( )、COUNT( )等。本节主要讲解常用的标量函数和用户自定义函数。

11.8.1 标量函数

标量函数的特点是：输入参数的类型为基本类型，返回值也为基本类型。SQL Server 提供的常用标量函数包括：数学函数、字符串函数、日期和时间函数、转换函数、游标函数、元数据函数、配置函数、系统函数等。下面介绍前 4 种函数。

1. 数学函数

SQL Server 的数学函数主要用于对数值表达式进行数学运算并返回运算结果。数学函数可以对 SQL Server 提供的数值数据（decimal，integer，float，real，money，smallint 和 tinyint 型）进行处理。常用的数学函数见表 11-9。

表 11-9 常用数学函数

函　　数	说　　明
ASIN(n)	反正弦函数，n 为以弧度表示的角度值
ACOS(n)	反余弦函数，n 为以弧度表示的角度值
ATAN(n)	反正切函数，n 为以弧度表示的角度值
SIN(n)	正弦函数，n 为以弧度表示的角度值
COS(n)	余弦函数，n 为以弧度表示的角度值
TAN(n)	正切函数，n 为以弧度表示的角度值
PI	π的常量值 3.14159265358979
RAND	返回 0~1 之间的随机数
SIGN(n)	求 n 的符号，正（+1）、零（0）或负（−1）
ABS(n)	求 n 的绝对值
EXP(n)	求 n 的指数值
MOD(m,n)	求 m 除以 n 的余数
CEILING(n)	返回大于等于 n 的最小整数
FLOOR(n)	返回小于等于 n 的最大整数
ROUND(n,m)	对 n 做四舍五入处理，保留 m 位
SQRT(n)	求 n 的平方根
LOG10(n)	求以 10 为底的对数
LOG(n)	求自然对数
POWER(n,m)	求 n 的 m 次方
GOUARE(n)	求 n 的平方

例如，在同一表达式中使用 CEILING( )，FLOOR( )，ROUND( )函数。
程序代码如下：
  SELECT CEILING(13.5), FLOOR(13.5), ROUND(13.567,3)
执行结果如图 11-19 所示。

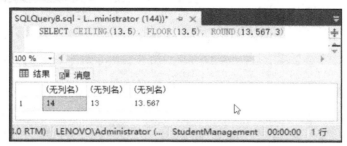

图 11-19 执行结果

2．字符串函数

字符串函数可以对二进制数据、字符串和表达式执行不同的运算。大多数字符串函数只能用于 char 和 varchar 型。常用的字符串函数见表 11-10。

表 11-10 常用字符串函数

种 类	函 数 名	参 数	说 明
基本字符串函数	UPPER	char_expr	将小写字符串转换为大写字符串
	LOWER	char_expr	将大写字符串转换为小写字符串
	SPACE	integer_expr	产生指定个数 integer_expr 的由空格组成的字符串
	REPLICATE	char_expr, integer_expr	按指定的次数 integer_expr 重复字符串 char_expr
	STUFF	char_expr1,start,length,char_expr2	在 char_expr1 字符串中用 char_expr2 代替从 start 开始的长度为 length 的字符串
	REVERSE	char_expr	反转字符串 char_expr
	LTRIM	char_expr	删除字符串前面的空格
	RTRIM	char_expr	删除字符串后面的空格
字符串查找函数	CHARINDEX	char_expr1, char_expr2[,start]	从 start 位置开始，在 char_expr2 中搜索 char_expr1 的起始位置。如果没指定 start，或者指定为负数或零，则默认从 char_expr2 的开始位置进行查找
	PATINDEX	'%pattern%',char_expr	在字符串中搜索 pattern 出现的位置
长度和分析函数	SUBSTRING	char_expr,start,length	从 start 开始，搜索长度为 length 的子串
	LEFT	char_expr,integer_expr	从左边开始搜索指定长度的子串
	RIGHT	char_expr,integer_expr	从右边开始搜索指定长度的子串
转换函数	ASCII	char_expr	字符串最左端字符的 ASCII 码值
	CHAR	integer_expr	将 ASCII 码转换为字符
	STR	float_expr[,length[,decimal]]	将数值转换为字符型数据

【例 11-18】 给出字符串"计算机"在字符串"北京世贸计算机股份有限公司"中的位置。程序代码如下：
  SELECT CHARINDEX('计算机','北京世贸计算机股份有限公司') 开始位置
  DECLARE @strTarget varchar(30)
  SET @strTarget='北京世贸计算机股份有限公司'

```
SELECT CHARINDEX('计算机', @strTarget)  开始 1 位置,
       CHARINDEX ('计算机',@strTarget,8)  开始 2 位置
```
执行结果如图 11-20 所示。

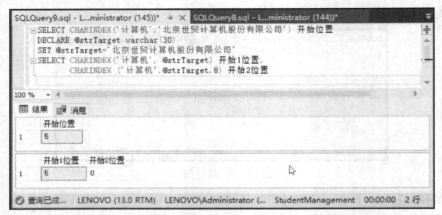

图 11-20 执行结果

【例 11-19】 REPLICATE( )和 SPACE( )函数的练习。程序代码如下:
```
PRINT REPLICATE('*',10)+SPACE(10)+REPLICATE('大家好!',2)+SPACE(10)+REPLICATE('*',10)
```
执行结果如图 11-21 所示。

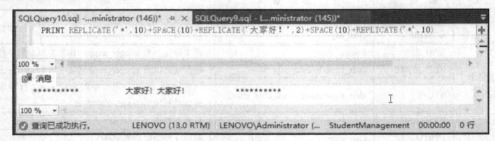

图 11-21 执行结果

3. 日期和时间函数

日期和时间函数用于对日期和时间进行各种不同的处理和运算,并返回一个字符串、一个数值或一个日期和时间值。日期和时间函数见表 11-11。

表 11-11 日期和时间函数

函 数	说 明
DATEADD(datepart,number,date)	以 datepart 指定的方式,给出 date 与 number 之和(datepart 为日期型数据)
DATEDIFF(datepart,date1,date2)	以 datepart 指定的方式,给出 date1 与 date2 之差
DATENAME(datepart,date)	给出 date 中 datepart 指定部分所对应的字符串
DATEPART(datepart,date)	给出 date 中 datepart 指定部分所对应的整数值
GETDATE()	给出系统当前的日期时间
DAY(date)	从 date 日期和时间型数据中提取天数
MONTH(date)	从 date 日期和时间型数据中提取月份数
YEAR(date)	从 date 日期和时间型数据中提取年份数

【例 11-20】 给出服务器当前的系统日期和时间,以及系统当前的月份和日。程序代码如下:

SELECT GETDATE() 当前日期和时间,
DATEPART(YEAR,GETDATE()) 年,
DATEPART(MONTH,GETDATE()) 月份,
DATEPART(DAY,GETDATE()) 日

执行结果如图 11-22 所示。

【例 11-21】 Mary 的生日为 1980/8/13,使用日期函数计算 Mary 的年龄和对应的天数。程序代码如下:

SELECT 年龄=DATEDIFF(YEAR,'1980/8/13',GETDATE()),
　　　　天=DATEDIFF(DAY,'1980/8/13',GETDATE())

执行结果如图 11-23 所示。

图 11-22 执行结果

图 11-23 执行结果

4．转换函数

常用的转换函数见表 11-12。

表 11-12 转换函数

函　数	参　数	说　明
CAST	expression AS data_type	将表达式 expression 转换为指定的数据类型 data_type
CONVERT	data_type[(length)],expression[,style]	data_type 为 expression 转换后的数据类型；length 表示转换后的数据长度；将日期时间型数据转换为字符型数据时,style 用于指定转换后的样式

【例 11-22】 检索班级人数在 30～39 人(含 30 人和 39 人)之间的班级名称,并将班级人数的数据类型转换为 CHAR(20)。程序代码如下:

USE StudentManagement
SELECT ClassName 班级名称,Amount 班级人数
　　FROM Class
　　WHERE CAST(Amount AS CHAR(20)) LIKE '3_' AND Amount>=30
SELECT ClassName 班级名称,Amount 班级人数
　　FROM Class
　　WHERE CONVERT(CHAR(20), Amount) LIKE '3_' AND Amount>=30
GO

执行结果如图 11-24 所示。

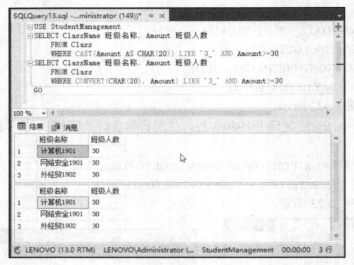

图 11-24　执行结果

11.8.2　用户自定义函数

SQL Server 不仅提供了系统内置函数，还允许用户创建自己的函数。用户自定义函数由一条或多条 T-SQL 语句组成，一般是为了方便重用而创建的。

在 SQL Server 中，使用用户自定义函数有以下优点：允许模块化程序设计，执行速度更快，减少网络流量。

1．基本概念

尽管系统提供了许多内置函数，用户可以在编程时按需要调用，但由于应用环境的千差万别，还需要使用用户自定义函数，以提高应用程序的开发效率，保证程序的高质量。

用户自定义函数可以有输入参数并返回值，但没有输出参数。当函数的参数有默认值时，调用该函数时必须明确指定 DEFAULT 保留字才能获取默认值。

使用 CREATE FUNCTION 语句创建用户自定义函数，使用 ALTER FUNCTION 语句修改用户自定义函数，使用 DROP FUNCTION 语句删除用户自定义函数。

根据用户自定义函数返回值的类型，可将用户定义函数分为如下两类。

标量函数：用户自定义函数返回值为标量值，这样的函数称为标量函数。

表值函数：返回值为整个表的用户自定义函数，称为表值函数。根据函数主体的定义方式，表值函数又可分为内嵌表值函数和多语句表值函数。如果用户自定义函数包含单条 SELECT 语句且该语句可更新，则该函数返回的表也可更新，这样的函数称为内嵌表值函数；如果用户自定义函数包含多条 SELECT 语句，则该函数返回的表不可更新，这样的函数称为多语句表值函数。

2．创建用户自定义函数

（1）创建标量函数

创建标量函数的语法格式如下：

    CREATE FUNCTION [所有者名称.]函数名
    [({@参数名　[AS]　参数数据类型=[默认值]}[,…n])]

```
RETURNS 标量数据类型
[AS]
BEGIN
    函数体
    RETURN 标量表达式
END
```

各个参数的含义说明如下。

所有者名称：一般可以省略，谁创建谁拥有。

函数名：采用 Camel 命名规则。

参数表：函数名后圆括号内的内容称为参数表。参数表中可以有一个或多个参数，各参数之间用逗号分隔。每个参数必须以字符"@"开头，然后给出一个"参数名"，之后为"参数数据类型"，还可以根据需要设置一个默认值。

标量数据类型：标量数据类型用于指定返回值的数据类型。一个标量函数只能有一个返回值。

函数体：通常由一条或多条 SQL 语句组成，实现函数的功能。

标量表达式：一个与标量数据类型相一致的表达式。函数返回的就是此类型的一个标量值。

【例 11-23】 自定义一个函数，其功能是将百分制的成绩按范围转换成"优秀""良好""及格""不及格"。程序代码如下：

```
USE StudentManagement
GO
CREATE FUNCTION ScoreGrade        --给出函数名
(@grade INT)                      --在参数表中定义了一个参数
RETURNS CHAR(8)                   --返回值是字符型
AS
BEGIN                             --函数体的开始
    DECLARE @info CHAR(8)         --定义一个字符变量，用于存放返回结果
    IF @grade>=90 SET @info='优秀'
    ELSE IF @grade>=80 SET @info='良好'
    ELSE IF @grade>=60 SET @info='及格'
    ELSE SET @info='不及格'
    RETURN @info
END
GO
```

单击"执行"按钮，在对象资源管理器中展开数据库 StudentManagement，在"可编程性"的"标量值函数"结点下可以看到新建的用户自定义函数 ScoreGrade，如图 11-25 所示。

如果再次执行程序，将显示"数据库中已存在名为 'ScoreGrade' 的对象。"这时，在对象资源管理器中右击该函数名，从快捷菜单中单击"删除"命令。显示"删除对象"对话框，单击"确定"按钮，把该函数删掉，就可以再次执行程序。

【例 11-24】 自定义一个函数，其功能是将学生考试成绩转换成学分。如果考试通过，则获得该课程的学分，否则学分为 0。入口参数：成绩和课程学分；返回值：应得学分。程序代码如下：

```sql
USE StudentManagement
GO
CREATE FUNCTION CreditConvert
(@score NUMERIC(3,1),@CCredits NUMERIC (3,1))    --@score:考试成绩，@CCredits:课程学分
RETURNS NUMERIC(5,2)                             --应得学分
AS
BEGIN
    RETURN
    CASE SIGN(@score-60)
        WHEN 1 THEN @CCredits
        WHEN 0 then @CCredits
        WHEN -1 then 0
    END
END
GO
```

图 11-25 新建的用户自定义函数

【例 11-25】 自定义一个函数，其功能是进行年龄的计算。程序代码如下：

```sql
USE StudentManagement
GO
CREATE FUNCTION GetAge(@studentBrith DATETIME,@today DATETIME)
RETURNS INT
AS
BEGIN
    DECLARE @studentAge INT
    SET @studentAge=(YEAR(@today)-YEAR(@studentBrith))
    RETURN @studentAge
END
GO
```

（2）创建内嵌表值函数

因为标量函数规定一次调用只能返回一个单值，所以它一般用于表达式中，其功能有局限性。如果想通过一次函数调用返回多个值，则标量函数无法实现。因此，T-SQL 提供了功能强大的内嵌表值函数。创建内嵌表值函数的语法格式如下：

CREATE FUNCTION [所有者名称**.]**函数名
[({@参数名称 **[AS]** 参数数据类型**=[**默认值**]},[,…n])]**
RETURNS TABLE
[AS]
RETURN [(SELECT 语句**)]**

各个参数的含义说明如下。

所有者名称、函数名及参数表的规则和功能同标量函数。

RETURNS TABLE：表示函数返回的不是一个值，而是一个数据表。

SELECT 语句：给出内嵌表值函数返回的值。

【例 11-26】 创建一个内嵌表值函数，通过课程名称、系名，可以查询某系中选修了该课程的全部学生和成绩，并显示姓名、课程名称和成绩。Department 表的结构和记录如图 11-26 所示。

程序代码如下：

```
USE StudentManagement
GO
CREATE FUNCTION DeptCourseGrade(@courseName varchar(40),@dept char(16))
    RETURNS TABLE
    AS
    RETURN(SELECT  姓名=StudentName,课程名称=CourseName,Score 成绩
        FROM SelectCourse,Student,Course,Class,Department
        WHERE SelectCourse.SelectCourseStudentID=Student.StudentID AND
            SelectCourse.SelectCourseID=Course.CourseID AND
            Course.CourseName=@courseName AND
            Student.StudentClassID=Class.ClassID AND
            Class.ClassDepartmentID=Department.DepartmentID AND
            Department.DepartmentName=@dept)
GO
```

单击"执行"按钮，在对象资源管理器中刷新后可以看到创建的内嵌表值函数，如图 11-27 所示。

图 11-26　Department 表

图 11-27　查看内嵌表值函数

（3）创建多语句表值函数

创建多语句表值函数的语法格式如下：

```
CREATE FUNCTION [所有者名称.]函数名
[({@参数名 [AS] 参数数据类型=[默认值]}[,…n])]
RETURNS @表名变量 TABLE 表的定义
[AS]
BEGIN
    函数体
    RETURN
END
```

【例 11-27】 创建一个多语句表值函数，其功能是：查询指定班级中每个学生的选课数，该函数接收输入的班级编号，返回学生的选课数，并显示班级编号、学号、姓名和选课数。程序代码如下：

```
USE StudentManagement
GO
CREATE FUNCTION ClassCourseCount(@classNo char(8))
    RETURNS @studentClass TABLE(学号 CHAR(10) PRIMARY KEY,
        姓名 CHAR(22),选课数 INT)
AS
BEGIN
    DECLARE @orderClass TABLE(学号 CHAR(10), 选课数 INT)
    INSERT @orderClass
        SELECT 学号=SelectCourseStudentID,选课数=COUNT(SelectCourseID)
            FROM SelectCourse GROUP BY SelectCourseStudentID
    INSERT @studentClass
        SELECT 学号=Student.StudentID,姓名=StudentName,B.选课数
            FROM Student,@orderClass B
            WHERE Student.StudentID=B.学号 AND StudentClassID=@classNo
    RETURN
END
GO
```

单击"执行"按钮，在对象资源管理器中可以看到创建的多语句表值函数，如图 11-28 所示。

图 11-28 新建的多语句表值函数

3．函数的调用

函数定义好后，可以供其他 T-SQL 语句调用。在调用时，实际参数的数据类型必须与形式参数的数据类型一致；否则，系统不能执行，返回错误信息。

【例 11-28】 标量函数的调用，使用例 11-23 定义的函数 ScoreGrade，查询选修课程编号为 260101 的学生的成绩，并显示姓名、课程名称和成绩。程序代码如下：

```
USE StudentManagement
SELECT 姓名=StudentName,课程名称=CourseName,成绩=dbo.ScoreGrade(SelectCourse.Score)
    FROM SelectCourse,Course,Student
    WHERE SelectCourse.SelectCourseStudentID=Student.StudentID AND
        SelectCourse.SelectCourseID=Course.CourseID AND
        SelectCourse.SelectCourseID='260101'
GO
```

单击"执行"按钮，执行结果如图 11-29 所示。

图 11-29　执行结果

【例 11-29】 标量函数的调用，使用例 11-24 定义的函数 CreditConvert，查询班级编号为 20192602 的学生的学分，并显示姓名、课程名称和学分。程序代码如下：

```
USE StudentManagement
SELECT 姓名=StudentName,课程名称=CourseName,
    学分=dbo.CreditConvert(SelectCourse.Score,Course.Credits)
    FROM SelectCourse,Course,Student
    WHERE SelectCourse.SelectCourseStudentID=Student.StudentID AND
        SelectCourse.SelectCourseID=Course.CourseID AND
        Student.StudentClassID='20192602'
GO
```

单击"执行"按钮，执行结果如图 11-30 所示。

【例 11-30】 内嵌表值函数的调用，使用例 11-26 定义的函数 DeptCourseGrade，查询系名为"计算机系"，课程名称为"C 语言程序设计"的学生的成绩单。程序代码如下：

```
USE StudentManagement
SELECT * FROM dbo.DeptCourseGrade('C 语言程序设计','计算机系')
GO
```

单击"执行"按钮，执行结果如图 11-31 所示。

图 11-30　执行结果

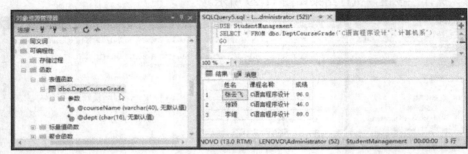

图 11-31　执行结果

【例 11-31】　多语句表值函数的调用，使用例 11-27 定义的函数 ClassCourseCount，查询班级编号为 20191101 的学生的选课数。程序代码如下：

USE StudentManagement
SELECT 班级编号='20191101',* FROM dbo.ClassCourseCount('20191101')
GO

单击"执行"按钮，执行结果如图 11-32 所示。

图 11-32　执行结果

11.9　实训——学籍管理系统中用户自定义函数的设计

【实训 11-1】　自定义一个函数，其功能是进行学期转换。例如，将用"2019-2020/2"表述的字符串方式转换成用 1，2，3，4，5，6，7，8 等表述的数字方式，如学号为 2019260118

的学生在 2020-2021/2 学期对应的学期编号是 4。入口参数：学期和学号；返回值：用数字表示的学期。操作步骤如下。

① 单击"新建查询"按钮，在查询编辑器中输入如下 T-SQL 语句：

```
USE StudentManagement
CREATE FUNCTION TermConvert
(@term CHAR(11),@sno CHAR(10))
--@term 学期，格式如：2019-2020/2
--@sno 学号，格式如：2019260118，前 4 位代表入学年份 2019
RETURNS INT              --第几学期
AS
BEGIN
    RETURN (CONVERT(NUMERIC,SUBSTRING(@term,1,4))-CONVERT(NUMERIC,
        SUBSTRING(@sno,1,4)))*2+CONVERT(NUMERIC,SUBSTRING(@term,11,1))
END
GO
```

② 单击"执行"按钮，生成学期转换函数 TermConvert，如图 11-33 所示。

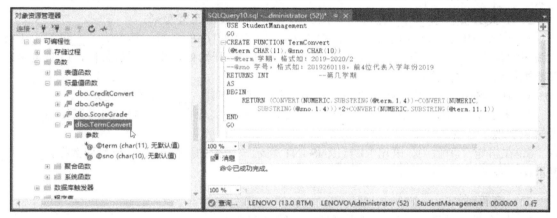

图 11-33　学期转换函数

【实训 11-2】　使用前面定义的函数 TermConvert，查询所有学生在 2019-2020/2 学期的学期数字编号，并显示学号、学期和学期数字编号。操作步骤如下。

① 单击"新建查询"按钮，在查询编辑器中输入如下 T-SQL 语句：

```
USE StudentManagement
GO
SELECT 学号=StudentID,学期='2020-2021/2',
    学期数字编号=dbo.TermConvert('2020-2021/2',StudentClassID)
    FROM Student
GO
```

② 单击"执行"按钮，执行结果如图 11-34 所示。

按照类似的方法，读者可以根据需要继续创建学籍管理系统的其他用户自定义函数，这里不再赘述。

图 11-34 执行结果

习题 11

一、填空题

1．T-SQL 中的变量分为局部变量与全局变量，局部变量用_____开头，全局变量用_____开头。

2．T-SQL 提供了_____运算符，用于将两个字符数据连接起来。

3．在 WHILE 循环体内可以使用 BREAK 和 CONTINUE 语句，其中_____语句用于终止循环的执行，_____语句用于将循环返回到 WHILE 开始处，重新判断条件，以决定是否重新执行新的一次循环。

4．在 T-SQL 中，若循环体内包含多条语句，则必须用_____语句括起来。

5．在 T-SQL 中，可以使用嵌套的 IF…ELSE 语句来实现多分支选择，也可以使用_____语句来实现多分支选择。

6．在自定义函数中，语句 RETURNS INT 表示该函数的返回值是一个整型数据，_____表示该函数的返回值是一个表。

二、简答题

1．什么是批处理？编写批处理时应注意哪些问题？

2．什么是游标？如何使用游标？

3．简答常用函数的分类。

三、设计题

1．使用 WHILE 语句求 1～100 之和。

2．使用学籍管理数据库编写以下程序。

1）在 Student 表中查找名字为"章会"的学生。如果存在，则显示该学生的信息；否则显示"查无此人"。

2）查询有无选修 100200 号课程的记录。如果有，则显示"有"，并查询选修 100200 号课程的人数。

3）查询 20192602 班级的学生信息，要求列出的字段为：本班级学生的学号、姓名、性别、出生日期、住址。

4）使用学籍管理数据库，定义一个游标 Student_Delete，删除 Student 表中的第一行数据。

5）使用学籍管理数据库，定义一个游标 Student_Display，将所有学生的姓名、家庭地址显示出来。

第 12 章 存 储 过 程

在使用 T-SQL 编程的过程中，用户可以将某些需要多次调用的、实现某个特定任务的代码段编写成过程，将其保存在数据库中，并由 SQL Server 服务器通过过程名来调用它们，这就是本章要讲的存储过程。

12.1 存储过程的基本概念

数据库操作既可以通过图形界面完成，也可以通过 T-SQL 语句完成。在实际应用中，数据库管理员经常使用 T-SQL 语句来完成对数据库的操作。存储过程可以将一些 T-SQL 语句打包成一个数据库对象并存储在 SQL Server 服务器中，这样，用户不必每次重复编写 T-SQL 语句，只要编写一次，便可以随时调用，大大加快了数据库的操作速度。

12.1.1 存储过程的定义与特点

1．存储过程的定义

存储过程是一组编译在单个执行计划中的 T-SQL 语句，它将一些固定的操作集中起来交给 SQL Server 数据库服务器完成，以实现某个任务。

存储过程就是预先编译和优化并存储于数据库中的过程，是由一系列对数据库进行复杂操作的 SQL 语句、流程控制语句或函数组成的批处理作业。它像规则、视图一样作为一个独立的数据库对象进行存储管理。存储过程通常在 SQL Server 服务器中预先定义并编译成可执行计划。在调用它时，可以接收参数，返回状态值和参数值，并允许嵌套调用。

2．存储过程的特点

（1）大大增强了 SQL 语言的功能和灵活性

存储过程可以用流程控制语句编写，有很强的灵活性，可以完成复杂的判断和较复杂的运算。

（2）可保证数据的安全性和完整性

通过存储过程，可以使没有权限的用户在控制之下间接地存取数据库，从而保证数据的安全性；通过存储过程，可以使相关的动作在一起发生，从而维护数据库的完整性。

（3）更快的执行速度

在运行存储过程前，数据库已对其进行了语法和句法分析，并给出了优化执行方案。这种已经编译好的过程可极大地改善 SQL 语句的性能。因为执行 SQL 语句的大部分工作已经完成，所以存储过程能以极快的速度执行。

（4）将体现企业规则的运算放入数据库服务器中以便集中控制

企业规则的特点是经常变化，如果把体现企业规则的运算程序放入应用程序中，当企业规则发生变化时，就需要修改应用程序，工作量非常之大（修改、发行和安装应用程序）。如果把体现企业规则的运算放入存储过程中，当企业规则发生变化时，只需要修改存储过程就可以了，无须修改应用程序。

12.1.2 存储过程的类型

在 SQL Server 中，存储过程分为 3 类：系统存储过程、扩展存储过程和用户存储过程。

1．系统存储过程

系统存储过程是由 SQL Server 提供的存储过程，可以作为命令执行。系统存储过程定义在系统数据库 master 中，其前缀是"sp_"。例如，常用的显示系统对象信息的 sp_help 系统存储过程，为检索系统表中的信息提供了方便快捷的方法。

系统存储过程允许系统管理员执行修改系统表的数据库管理任务，可以在任何一个数据库中执行。SQL Server 提供了很多系统存储过程。通过执行系统存储过程，可以实现一些比较复杂的操作。

2．扩展存储过程

扩展存储过程是指在 SQL Server 环境之外，使用编程语言（如 C++语言）创建的外部例程形成的动态链接库（DLL）。使用时，先将 DLL 加载到 SQL Server 系统中，然后按照使用系统存储过程的方法执行。扩展存储过程在 SQL Server 实例地址空间中运行。但因为扩展存储过程不易撰写，而且可能会引发安全性问题，所以微软公司可能会在未来的 SQL Server 版本中删除这一功能。本章将不详细介绍扩展存储过程。

3．用户存储过程

在 SQL Server 中，用户存储过程可以使用 T-SQL 编写，也可以使用 CLR 方式编写。T-SQL 存储过程一般也称为存储过程。

（1）存储过程

存储过程保存 T-SQL 语句集合，可以接收和返回用户提供的参数。在存储过程中可以包含根据客户端应用程序提供的信息，以及在一个或多个表中插入新行所需的语句。存储过程也可以从数据库向客户端应用程序返回数据。例如，电子商务 Web 应用程序可能根据联机用户指定的搜索条件，使用存储过程返回有关特定产品的信息。

（2）CLR 存储过程

CLR 存储过程是对 Microsoft .NET Framework 公共语言运行时（CLR）方法的引用，可以接收和返回用户提供的参数。它们在".NET Framework 程序集"中是作为类的公共静态方法实现的。简单地说，CLR 存储过程就是可以使用 Microsoft Visual Studio 2017/2019 环境下的语言作为脚本编写的，可以对 Microsoft .NET Framework 公共语言运行时方法进行引用的存储过程。

12.2 创建存储过程

在 SQL Server 中，用户既可以使用 SSMS 创建存储过程，也可以使用 T-SQL 语句创建存储过程。当创建存储过程时，需要确定存储过程的以下 3 个组成部分：

① 所有的输入参数及传给调用者的输出参数。
② 被执行的针对数据库的操作语句，包括调用其他存储过程的语句。
③ 返回给调用者的状态值，以指明调用是成功还是失败。

存储过程在命名时同样采用 Pascal 命名规则，以"Up_表名_操作"形式命名。

12.2.1　使用 SSMS 创建存储过程

使用 SSMS 创建存储过程的操作步骤如下。

① 启动 SSMS，在对象资源管理器中展开"数据库"→"StudentManagement"→"可编程性"结点。

② 右击"存储过程"结点，从快捷菜单中选择"新建"→"存储过程"，如图 12-1 所示。

③ 打开存储过程脚本编辑窗口（即查询编辑器），如图 12-2 所示。在其中输入要创建的存储过程的 T-SQL 语句，输入完成后单击"执行"按钮。若执行成功则创建完成。

图 12-1　新建存储过程　　　　图 12-2　编辑存储过程脚本

12.2.2　使用 T-SQL 语句创建存储过程

可以使用 CREATE PROCEDURE 语句创建存储过程，但要注意下列几个事项：

① CREATE PROCEDURE 语句不能与其他 SQL 语句在单个批处理中组合使用。

② 必须具有数据库的 CREATE PROCEDURE 权限。

③ 只能在当前数据库中创建存储过程。

④ 不要创建任何使用 sp_作为前缀的存储过程。

CREATE PROCEDURE 的语法格式如下：

```
CREATE { PROC | PROCEDURE } [schema_name.] procedure_name
    [ { @parameter [ type_schema_name. ] data_type }
    [ VARYING ] [ = default ] [ OUT | OUTPUT ] ]
    [,…n ] [ WITH ENCRYPTION ]
    AS { <sql_statement> [;][,…n ] }
    <sql_statement> ::= { [ BEGIN ] statements [ END ] }
```

各参数的含义说明如下。

schema_name：过程所属架构的名称。

procedure_name：新存储过程的名称。

@parameter：过程中的参数。

[type_schema_name.] data_type：参数及所属架构的数据类型。

VARYING：指定作为输出参数的结果集（由存储过程动态构成，内容可以变化）仅适用于游标参数。

default：参数的默认值。

OUTPUT：指示参数是输出参数。

ENCRYPTION：将 CREATE PROCEDURE 语句的原始文本加密。

<sql_statement>：包含在过程中的一条或多条 Transact-SQL 语句。

1. 创建不带参数的存储过程

【例 12-1】 在数据库 StudentManagement 中，创建一个名为 Up_Teacher_Info 的存储过程，用于查询所有男教师的信息。操作步骤如下。

① 单击"新建查询"按钮，在查询编辑器中输入如下 T-SQL 语句：

```
USE StudentManagement
GO
CREATE PROCEDURE Up_Teacher_Info
AS
SELECT * FROM Teacher WHERE Sex='男'
GO
```

② 单击"执行"按钮，在对象资源管理器中刷新后就能看见新建的用户存储过程 Up_Teacher_Info，如图 12-3 所示。

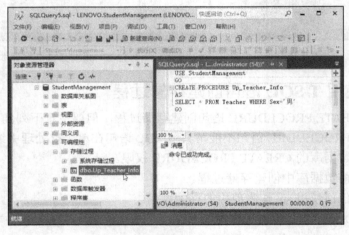

图 12-3 新建的用户存储过程

不带参数的简单存储过程类似于给一组 SQL 语句起个名字，然后就可以在需要时反复调用它，而复杂的存储过程则要有输入参数和输出参数。

2. 创建带输入参数的存储过程

一个存储过程可以带一个或多个输入参数。输入参数是由调用程序向存储过程传递的参数，它们在创建存储过程语句中被定义，在执行存储过程中给出相应的参数值。

【例 12-2】 使用输入参数"课程名称"，创建一个存储过程 Up_Course_Info，用于查询某门课程的选修情况，包括学号、姓名、课程名称和成绩。操作步骤如下。

① 单击"新建查询"按钮，在查询编辑器中输入如下 T-SQL 语句：

```
USE StudentManagement
GO
```

```
CREATE PROCEDURE Up_Course_Info
    @courseName VARCHAR(30)
AS
SELECT Student.StudentID,StudentName,CourseName, Score
    FROM Student,SelectCourse,Course
    WHERE Student.StudentID = SelectCourse.SelectCourseStudentID AND
        SelectCourse.SelectCourseID = Course.CourseID AND CourseName=@courseName
GO
```

② 单击"执行"按钮执行上面的语句。在对象资源管理器中刷新后就能看见新建的用户存储过程 Up_Course_Info，如图 12-4 所示。

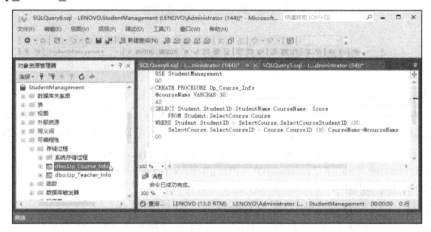

图 12-4　新建的用户存储过程

3．创建带输出参数的存储过程

如果用户需要从存储过程中返回一个或多个值，可以通过在创建存储过程的语句中定义输出参数来实现。为了使用输出参数，需要在 CREATE PROCEDURE 语句中指定 OUTPUT 关键字。

【例 12-3】　创建一个存储过程 Up_Course_Count，获得选修某门课程的选课人数。操作步骤如下。

① 单击"新建查询"按钮，在查询编辑器中输入如下 T-SQL 语句：

```
USE StudentManagement
GO
CREATE PROCEDURE Up_Course_Count
    @selectCourseName VARCHAR(30),@courseCount INT OUTPUT
AS
SELECT @courseCount=COUNT(*)
    FROM SelectCourse,Course
    WHERE SelectCourse.SelectCourseID = Course.CourseID AND
        CourseName=@selectCourseName
GO
```

② 单击"执行"按钮执行上面的语句。在对象资源管理器中刷新后就能看见新建的用户存储过程 Up_Course_Count，如图 12-5 所示。

图 12-5 新建的用户存储过程

12.3 执行存储过程

存储过程创建成功后，该存储过程作为数据库对象已经存在，其名称和文件分别存放在 sysobjects 和 syscomments 系统表中。用户可以使用 T-SQL 的 EXECUTE 语句执行存储过程。如果该存储过程是批处理中第一条语句，则 EXEC 关键字可以省略。其语法格式如下：

[[EXEC[UTE]] {[@return_status=] {procedure_name|@procedure_name_var}
[[@parameter=]{value|@variable[OUTPUT]|[DEFAULT]}[,…n]]}

各参数的含义说明如下。

EXEC[UTE]：执行存储过程的命令关键字。

@return_status：可选的整型变量，用于保存存储过程的返回状态。

procedure_name：指定执行的存储过程的名称。

@procedure_name_var：局部定义的变量名，代表存储过程名称。

@parameter：在创建存储过程时定义的过程参数。

12.3.1 执行不带参数的存储过程

执行不带参数的存储过程非常简单，直接使用"EXEC 存储过程名"命令即可完成。

【例 12-4】 执行例 12-1 创建的名为 Up_Teacher_Info 的存储过程，用于查询所有男教师的信息。操作步骤如下：

① 单击"新建查询"按钮，在查询编辑器中输入如下 T-SQL 语句：

　　EXEC Up_Teacher_Info

② 单击"执行"按钮，查询结果如图 12-6 所示。

图 12-6 查询结果

12.3.2 执行带参数的存储过程

在执行存储过程的语句中,有两种方式来传递参数值:使用参数名和按参数位置。

1. 使用参数名传递参数值

使用参数名传递参数值,就是通过语句"@参数名=参数值"给参数传递值。当存储过程有多个输入参数时,参数值可以按任意顺序指定。对于允许空值和具有默认值的输入参数,可以不给出参数的传递值。

【例 12-5】 执行例 12-2 创建的存储过程 Up_Course_Info,使用输入参数"课程名称",查询某门课程的选修情况,包括学号、姓名、课程名称和成绩。操作步骤如下。

① 单击"新建查询"按钮,在查询编辑器中输入如下 T-SQL 语句:

EXEC Up_Course_Info @courseName='C 语言程序设计'

② 单击"执行"按钮,执行结果如图 12-7 所示。

图 12-7 执行结果

【例 12-6】 执行例 12-3 创建的存储过程 Up_Course_Count,获得选修某门课程的选课人数。操作步骤如下。

① 单击"新建查询"按钮,在查询编辑器中输入如下 T-SQL 语句:

USE StudentManagement

GO

DECLARE @courseCount INT

EXEC Up_Course_Count @selectCourseName='C 语言程序设计',

@courseCount=@courseCount OUTPUT

SELECT '选修数据库技术课程的人数为:',@courseCount

GO

② 单击"执行"按钮,执行结果如图 12-8 所示。

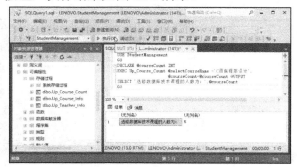

图 12-8 执行结果

2. 按参数位置传递参数值

当存储过程有多个输入参数时,在执行存储过程的语句中可以不参照被传递的参数而直接给出参数的传递值,但要注意传递值的顺序必须与存储过程中定义的输入参数的顺序相一致。

【例 12-7】 执行例 12-2 创建的存储过程 Up_Course_Info,使用输入参数"课程名称",查询某门课程的选修情况,包括学号、姓名、课程名称和成绩。操作步骤如下。

① 单击"新建查询"按钮,在查询编辑器中输入如下 T-SQL 语句:

  EXEC Up_Course_Info 'C 语言程序设计'

② 单击"执行"按钮,执行结果如图 12-7 所示。

【例 12-8】 执行例 12-3 创建的存储过程 Up_Course_Count,获得选修某门课程的选课人数。操作步骤如下。

① 单击"新建查询"按钮,在查询编辑器中输入如下 T-SQL 语句:

  DECLARE @ccount INT
  EXEC Up_Course_Count 'C 语言程序设计',@ccount OUTPUT
  SELECT '选修数据库技术课程的人数为:',@ccount

② 单击"执行"按钮,执行结果如图 12-8 所示。

可以看到,按参数位置传递参数值比按参数名传递参数值更简捷,比较适合参数值较少的情况;而按参数名传递参数值使程序可读性增强,特别适合参数数量较多的情况,使程序可读性、可维护性更好一些。

12.4 查看存储过程

建立存储过程之后,可以使用 SSMS 查看存储过程的源代码,也可以使用 SQL Server 提供的系统存储过程来查看用户创建的存储过程信息。

12.4.1 使用 SSMS 查看存储过程

使用 SSMS 查看存储过程的操作步骤如下。

① 启动 SSMS,在对象资源管理器中展开数据库 StudentManagement 下的"可编程性"下的"存储过程"结点。

② 右击需要查看的存储过程(例如 Up_Course_Count),从快捷菜单中选择"编写存储过程脚本为"→"CREATE 到"→"新查询编辑器窗口"命令,如图 12-9 所示。

图 12-9 选择"新查询编辑器窗口"命令

③ 打开查询编辑器，就可以看到该存储过程的源代码，如图 12-10 所示。

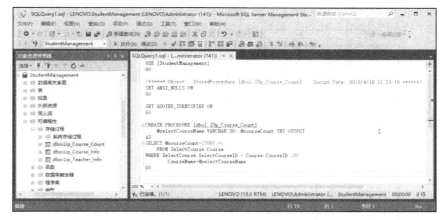

图 12-10 存储过程源代码

12.4.2 使用系统存储过程查看用户存储过程

用于查看用户存储过程的系统存储过程及其语法格式说明如下。

1．sp_help

sp_help 用于显示存储过程的参数及其数据类型，语法格式为：

sp_help [[@objname=] name]

其中，参数 name 为要查看的存储过程的名称。

2．sp_helptext

sp_helptext 用于显示存储过程的源代码，语法格式为：

sp_helptext [[@objname=] name]

其中，参数 name 为要查看的存储过程的名称。

3．sp_depends

sp_depends 用于显示与存储过程相关的数据库对象，语法格式为：

sp_depends [@objname=] 'object'

其中，参数 object 为要查看依赖关系的存储过程的名称。

4．sp_stored_procedures

sp_stored_procedures 用于返回当前数据库中的存储过程列表，语法格式为：

sp_stored_procedures[[@sp_name=]'name'][,[@sp_owner=]'owner']
[,[@sp_qualifier =] 'qualifier'

其中，参数[@sp_name =] 'name'用于指定返回目录信息的过程名，[@sp_owner =] 'owner'用于指定过程所有者的名称，[@qualifier =] 'qualifier'用于指定过程限定符的名称。

【例 12-9】 使用系统存储过程查看用户存储过程 Up_Course_Info 的参数和相关性。操作步骤如下。

① 单击"新建查询"按钮，在查询编辑器中输入如下 T-SQL 语句：

```
EXEC sp_helptext Up_Course_Info
EXEC sp_help Up_Course_Info
```

```
EXEC sp_depends Up_Course_Info
EXEC sp_stored_procedures Up_Course_Info
```

② 单击"执行"按钮，执行结果如图 12-11 所示。

图 12-11 执行结果

12.5 修改存储过程

修改存储过程通常是指编辑它的参数和 T-SQL 语句。既可以使用 SSMS 修改存储过程，也可以使用 T-SQL 语句修改存储过程。

12.5.1 使用 SSMS 修改存储过程

使用 SSMS 修改存储过程的操作步骤如下。

① 启动 SSMS，在对象资源管理器中展开数据库 StudentManagement 下的"可编程性"下的"存储过程"结点。

② 右击需要修改的存储过程（如 Up_Course_Count），从快捷菜单中选择"修改"命令，如图 12-12 所示。

③ 打开与创建存储过程时类似的存储过程脚本编辑窗格，如图 12-13 所示。在该窗格中，用户可以直接修改定义该存储过程的 T-SQL 语句。

图 12-12 选择"修改"命令

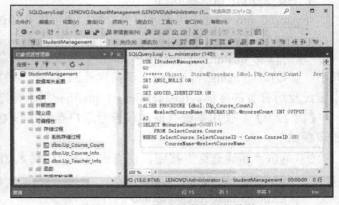

图 12-13 存储过程脚本编辑窗格

12.5.2 使用 T-SQL 语句修改存储过程

使用 ALTER PROCEDURE 语句可以修改存储过程,但不会更改权限,也不影响相关的存储过程或触发器。其语法格式如下:

```
ALTER { PROC | PROCEDURE } [schema_name.] procedure_name
    [ { @parameter [ type_schema_name. ] data_type }
        [ VARYING ] [ = default ] [ OUT | OUTPUT ] ]
    [,…n ] [ WITH ENCRYPTION ]
    AS { <sql_statement> [;][,…n ] }
```

修改存储过程时,应该注意以下3点。

① 如果原来的过程定义是使用 ENCRYPTION 选项创建的,那么只有在 ALTER PROCEDURE 语句中也包含这个选项时,该选项才有效。

② 每次只能修改一个存储过程。

③ 用 ALTER PROCEDURE 语句修改的存储过程,其权限保持不变。

【例 12-10】 修改前面创建的 Up_Course_Info 存储过程,使之完成以下功能:使用输入参数 "学号",查询此学生的学号、姓名、课程名称和成绩。操作步骤如下。

① 单击 "新建查询" 按钮,在查询编辑器中输入如下 T-SQL 语句:

```
USE StudentManagement
GO
ALTER PROCEDURE Up_Course_Info
    @studentID CHAR(10)    --与表中列的宽度相同
AS
SELECT Student.StudentID,StudentName,CourseName,Score
    FROM Student,SelectCourse,Course
    WHERE Student.StudentID=SelectCourse.SelectCourseStudentID AND
          SelectCourse.SelectCourseID=Course.CourseID AND
          Student.StudentID=@studentID
GO
```

② 单击 "执行" 按钮,完成存储过程的修改,如图 12-14 所示。

③ 存储过程修改后,执行存储过程 Up_Course_Info,T-SQL 语句如下:

EXEC Up_Course_Info '2019110106'

执行结果如图 12-15 所示。

图 12-14 修改存储过程

图 12-15 执行结果

12.6 删除存储过程

当不再使用一个存储过程时,要把它从数据库中删除。在删除之前,必须确认该存储过程没有任何依赖关系。既可以使用 SSMS 删除存储过程,也可以使用 T-SQL 语句删除存储过程。

12.6.1 使用 SSMS 删除存储过程

使用 SSMS 删除存储过程的操作步骤如下。

① 启动 SSMS,在对象资源管理器中展开数据库 StudentManagement 下的"可编程性"下的"存储过程"结点。

② 右击需要删除的存储过程(例如 Up_Course_Count),从快捷菜单中选择"删除"命令,如图 12-16 所示。

③ 打开"删除对象"对话框,如图 12-17 所示。单击"确定"按钮,即可完成删除操作。单击"显示依赖关系"按钮,可以在删除前查看与该存储过程有依赖关系的其他数据库对象名称。

图 12-16 选择"删除"命令

图 12-17 "删除对象"对话框

12.6.2 使用 T-SQL 语句删除存储过程

存储过程也可以使用 DROP 语句删除。DROP 语句可以将一个或多个存储过程或者存储过程组从当前数据库中删除,其语法格式如下:

DROP { PROC | PROCEDURE } { [schema_name.] procedure } [,…n]

【例 12-11】 删除数据库 StudentManagement 中的存储过程 Up_Teacher_Info。操作步骤如下。

① 单击"新建查询"按钮,在查询编辑器中输入如下 T-SQL 语句:

USE StudentManagement
GO
DROP PROCEDURE Up_Teacher_Info
GO

② 单击"执行"按钮,完成存储过程的删除。

12.7 实训——学籍管理系统中存储过程的设计

【实训 12-1】 执行修改后的存储过程 Up_Course_Info 时,如果没有给出"学号"输入参数，则系统会报错。修改存储过程 Up_Course_Info，使用默认值参数实现以下功能：当执行存储过程时，如果不提供输入参数，则查询所有学生的选课情况。操作步骤如下。

① 单击"新建查询"按钮，在查询编辑器中输入如下 T-SQL 语句：

```
USE StudentManagement
GO
ALTER PROCEDURE Up_Course_Info
    @studentID CHAR(10)=NULL
AS
IF @studentID IS NULL
    BEGIN
        SELECT Student.StudentID,StudentName,CourseName,Score
            FROM Student,SelectCourse,Course
            WHERE Student.StudentID=SelectCourse.SelectCourseStudentID AND
                SelectCourse.SelectCourseID=Course.CourseID
    END
ELSE
    BEGIN
        SELECT Student.StudentID,StudentName,CourseName,Score
            FROM Student,SelectCourse,Course
            WHERE Student.StudentID=SelectCourse.SelectCourseStudentID AND
                SelectCourse.SelectCourseID=Course.CourseID AND
                Student.StudentID=@studentID
    END
GO
```

② 单击"执行"按钮，完成存储过程的修改，如图 12-18 所示。

③ 存储过程修改后，分别以默认值参数和运行参数执行存储过程 Up_Course_Info，T-SQL 语句如下：

```
EXEC Up_Course_Info
EXEC Up_Course_Info '2019110106'
```

执行结果如图 12-19 所示。

图 12-18　修改存储过程

图 12-19　执行结果

按照类似的方法，读者可以根据需要继续创建学籍管理系统的其他存储过程，这里不再赘述。

习题 12

一、填空题

1. 存储过程是 SQL Server 服务器中_____T-SQL 语句的集合。
2. SQL Server 中的存储过程包括_____、_____和_____三种类型。
3. 创建存储过程实际上是对存储过程进行定义的过程，主要包含存储过程名称及其_____和存储过程的主体两部分。
4. 在定义存储过程时，若有输入参数，则应放在关键字 AS 的_____说明，若有局部变量，则应放在关键字 AS 的_____定义。
5. 在存储过程中，若在参数的后面加上_____，则表明此参数为输出参数，执行该存储过程时必须声明变量来接收返回值，并且在变量后必须使用关键字。

二、选择题

1. 在 SQL Server 服务器中，存储过程是一组预先定义并_____的 T-SQL 语句。
   A．保存 B．编译 C．解释 D．编写
2. 使用 EXECUTE 语句来执行存储过程时，在_____情况下可以省略该保留字。
   A．EXECUTE 语句如果是批处理中的第一条语句时
   B．EXECUTE 语句在 DECLARE 语句之后
   C．EXECUTE 在 GO 语句之后
   D．任何时候
3. 用于查看表的行数及表使用的存储空间信息的系统存储过程是_____。
   A．sq_spaceused   B．sq_depends   C．sq_help   D．sq_rename

三、简答题

1. 什么是存储过程？请分别写出使用 SSMS 和 T-SQL 语句创建存储过程的主要步骤。
2. 如何将数据传递给一个存储过程？如何将存储过程的结果值返回？

四、设计题

使用学籍管理数据库设计以下存储过程。
1）查询 SelectCourse 表中的课程编号为 100300 的学生的学号和成绩。
2）查询 SelectCourse 表中成绩排名前三位的学生的信息。
3）查询选修某门课程的学生总人数。
4）创建一个返回执行状态码的存储过程，它接收课程编号作为输入参数。如果执行成功，则返回 0；如果没有给课程编号，则返回错误码 1；如果给出的课程编号不存在，则返回错误码 2；如果出现其他错误，则返回错误码 3。

第 13 章 触 发 器

触发器是一种特殊的存储过程，类似于其他编程语言中的事件函数，通常用于实现强制业务规则和数据完整性。存储过程通过存储过程名被调用执行，而触发器则通过事件触发驱动由系统自动执行。触发器可以用于 SQL Server 约束、默认值和规则的完整性检查，还可以完成难以用普通约束实现的复杂功能。

13.1 触发器的基本概念

在 SQL Server 中，存储过程和触发器都是 SQL 语句和流程控制语句的集合。就本质而言，触发器是一种专用类型的存储过程，它被捆绑到数据表或视图上。换言之，触发器是一种在数据表或视图被修改时自动执行的内嵌存储过程，主要通过事件触发而被执行。触发器不允许带参数，也不能直接调用，只能自动被触发。

当创建数据库对象或者在表中插入记录、修改记录、删除记录时，SQL Server 就会自动执行触发器定义的 SQL 语句，从而确保对数据的处理必须符合由这些 SQL 语句所定义的规则。触发器和引起触发器执行的 SQL 语句被当作一次事务处理。如果这次事务未获得成功，SQL Server 将会自动返回该事务执行前的状态。

13.1.1 触发器的类型

在 SQL Server 中，按照触发事件的不同可以将触发器分为两大类：DML 触发器和 DDL 触发器。

1. DML 触发器

DML 触发器在用户使用数据操作语言（DML）事件编辑数据时触发。DML 事件针对的是表或视图的 INSERT，UPDATE 或 DELETE 语句。DML 触发器有助于在表或视图中修改数据时实现强制业务规则，扩展数据完整性。

DML 触发器又分为 AFTER 触发器和 INSTEAD OF 触发器两种。

（1）AFTER 触发器

这种类型的触发器在数据变动（INSERT，UPDATE 和 DELETE 操作）完成以后才被触发。AFTER 触发器只能在表上定义。

（2）INSTEAD OF 触发器

INSTEAD OF 触发器在数据变动以前被触发，并取代变动数据的操作，转而去执行触发器定义的操作。INSTEAD OF 触发器可以在表或视图上定义。每个 INSERT，UPDATE 或 DELETE 语句最多定义一个 INSTEAD OF 触发器。

2. DDL 触发器

DDL 触发器是由相应的事件触发的，但 DDL 触发器触发的事件是数据定义语句（DDL）。这些语句主要以 CREATE，ALTER，DROP 等保留字开头。DDL 触发器的主要作用是执行管理操作，如审核系统、控制数据库的操作等。在通常情况下，DDL 触发器主要用于以下操作需求：防止对数据库架构进行某些修改；希望数据库中发生某些变化以利于相应数据库架构的更改；记录数据库架构中的更改或事件。DDL 触发器只在响应由 SQL 语句所指定的 DDL 事件时才会触发。

13.1.2 触发器的优点

由于在触发器中可以包含复杂的处理逻辑，因此触发器用来保持低级的数据完整性，而不是返回大量的查询结果。使用触发器主要优点如下：

① 实现数据库中相关表的层叠更改。触发器可以通过数据库中的相关表进行层叠更改。

② 强制使用更为复杂的约束。与 CHECK 约束不同，触发器可以引用其他表中的列。例如，触发器可以使用另一个表中的 SELECT 语句对比插入或更新的数据，以及执行其他操作，如修改数据或显示用户定义的错误信息。

③ 评估数据修改前后的表状态并采取对策。一个表中的多个同类触发器（INSERT，UPDATE 或 DELETE）允许采取多个不同的对策以响应同一条修改语句。

④ 使用自定义的错误信息。用户有时需要在数据完整性遭到破坏或其他情况下，发出预先定义好的错误信息或动态定义的错误信息。通过使用触发器，用户可以捕获破坏数据完整性的操作，并返回自定义的错误信息。

⑤ 维护非规范化数据。用户可以使用触发器来保证非规范数据库中低级数据的完整性。

13.2 创建触发器

在创建触发器之前应该考虑以下几个问题：
- CREATE TRIGGER 语句必须是批处理中的第一条语句。
- 触发器只能在当前的数据库中创建。
- TRUNCATE TABLE 语句不会引发 DELETE 触发器。
- WRITETEXT 语句不会引发 INSERT 或 UPDATE 触发器。
- 表的所有者具有创建触发器的默认权限，并且不能将该权限传给其他用户。
- 一个触发器只能对应一个表，这是由触发器的机制所决定的。

触发器同样采用 Pascal 命名规则，以"Tr_功能"形式命名。

13.2.1 使用 SSMS 创建触发器

使用 SSMS 创建触发器的操作步骤如下。

① 启动 SSMS，在对象资源管理器中展开数据库 StudentManagement 下要创建触发器的表结点（例如 Student 表）。

② 右击"触发器"结点，从快捷菜单中选择"新建触发器"命令，如图 13-1 所示。

③ 打开触发器脚本编辑窗格，显示新建触发器的模板，如图 13-2 所示。在该窗格中输入要创建的触发器的代码，输入完成后单击"执行"按钮。若执行成功，则创建完成。

图 13-1　选择"新建触发器"命令　　　　　　图 13-2　触发器脚本编辑窗格

13.2.2　使用 T-SQL 语句创建触发器

1．创建 DML 触发器

当数据库中发生数据操作语言（DML）事件时将调用 DML 触发器，从而确保对数据的处理必须符合由这些 SQL 语句所定义的规则。

使用 CREATE TRIGGER 语句可以创建 DML 触发器，其语法格式如下：

CREATE TRIGGER [schema_name .]trigger_name ON { table | view }
[WITH <dml_trigger_option> [,…n]]{ FOR|AFTER|INSTEAD OF} {[INSERT][,] [UPDATE] [,]
[DELETE] }
AS { sql_statement [;] [,…n] }
<dml_trigger_option> ::=[ENCRYPTION] [EXECUTE AS Clause]

各参数的含义说明如下。

schema_name：DML 触发器所属架构的名称。

trigger_name：触发器的名称。

table | view：对其执行 DML 触发器的表或视图。

ENCRYPTION：对 CREATE TRIGGER 语句的文本进行加密处理。

EXECUTE AS：指定用于执行该触发器的安全上下文。

FOR | AFTER：FOR 与 AFTER 同义，指定触发器仅在触发 SQL 语句中指定的所有操作都已成功执行时才被触发。不能对视图定义 FOR | AFTER 触发器。

INSTEAD OF：指定执行 DML 触发器而不是触发 SQL 语句。

[INSERT] [,] [UPDATE] [,] [DELETE]：指定数据修改语句。必须至少指定其中一个选项。

sql_statement：触发条件和操作。

DML 触发器创建两个特殊的临时表，它们分别是 inserted 表和 deleted 表。这两个表都保存在内存中。它们在结构上类似于定义了触发器的表。

在 inserted 表中存储着被 INSERT 和 UPDATE 语句影响的新数据行。在执行 INSERT 或 UPDATE 语句时，新的数据行被添加到基表中，同时这些数据行的备份被复制到 inserted 表中。

在 deleted 表中存储着被 DELETE 和 UPDATE 语句影响的旧数据行。在执行 DELETE 或 UPDATE 语句时，指定的数据行从基表中删除，然后被转移到 deleted 表中。在基表和 deleted 表中一般不会存在相同的数据行。

一个 UPDATE 操作实际上是由一个 DELETE 操作和一个 INSERT 操作组成的。在执行 UPDATE 操作时，旧的数据行从基表中转移到 deleted 表中，然后将新的数据行同时插入基表和 inserted 表中。

（1）创建 INSERT 触发器

【例 13-1】 建立插入数据触发器，实现当插入新学生的记录时，触发器将自动显示"欢迎新同学！"的提示信息。操作步骤如下。

① 单击"新建查询"按钮，在查询编辑器中输入如下 T-SQL 语句：

```
CREATE TRIGGER Tr_Welcome
    ON Student
    AFTER INSERT
AS
PRINT '欢迎新同学！'
GO
INSERT Student
    VALUES('2019310109','张芳','女','2001-04-07','20193101','13701296525','zhangf@126.com','辽宁',80)
GO
```

② 单击"执行"按钮，在对象资源管理器中刷新后，可以看到新建的触发器 Tr_Welcome，如图 13-3 所示。

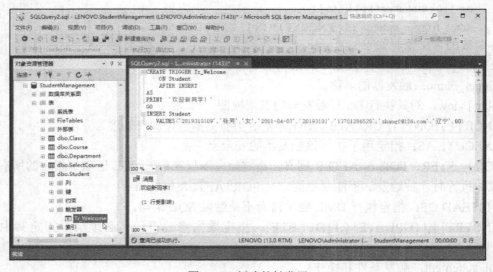

图 13-3 新建的触发器

以上操作完成后，在 Student 表中插入的新学生记录如图 13-4 所示。

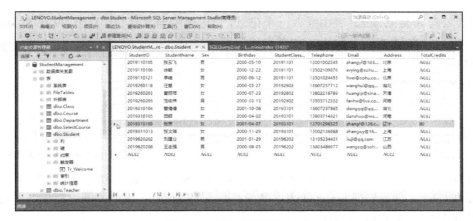

图 13-4 插入的新学生记录

【例 13-2】 建立 INSERT 触发器，确保 SelectCourse 表的参照完整性，以维护其外键与参照表中的主键一致。操作步骤如下。

① 单击"新建查询"按钮，在查询编辑器中输入如下 T-SQL 语句：

```
CREATE TRIGGER Tr_SelectCourse
    ON SelectCourse
    FOR INSERT
AS
IF(SELECT COUNT(*)
    FROM Student,inserted,Course
    WHERE Student.StudentID=inserted.SelectCourseStudentID AND
        Course.CourseID=inserted.SelectCourseID)=0
    BEGIN
        PRINT '输入的学号或课程编号错误'
        ROLLBACK TRANSACTION
    END
```

② 单击"执行"按钮，完成触发器的创建，如图 13-5 所示。

图 13-5 创建触发器

③ 接着向 SelectCourse 表中插入一个记录，该记录中的学号 2019310109 在 Student 表中不存在。单击"新建查询"按钮，在查询编辑器中输入如下 T-SQL 语句：

```
INSERT SelectCourse
    VALUES('2019310109','100200',100)
GO
```

④ 单击"执行"按钮，触发器的执行结果如图 13-6 所示。

图 13-6　触发器执行正确的结果

本例中的触发器名为 Tr_SelectCourse，它是 SelectCourse 表的 INSERT 触发器。当进行插入记录操作时，它要保证 inserted 表中的学号包含在 Student 表中，同时要保证 inserted 表中的课程编号包含在 Course 表中。

如果条件不满足，则回滚事务（ROLLBACK TRANSACTION），数据恢复到 INSERT 操作前的情况。

假设该记录中的学号 2019310149 在 Student 表中已经存在，代码如下：

```
INSERT SelectCourse
    VALUES('2019310149','100200',100)
GO
```

由于外键约束冲突，因此触发器的执行结果如图 13-7 所示。

图 13-7　触发器执行错误的结果

（2）创建 UPDATE 触发器

【例 13-3】　在 Course 表中建立一个 UPDATE 触发器，当用户修改课程的学分时，显示不允许修改学分的提示。操作步骤如下。

① 单击"新建查询"按钮，在查询编辑器中输入如下 T-SQL 语句：

```
CREATE TRIGGER TR_Credits
    ON Course
    AFTER UPDATE
AS
IF UPDATE(Credits)
    BEGIN
        PRINT '学分不能进行修改！'
        ROLLBACK TRANSACTION
    END
GO
```

② 单击"执行"按钮，完成触发器的创建，如图 13-8 所示。

③ 接着修改 Course 表中课程编号为 100300 的记录的学分。单击"新建查询"按钮，在

查询编辑器中输入如下 T-SQL 语句：

UPDATE Course SET Credits =6 WHERE CourseID='100300'
GO

④ 单击"执行"按钮，触发器的执行结果如图 13-9 所示。

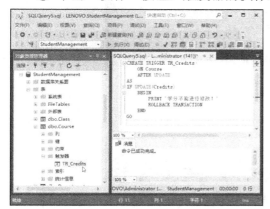
图 13-8 创建触发器

图 13-9 触发器的执行结果

【例 13-4】 创建触发器，当修改 Student 表中的学号时，同时也要将 SelectCourse 表中的学号修改成相应的学号（假设两个表之间没有定义外键约束）。操作步骤如下。

① 单击"新建查询"按钮，在查询编辑器中输入如下 T-SQL 语句：

CREATE TRIGGER Tr_StudentID
    ON Student
    AFTER UPDATE
AS
BEGIN
    DECLARE @oldStudentID CHAR(10), @newStudentID CHAR(10)
    SELECT @oldStudentID=StudentID
        FROM deleted
    SELECT @newStudentID=StudentID
        FROM inserted
    UPDATE SelectCourse
        SET SelectCourseStudentID=@newStudentID
        WHERE SelectCourseStudentID=@oldStudentID
END

② 单击"执行"按钮，完成触发器的创建，如图 13-10 所示。

③ 接着将 Student 表中学号为 2019620208 的学生的学号修改为 2019620288。单击"新建查询"按钮，在查询编辑器中输入如下 T-SQL 语句：

UPDATE Student SET StudentID='2019620288' WHERE StudentID='2019620208'
GO

④ 单击"执行"按钮，执行结果如图 13-11 所示，提示错误是两个表之间有外键约束。

可以用下面的方法删除 SelectCourse 表的所有外键：展开该表的"键"结点，右击要删除的键名，从快捷菜单中选择"删除"命令，如图 13-12 所示。

显示"删除对象"对话框，如图 13-13 所示，单击"确定"按钮。

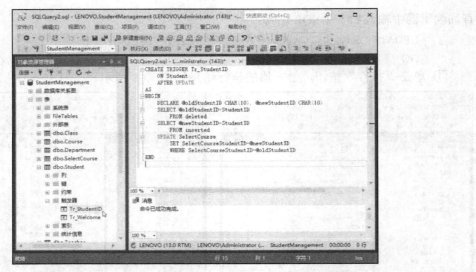

图 13-10　创建触发器

图 13-11　外键约束错误提示

　　　　　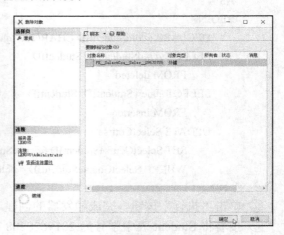

图 13-12　键的快捷菜单　　　　　　　　　　图 13-13　"删除对象"对话框

删除 SelectCourse 表的两个外键后，执行下面 T-SQL 语句：

UPDATE Student SET StudentID='2019620288' WHERE StudentID='2019620208'
GO

单击"执行"按钮，执行结果如图 13-14 所示。在"消息"选项卡中显示 SelectCourse 表中有 2 行被修改，Student 表中有 1 行被修改。

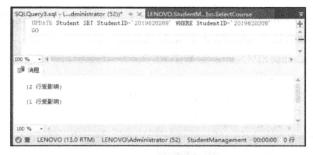

图 13-14 执行触发器

在修改 Student 表中的学号的同时，SelectCourse 表中的学号也被修改成相应的学号。修改后，Student 表和 SelectCourse 表中的记录如图 13-15 所示。

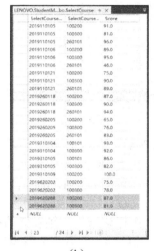

（a） （b）

图 13-15 触发器的执行结果

【例 13-5】 创建一个触发器，当插入或更新 SelectCourse 表中的成绩时，该触发器检查插入或更新的数据是否处于设定的数值范围 0~100 内。操作步骤如下。

① 单击"新建查询"按钮，在查询编辑器中输入如下 T-SQL 语句：

```
CREATE TRIGGER Tr_Score
    ON SelectCourse
    FOR INSERT,UPDATE
AS
DECLARE @score NUMERIC(4,1)
    SELECT @score=inserted.Score
        FROM inserted
IF(@score<0 OR @score>100)
BEGIN
    PRINT '成绩的取值必须在 0 到 100 之间'
    ROLLBACK TRANSACTION
END
```

② 单击"执行"按钮，完成触发器的创建，如图 13-16 所示。

③ 接着修改 SelectCourse 表中的成绩，把 75～79 分（含）的成绩改为 80。单击"新建查询"按钮，在查询编辑器中输入如下 T-SQL 语句：

```
UPDATE SelectCourse SET Score=80 WHERE Score>=75 AND Score<=79
GO
```

④ 单击"执行"按钮，触发器的执行结果如图 13-17 所示。

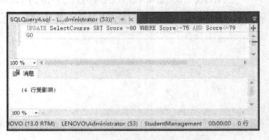

图 13-16　创建触发器　　　　　　　　　图 13-17　触发器的执行结果

修改后，SelectCourse 表中的记录如图 13-18 所示。

⑤ 在查询编辑器中输入如下 T-SQL 语句：

```
UPDATE SelectCourse SET Score=120 WHERE Score=100.0
GO
```

⑥ 执行该语句，触发器的执行结果如图 13-19 所示。

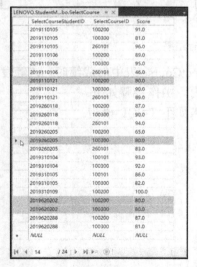

图 13-18　修改后 SelectCourse 表的记录　　　图 13-19　触发器的执行结果

（3）创建 DELETE 触发器

【例 13-6】　创建 DELETE 触发器，实现：如果某个学生退学，当删除 Student 表中某个学生的记录时，SelectCourse 表中相应学号的记录也被同时删除。操作步骤如下。

· 230 ·

① 单击"新建查询"按钮,在查询编辑器中输入如下 T-SQL 语句:
```
CREATE TRIGGER Tr_DeleteStudent
    ON Student
    FOR DELETE
AS
DECLARE @studentID CHAR(10)
    SELECT @studentID=StudentID
        FROM deleted
    DELETE FROM SelectCourse
        WHERE SelectCourse.SelectCourseStudentID=@studentID
GO
```
② 单击"执行"按钮,完成触发器的创建,如图 13-20 所示。

③ 接着删除 Student 表中学号 2019620288 的学生记录。单击"新建查询"按钮,在查询编辑器中输入如下 T-SQL 语句:
```
DELETE FROM Student WHERE StudentID='2019620288'
GO
```
④ 执行以上语句,执行结果如图 13-21 所示,在"消息"选项卡中显示,Student 表中有 1 行受影响,SelectCourse 表中有 2 行受影响。

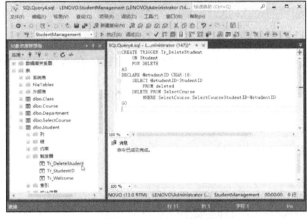
图 13-20　创建触发器

图 13-21　触发器执行结果

刷新数据库 StudentManagement 后,显示 Student 表和 SelectCourse 表中的记录,可以看到,两个表中的学号为 2019620288 的学生记录都被删掉了。

(4) 创建 INSTEAD OF 触发器

AFTER 触发器是在触发语句执行后触发的。与 AFTER 触发器不同的是,INSTEAD OF 触发器触发时只执行触发器内部的 SQL 语句,而不执行激活该触发器的 SQL 语句。一个表或视图中只能有一个 INSTEAD OF 触发器。

【例 13-7】　在数据库 StudentManagement 中创建视图 View_Score,包含学生的学号、姓名、课程号和成绩。该视图依赖于 Student 表、Course 表和 SelectCourse 表,是不可更新视图。可以在视图上创建 INSTEAD OF 触发器,当向视图中插入数据时,分别向 Student 表和 SelectCourse 表插入数据,从而实现向视图插入数据的功能。操作步骤如下。

① 创建视图 View_Score,单击"新建查询"按钮,在查询编辑器中输入如下 T-SQL 语句:

```
USE StudentManagement
GO
CREATE VIEW View_Score
AS
SELECT StudentID,StudentName,CourseID,Score
FROM Course INNER JOIN SelectCourse
    ON Course.CourseID=SelectCourse.SelectCourseID
    INNER JOIN Student ON SelectCourse.SelectCourseStudentID=Student.StudentID
GO
```

② 执行上面语句,创建视图 View_Score,如图 13-22 所示。

图 13-22　创建视图

③ 创建 INSTEAD OF 触发器 Tr_View_Score。单击"新建查询"按钮,在查询编辑器中输入如下 T-SQL 语句:

```
CREATE TRIGGER Tr_View_Score
    ON View_Score
    INSTEAD OF INSERT
AS
BEGIN
    DECLARE @studentID CHAR(10),@studentName CHAR(22),
            @courseID CHAR(6),@score NUMERIC(4,1)
    SELECT @studentID=StudentID,@studentName=StudentName,
           @courseID=CourseID,@score=Score
    FROM inserted
    INSERT Student(StudentID,StudentName)
        VALUES(@studentID,@studentName)
    INSERT SelectCourse(SelectCourseStudentID,SelectCourseID,Score)
        VALUES(@studentID,@courseID,@score)
END
```

④ 单击"执行"按钮,完成触发器的创建,如图 13-23 所示。
⑤ 接着向视图 View_Score 中插入一行数据,在查询编辑器中输入语句如下:
```
INSERT INTO View_Score VALUES('2019620233','王斌','100101',95)
GO
```

执行上面语句，结果如图 13-24 所示，在"消息"选项卡中显示有 3 个表中的记录受影响。

图 13-23　创建触发器

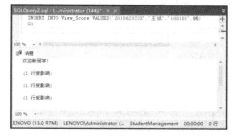

图 13-24　执行视图

⑥ 下面查看受影响的 3 个表中的记录。

查看视图中是否插入记录，T-SQL 语句如下：

　　SELECT * FROM View_Score WHERE StudentID='2019620233'

执行结果如图 13-25 所示。

⑦ 查看与视图关联的 Student 表的情况，T-SQL 语句如下：

　　SELECT * FROM Student WHERE StudentID='2019620233'

执行结果如图 13-26 所示。

图 13-25　查看视图中插入的记录

图 13-26　查看 Student 表中插入的记录

⑧ 查看与视图关联的 SelectCourse 表的情况，T-SQL 语句如下：

　　SELECT * FROM SelectCourse WHERE SelectCourseStudentID='2019620233'

执行结果如图 13-27 所示。

2. 创建 DDL 触发器

DDL 触发器会为响应多种数据定义语言（DDL）语句而激发。这些语句主要以 CREATE、ALTER 和 DROP 开头。DDL 触发器可用于管理任务，如审核系统、控制数据库的操作。其语法格式如下：

图 13-27　查看 SelectCourse 表中插入的记录

　　CREATE TRIGGER trigger_name
　　ON {ALL SERVER|DATABASE}[WITH <ddl_trigger_option> [,…n]]
　　{FOR|AFTER} {event_type|event_group}[,…n]
　　AS {sql_statement [;] [,…n]|EXTERNAL NAME <method specifier>[;]}

在响应当前数据库或服务器中处理的 T-SQL 事件时，可以触发 DDL 触发器。触发器的作用域取决于事件。

【例13-8】 创建服务器作用域的 DDL 触发器,当删除一个数据库时,提示禁止该操作并回滚删除数据库的操作。操作步骤如下。

① 单击"新建查询"按钮,在查询编辑器中输入如下 T-SQL 语句:

```
CREATE TRIGGER Tr_Server
    ON ALL SERVER
    AFTER DROP_DATABASE
AS
BEGIN
    PRINT '不能删除该数据库!'
    ROLLBACK TRANSACTION
END
```

② 单击"执行"按钮,完成服务器作用域的 DDL 触发器的创建,如图 13-28 所示。然后刷新服务器,或者关闭 SSMS,再重新执行 SSMS。

③ 删除数据库 StudentManagement。单击"新建查询"按钮,在查询编辑器中输入语句如下:

```
DROP DATABASE StudentManagement
GO
```

④ 执行上面的语句,触发器的执行结果如图 13-29 所示。

图 13-28 创建服务器作用域的 DDL 触发器　　　　图 13-29 触发器的执行结果

【例13-9】 创建数据库 StudentManagement 作用域的 DDL 触发器,当删除一个表时,提示禁止该操作,然后回滚删除表的操作。操作步骤如下。

① 单击"新建查询"按钮,在查询编辑器中输入如下 T-SQL 语句:

```
USE StudentManagement
GO
CREATE TRIGGER Tr_Database
    ON DATABASE
    AFTER DROP_TABLE
AS
BEGIN
    PRINT '不能删除该表!'
    ROLLBACK TRANSACTION
END
```

② 单击"执行"按钮，完成数据库 StudentManagement 作用域的 DDL 触发器的创建，如图 13-30 所示。

③ 接着删除数据库 StudentManagement 中的 Title 表。单击"新建查询"按钮，在查询编辑器中输入如下语句：

DROP Table Title
GO

执行上面的语句，触发器的执行结果如图 13-31 所示。

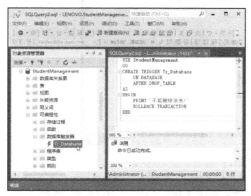
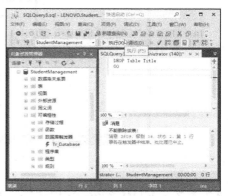

图 13-30　创建数据库作用域的 DDL 触发器　　　图 13-31　触发器的执行结果

13.3　查看触发器

如果要显示作用于表上的触发器究竟对表有哪些操作，必须要查看触发器信息。用户既可以使用 SSMS 查看触发器的源代码，也可以使用 SQL Server 提供的系统存储过程来查看触发器信息。

13.3.1　使用 SSMS 查看触发器源代码

使用 SSMS 查看触发器源代码的操作步骤如下。

① 启动 SSMS，在对象资源管理器中展开"触发器"结点。

② 右击需要查看的触发器，从弹出的快捷菜单中选择"编写触发器脚本为"→"CREATE 到"→"新查询编辑器窗口"命令，如图 13-32 所示。

图 13-32　选择"新查询编辑器窗口"命令

③ 打开触发器脚本编辑窗口（即查询编辑器），可以查看触发器的源代码，如图 13-33 所示。

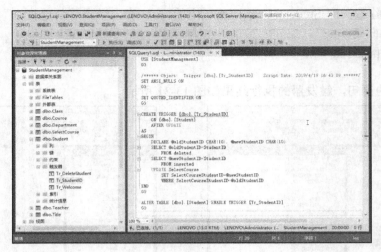

图 13-33　触发器源代码

13.3.2　使用系统存储过程查看触发器信息

使用系统存储过程 sp_help，sp_helptext 和 sp_depends 可以分别查看触发器的不同信息。

【例 13-10】　使用系统存储过程查看用户存储过程 Up_Course_Info 的参数和相关性。操作步骤如下。

① 单击"新建查询"按钮，在查询编辑器中输入如下 T-SQL 语句：

EXEC sp_helptext Tr_StudentID
EXEC sp_help Tr_StudentID
EXEC sp_depends Tr_StudentID

② 单击"执行"按钮，执行结果如图 13-34 所示。

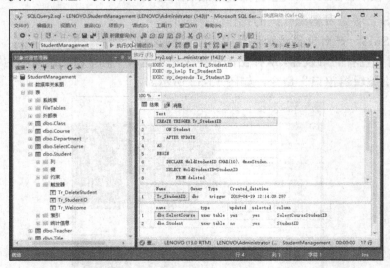

图 13-34　执行结果

13.4 修改触发器

既可以使用 SSMS 修改触发器，也可以使用 T-SQL 语句修改触发器。

13.4.1 使用 SSMS 修改触发器

使用 SSMS 修改触发器的操作步骤如下。

① 启动 SSMS，在对象资源管理器中展开"触发器"结点。

② 右击需要修改的触发器，从弹出的快捷菜单中选择"修改"命令，如图 13-35 所示。

③ 打开与创建触发器时类似的触发器脚本编辑窗口（查询编辑器），如图 13-36 所示。在该窗口中，用户可以直接修改定义该触发器的 T-SQL 语句。

图 13-35 选择"修改"命令　　　　图 13-36 修改触发器脚本

13.4.2 使用 T-SQL 语句修改触发器

可以使用 ALTER TRIGGER 语句修改触发器。

修改 DML 触发器的语法格式如下：

  ALTER TRIGGER [schema_name .]trigger_name ON { table | view }
  [WITH <dml_trigger_option> [,…n]]{ FOR | AFTER | INSTEAD OF } { [INSERT] [,]
  [UPDATE][,] [DELETE] }
  AS { sql_statement　[;] [,…n] }
  <dml_trigger_option> ::=[ENCRYPTION] [EXECUTE AS Clause]

修改 DDL 触发器的语法格式如下：

  ALTER TRIGGER trigger_name
    ON {ALL SERVER | DATABASE}[WITH <ddl_trigger_option> [,…n]]
    {FOR | AFTER} {event_type | event_group}[,…n]
    AS {sql_statement [;] [,…n] | EXTERNAL NAME <method specifier> [;] }

【例 13-11】 为 Student 表创建一个不允许执行添加、更新操作的触发器，然后将其修改为不允许执行添加操作。操作步骤如下。

① 为 Student 表创建一个不允许执行添加、更新操作的触发器 Tr_Reminder，单击"新建查询"按钮，在查询编辑器中输入如下 T-SQL 语句：

```
CREATE TRIGGER Tr_Reminder
    ON Student
    WITH ENCRYPTION
    AFTER INSERT,UPDATE
AS
BEGIN
    PRINT '不能对该表执行添加、更新操作!'
    ROLLBACK
END
```

② 单击"执行"按钮,完成触发器的创建。

③ 接着修改触发器 Tr_Reminder,将其修改为不允许执行添加操作。单击"新建查询"按钮,在查询编辑器中输入如下 T-SQL 语句:

```
ALTER TRIGGER Tr_Reminder
    ON Student
    AFTER INSERT
AS
BEGIN
    PRINT '不能对该表执行添加操作!'
    ROLLBACK
END
```

13.5 禁用与启用触发器

在有些情况下,用户可能希望暂停触发器的使用,但并不删除它,此时,可以先"禁用"触发器。已禁用的触发器还可以再"启用"。

13.5.1 使用 SSMS 禁用与启用触发器

使用 SSMSS 禁用与启用触发器的操作步骤如下。

① 启动 SSMS,在对象资源管理器中展开"触发器"结点。

② 右击需要禁用的触发器,从快捷菜单中选择"禁用"命令,如图 13-37 所示。显示禁用触发器成功提示框,如图 13-38 所示。

图 13-37 "禁用"触发器

图 13-38 禁用触发器成功提示框

③ 已禁用的触发器还可以再"启用",右击需要启动的触发器,从快捷菜单中选择"启用"命令,如图 13-39 所示。显示启用触发器成功提示框,如图 13-40 所示。

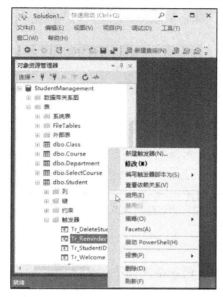

图 13-39 "禁用"触发器

图 13-40 启用触发器成功提示框

13.5.2 使用 T-SQL 语句禁用与启用触发器

禁用与启用触发器的 T-SQL 语句的语法格式如下:

ALTER TABLE table_name
    {ENABLE|DISABLE} TRIGGER
        {ALL| trigger_name [,…n]}

使用该语句可以禁用或启用指定表上的某些触发器或所有触发器。

13.6 删除触发器

触发器本身是作用于表上的,因此,当表被删除时,表上的触发器也将一起被删除。由于某种原因,需要从表上删除触发器或者使用新的触发器,必须首先删除旧的触发器。只有触发器所有者才有权删除触发器。既可以使用 SSMS 删除触发器,也可以使用 T-SQL 语句删除触发器。

13.6.1 使用 SSMS 删除触发器

使用 SSMS 删除触发器的操作步骤如下。
① 启动 SSMS,在对象资源管理器中展开"触发器"结点。
② 右击需要删除的触发器,从快捷菜单中选择"删除"命令,如图 13-41 所示。
③ 打开"删除对象"对话框,如图 13-42 所示。单击"确定"按钮,即可删除该触发器。

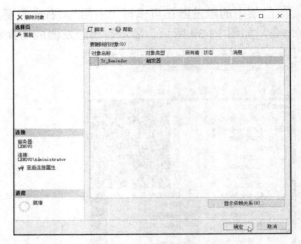

图 13-41　选择"删除"命令　　　　　图 13-42　"删除对象"对话框

13.6.2　使用 T-SQL 语句删除触发器

使用 DROP TRIGGER 语句可以删除指定的触发器，语法格式如下：

  DROP TRIGGER { trigger } [,…n]

【例 13-12】　使用 T-SQL 语句删除触发器 Tr_Reminder。操作步骤如下。

① 单击"新建查询"按钮，在查询编辑器中输入如下 T-SQL 语句：

  DROP TRIGGER Tr_Reminder
  GO

② 单击"执行"按钮，完成触发器的删除。

13.7　实训——学籍管理系统中触发器的设计

【实训 13-1】　Class 表中的 Amount 列表示该班级当前最新的学生人数，该列的值随着学生表中记录数的改变而改变，即：当学生表中新增学生记录，并且分配了具体的所属班级后，该班级的学生人数自动加 1；当学生表中删除某记录并且删除的记录有所属班级时，该班级的学生人数自动减1；当学生表中的所属班级发生改变时，原来班级的学生人数自动减 1，新的班级的学生人数自动加 1。要求分别使用 INSERT，DELETE，UPDATE 触发器实现以上功能。操作步骤如下。

① 首先建立 INSERT 触发器，单击"新建查询"按钮，在查询编辑器中输入如下 T-SQL 语句：

  --INSERT 触发器
  USE StudentManagement
  GO
  CREATE TRIGGER Tr_AddStudent
    ON Student
    AFTER INSERT
  AS
  DECLARE @newClassID CHAR(8)

```
        SELECT @newClassID=StudentClassID
            FROM inserted
        UPDATE Class SET Amount =ISNULL(Amount,0)+1
            WHERE ClassID=@newClassID
        GO
```
执行上面语句，结果如图 13-43 所示。

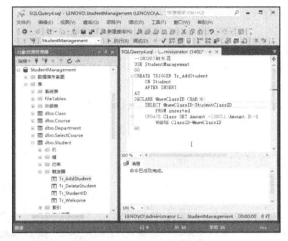

图 13-43　建立 INSERT 触发器

② 然后测试 INSERT 触发器。打开查询编辑器，输入如下 T-SQL 语句：
```
SELECT * FROM Class
    WHERE ClassID='20191101'    --插入学生记录之前的数据
GO
INSERT INTO Student(StudentID,StudentName,Sex,Birthday,StudentClassID)
        VALUES('2019110131','赵一','男','2000-10-15','20191101')
GO
SELECT * FROM Class
    WHERE ClassID='20191101'    --插入学生记录之后的数据
GO
```
单击"执行"按钮，查询结果如图 13-44 所示。

图 13-44　查询结果

· 241 ·

③ 下面建立 DELETE 触发器，打开查询编辑器，输入如下 T-SQL 语句：
```
--DELETE 触发器
USE StudentManagement
GO
CREATE TRIGGER Tr_DelStudent
    ON Student
    AFTER DELETE
AS
DECLARE @oldClassID CHAR(8)
    SELECT @oldClassID=StudentClassID
        FROM deleted
    UPDATE Class SET Amount =ISNULL(Amount,0)-1
        WHERE ClassID = @oldClassID
GO
```
执行上面语句，结果如图 13-45 所示。

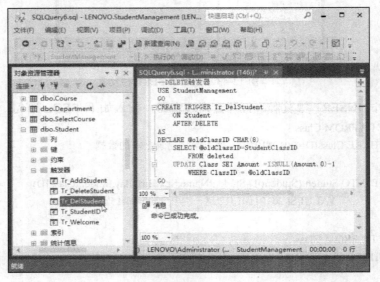

图 13-45　建立 DELETE 触发器

④ 然后测试 DELETE 触发器。打开查询编辑器，输入如下 T-SQL 语句：
```
SELECT * FROM Class
    WHERE ClassID='20191101'    --删除学生记录之前的数据
GO
DELETE FROM Student WHERE StudentID='2019110131'
GO
SELECT * FROM Class
    WHERE ClassID='20191101'    --删除学生记录之后的数据
GO
```
单击"执行"按钮，查询结果如图 13-46 所示。

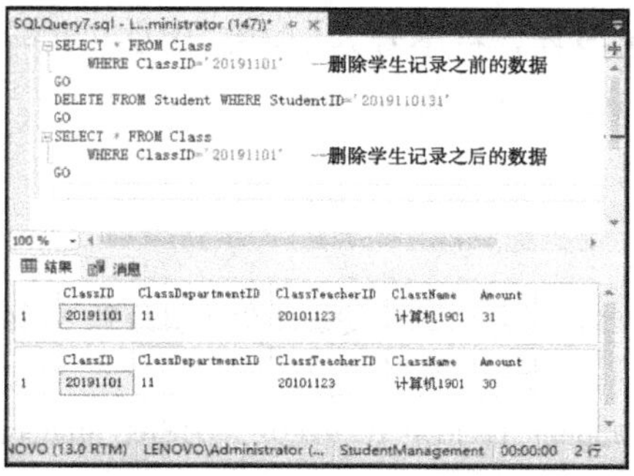

图 13-46　查询结果

⑤ 下面建立 UPDATE 触发器，打开查询编辑器，输入如下 T-SQL 语句：
```
--UPDATE 触发器
USE StudentManagement
GO
CREATE TRIGGER Tr_UpdateStudent
    ON Student
    AFTER UPDATE
AS
DECLARE @oldClassID CHAR(8),@newClassID CHAR(8)
IF UPDATE(StudentClassID)
BEGIN
    SELECT @oldClassID=StudentClassID FROM deleted
    SELECT @newClassID= StudentClassID FROM inserted
    UPDATE Class SET Amount=ISNULL(Amount,0)-1 WHERE ClassID=@oldClassID
    UPDATE Class SET Amount=ISNULL(Amount,0)+1 WHERE ClassID=@newClassID
END
GO
```
执行上面的语句，显示如图 13-47 所示。

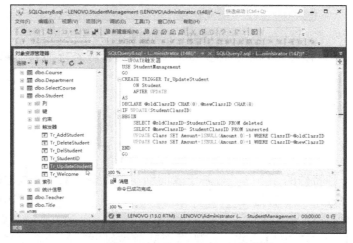

图 13-47　建立 UPDATE 触发器

· 243 ·

⑥ 然后测试 UPDATE 触发器，将学号为 2019310109 的学生的班级编号改为 20192602。打开查询编辑器，输入如下 T-SQL 语句：

```
SELECT * FROM Class
GO
SELECT * FROM Class
    WHERE ClassID='20192602'        --更新学生班级编号之前的数据
GO
UPDATE Student SET StudentClassID='20192602' WHERE StudentID='2019310109'
GO
SELECT * FROM Class
GO
SELECT * FROM Class
    WHERE ClassID='20192602'        --更新学生班级编号之后的数据
GO
```

单击"执行"按钮，查询结果如图 13-48 所示。

图 13-48　查询结果

按照类似的方法，读者可以根据需要继续创建学籍管理系统的其他触发器，这里不再赘述。

习题 13

一、填空题

1．触发器是一种特殊的_____，基于表而创建，主要用来保证数据的完整性。

2．触发器可以在对一个表进行_____、_____和_____操作中的任意一种或几种操作时被自动调用执行。

3．替代触发器（INSTEAD OF）在数据变动前被触发。对于每个触发操作，只能定义_____个 INSTEAD OF 触发器。

4．当某个表被删除后，该表上的_____将自动被删除。

二、选择题

1．在 SQL Server 中，触发器不具有_____类型。
   A．INSERT 触发器　　　　　　　B．UPDATE 触发器
   C．DELETE 触发器　　　　　　　D．SELECT 触发器
2．SQL Server 为每个触发器建立了两个临时表，它们是_____。
   A．inserted 和 updated　　　　　B．inserted 和 deleted
   C．updated 和 deleted　　　　　 D．selected 和 inserted

三、简答题

1．什么是触发器？SQL Server 有哪几种类型的触发器？
2．举例说明如何创建 INSERT，UPDATE，DELETE 触发器。

四、设计题

1．使用学籍管理数据库 Student Management，在 Student 表上建立 INSERT 触发器，实现当新插入学生记录时，向选课表中自动添加所有课程的成绩信息。

2．使用学籍管理数据库 Student Management，在 Student 表上建立 DELETE 触发器，实现 Student 表和 SelectCourse 表的级联删除。

3．使用学籍管理数据库 Student Management，在 SelectCourse 表上建立触发器，实现根据成绩自动汇总每个学生获得的总学分，并修改学生总学分。

第 14 章 数据库的备份和还原

通过实现数据库安全性和完整性，可以做到使数据安全、保密、正确、完整及一致，但是仍然难免因各种原因使数据库出现故障或遭受破坏，因此数据库管理系统仍需要一套完整的数据备份和还原机制来保证在数据库遭受破坏时，将数据库还原到离故障发生点最近的一个正确状态，从而尽可能少地损失数据。

14.1 备份和还原的基本概念

尽管在 SQL Server 中采取了许多措施来保证数据库的安全性和完整性，但故障仍不可避免。因此，SQL Server 制定了一个良好的备份还原策略，定期将数据库进行备份以保护数据库，以便在事故发生后还原数据库。

14.1.1 备份和还原的必要性

数据库中的数据丢失或被破坏可能的原因如下。

① 计算机硬件故障。由于使用不当或产品质量等原因，计算机硬件可能会出现故障，不能使用，例如，硬盘损坏会使得存储于其中的数据丢失。

② 软件故障。由于软件设计上的失误或用户使用的不当，软件系统可能会误操作数据引起数据被破坏。

③ 计算机病毒。计算机病毒是一种人为的故障或破坏，轻则使部分数据不正确，重则使整个数据库遭到破坏。

④ 用户操作错误。用户有意或无意的操作可能会删除数据库中的有用数据或添加错误的数据，这同样会造成故障。

⑤ 自然灾害。火灾、洪水或地震等自然灾害会造成极大的破坏，毁坏计算机系统及其数据。

14.1.2 数据库备份的基本概念

数据库备份记录了在进行备份这一操作时数据库中所有数据的状态，以便在数据库遭到破坏时能够及时地将其还原。执行备份操作必须拥有对数据库备份的权限许可。SQL Server 只允许系统管理员、数据库所有者和数据库备份执行者备份数据库。

1. 备份内容

数据库中数据的重要程度决定了数据还原的必要性与重要性，也决定了数据是否需要备份及如何备份。数据库需要备份的内容可分为数据文件（又分为主要数据文件和次要数据文件）和日志文件两部分。其中，数据文件中所存储的系统数据库是确保 SQL Server 系统正常运行的重要依据。因此，系统数据库必须完全备份。

2. 备份数据库的时机

（1）备份系统数据库

当系统数据库 master，msdb 和 model 中的任何一个被修改以后，都要将其备份。master

数据库包含了 SQL Server 系统有关数据库的全部信息,即它是"数据库的数据库"。如果 master 数据库损坏,那么 SQL Server 可能无法启动,并且用户数据库可能无效。如果 master 数据库被破坏而没有 master 数据库的备份,就只能重建全部的系统数据库了。

(2) 备份用户数据库

当用户创建数据库或加载数据库时,应当备份用户数据库。

当用户为数据库创建索引时,应当备份用户数据库,以便还原时大大节省时间。

当用户清理了事务日志或执行了不记事务日志的 T-SQL 语句时,应当备份用户数据库,这是因为如果事务日志记录被清除或命令未记录在事务日志中,事务日志中将不包含用户数据库的活动记录,因此不能通过事务日志还原数据。不记事务日志的语句有 BACKUP LOG WITH NO_LOG,WRITETEXT,UPDATETEXT,SELECT INTO,以及命令行实用程序、BCP 语句等。

当用户执行完大容量数据装载语句或修改语句后,SQL Server 不会将这些大容量的数据处理活动记录到事务日志中,所以应当进行用户数据库的备份。例如,执行完 WRITETEXT,UPDATETEXT 语句后应当备份用户数据库。

3. 备份数据库时限制的操作

SQL Server 在执行数据库备份的过程中,允许用户对数据库继续操作,但不允许用户在备份时执行下列操作:创建或删除数据库文件、创建索引或使用不记事务日志的语句。

如果在系统正执行上述操作中的任何一种时试图进行备份,则备份进程不能执行。

4. 备份方法

数据库备份常用的两种方法是完全备份和差异备份。完全备份每次都备份整个数据库或事务日志;差异备份则只备份自上次备份以来发生过变化的数据库中的数据,也称为增量备份。

SQL Server 有两类基本的备份:一是只备份数据库,二是备份数据库和事务日志。它们可以与完全备份或差异备份相结合。另外,当数据库很大时,也可以进行个别文件或文件组的备份,从而将数据库备份分割为多个较小的备份过程。这样就形成了以下 4 种备份方法。

(1) 完全数据库备份

这种方法按常规定期备份整个数据库,包括事务日志。当系统出现故障时,可以还原到最近一次数据库备份时的状态,但自该备份后所提交的事务都将丢失。

完全数据库备份的主要优点是简单,备份是单一操作,可按一定的时间间隔预先设定,还原时只需一个步骤就可以完成。

(2) 数据库和事务日志备份

这种方法不需要很频繁地定期进行数据库备份,而是在两次完全数据库备份期间,进行事务日志备份。所备份的事务日志记录了两次数据库备份之间所有的数据库活动记录。当系统出现故障后,能够还原所有备份的事务,而只丢失未提交或提交但未执行完的事务。

执行还原时,需要两步:首先还原最近的完全数据库备份,然后还原在该完全数据库备份以后的所有事务日志备份。

(3) 差异备份

差异备份只备份自上次数据库备份后发生更改的部分数据库,它用来扩充完全数据库备份或数据库和事务日志备份方法。对于一个经常修改的数据库,采用差异备份方法可以缩短备份和还原时间。差异备份比完全数据库备份工作量小而且备份速度快，对正在运行的系统的影响也较小，因此可以更经常地备份。经常备份将减少丢失数据的危险。

使用差异备份方法，执行还原时，若是数据库备份，则用最近的完全数据库备份和最近的差异备份后的数据库备份来还原数据库；若是差异数据库和事务日志备份，则用最近的完全数据库备份和最近的差异备份后的事务日志备份来还原数据库。

（4）数据库文件或文件组备份

这种方法只备份特定的数据库文件或文件组，同时还要定期备份事务日志，这样在还原时可以只还原已损坏的文件，而不用还原数据库的其余部分，从而加快了还原速度。

14.1.3 数据库还原的基本概念

数据库还原（恢复）是指将数据库备份重新加载到系统中的过程。

1．准备工作

数据库还原的准备工作包括系统安全性检查和备份介质验证。在进行还原时，系统先执行安全性检查、重建数据库及其相关文件等操作，以保证数据库安全地还原。这是数据库还原时必要的准备，可以防止错误的还原操作。例如，用不同的数据库备份或用不兼容的数据库备份信息覆盖某个已存在的数据库。当系统发现出现了以下情况时，还原操作将不进行：

- 指定要还原的数据库已存在，但在备份文件中记录的数据库与其不同；
- 服务器中的数据库文件集与备份中的数据库文件集不一致；
- 未提供还原数据库所需的所有文件或文件组。

安全性检查是系统在执行还原操作时自动进行的。在还原数据库时，要确保数据库的备份是有效的，即要验证备份介质，得到数据库备份的信息。这些信息包括：

- 备份文件或备份集名及描述信息；
- 所使用的备份介质类型（磁带或磁盘等）；
- 所使用的备份方法；
- 执行备份的日期和时间；
- 备份集的大小；
- 数据文件及日志文件的逻辑文件名和物理文件名；
- 备份文件的大小。

2．执行还原数据库的操作

用户可以使用 SSMS 或 T-SQL 语句执行还原数据库的操作。具体的还原操作步骤将在后面详细介绍。

14.2 备份数据库

在进行备份以前必须先创建或指定备份设备。备份设备是用来存储数据库、事务日志或文件和文件组备份的存储介质，可以是硬盘、磁带或管道。当使用磁盘时，SQL Server 允许将本地主机硬盘和远程主机的硬盘作为备份设备。备份设备在硬盘中是以文件的方式存储的。

14.2.1 创建备份设备

1. 创建永久备份设备

如果使用磁盘设备备份,那么备份设备实际上就是磁盘文件;如果使用磁带设备备份,那么备份设备实际上就是一个或多个磁带。

创建备份设备有两种方法:使用 SSMS 或系统存储过程 sp_addumpdevice。

(1) 使用 SSMS 创建永久备份设备

使用 SSMS 创建永久备份设备的操作步骤如下。

① 启动 SSMS,在对象资源管理器中展开"服务器对象"结点,右击"备份设备"结点,从快捷菜单中选择"新建备份设备"命令,如图 14-1 所示。

② 显示"备份设备"对话框,输入备份设备的名称(例如 MyDevice),"目标"栏选择"文件",并输入完整的物理路径(例如 C:\SQL 练习\MyDevice.bak),如图 14-2 所示。单击"确定"按钮,完成备份设备的创建。

图 14-1 选择"新建备份设备"命令　　　图 14-2 "备份设备"对话框

(2) 使用系统存储过程创建命名备份设备

执行系统存储过程 sp_addumpdevice 可以在磁盘或磁带中创建命名备份设备,也可以将数据定向到命名管道。

创建命名备份设备时,要注意以下两点:

① SQL Server 将在系统数据库 master 的系统表 sysdevice 中创建该命名备份设备的物理名称和逻辑名称。

② 必须指定该命名备份设备的物理名称和逻辑名称。当在网络磁盘中创建命名备份设备时要说明网络磁盘文件路径名。

其语法格式如下:

```
sp_addumpdevice [ @devtype = ] 'device_type' ,
    [ @logicalname = ] 'logical_name' ,
    [ @physicalname = ] 'physical_name'
```

其中,device_type 表示设备类型,其值可为 disk、pipe 和 tape;logical_name 表示设备的逻辑名称;physical_name 表示设备的实际(物理)名称。

【例14-1】 在本地硬盘中创建一个备份设备。操作步骤如下：

① 单击"新建查询"按钮，在查询编辑器中输入如下 T-SQL 语句：

```
USE master
GO
EXEC sp_addumpdevice 'disk','backupfile',
       'C:\SQL练习\backupfile.bak'
```

② 单击"执行"按钮，完成本地硬盘备份设备的创建，如图14-3所示。

图 14-3 创建本地硬盘备份设备

例14-1所创建的备份设备的逻辑名称是"backupfile"，物理名称是"C:\SQL 练习\backupfile.bak"。

（3）删除备份设备

当所创建的命名备份设备不再需要时，可使用 SSMS 或系统存储过程 sp_dropdevice 删除它。在 SSMS 中删除命名备份设备时，若被删除的命名备份设备是磁盘文件，那么必须在其物理路径下手工删除该文件。

使用系统存储过程 sp_dropdevice 删除命名备份设备时，如果被删除的命名备份设备的类型为磁盘，那么必须指定 DELFILE 选项，但备份设备的物理文件一定不能直接保存在磁盘根目录下。

【例14-2】 删除命名备份设备 backupfile 的语句如下：

```
EXEC sp_dropdevice 'backupfile',DELFILE
```

2．创建临时备份设备

如果用户只需要进行数据库的一次性备份或测试自动备份操作，则可以用临时备份设备。

在创建临时备份设备时，要指定介质类型（磁盘、磁带）、完整的路径名及文件名称。可使用 BACKUP DATABASE 语句创建临时备份设备。对使用临时备份设备进行的备份，SQL Server 系统将创建临时文件来存储备份的结果。其语法格式如下：

```
BACKUP DATABASE { database_name | @database_name_var }
    TO <backup_file> [,…n ]
```

【例14-3】 在磁盘中创建一个临时备份设备，它用来备份数据库 StudentManagement。操作步骤如下：

① 单击"新建查询"按钮，在查询编辑器中输入如下 T-SQL 语句：
USE master
GO
BACKUP DATABASE StudentManagement TO DISK= 'C:\SQL 练习\tempStuM.bak'

② 单击"执行"按钮，完成临时备份设备的创建，如图 14-4 所示。

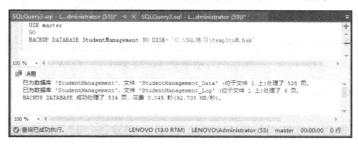

图 14-4　创建临时备份设备

14.2.2　备份语句

1. 备份整个数据库

T-SQL 语句提供了 BACKUP 语句执行备份操作，其语法格式如下：

　　BACKUP DATABASE　{database_name | @database_name_var }
　　　TO < backup_device > [,…n]
　　[< MIRROR TO clause >]
　　[WITH { DIFFERENTIAL | < general_WITH_options > [,…n] }]

主要参数的含义说明如下。

{database_name | @database_name_var }：指定备份事务日志、部分数据库或完整数据库时所用的源数据库。如果作为变量@database_name_var 提供，则可以将该名称指定为字符串常量（@database_name_var = database name）或字符串型（ntext 或 text 型除外）变量。

< backup_device >：指定用于备份操作的逻辑备份设备或物理备份设备。

< MIRROR TO clause >：指定将要镜像的 TO 子句中指定备份设备的一个或多个备份设备。最多可以使用三个 MIRROR TO 子句。

WITH：指定要用于备份操作的选项。

DIFFERENTIAL：只能与 BACKUP DATABASE 一起使用，指定数据库备份或文件备份应该只包含上次完整备份后修改的数据库或文件部分。

< general_WITH_options >：指定一些诸如是否仅复制备份、是否对此备份执行备份压缩、指定说明备份集的自由格式文本等操作选项。

【例 14-4】　使用逻辑名称 testdevice 在"C:\SQL 练习\"中创建一个命名的备份设备，并将数据库 StudentManagement 完全备份到该设备中。操作步骤如下。

① 单击"新建查询"按钮，在查询编辑器中输入如下 T-SQL 语句：
USE master
GO
EXEC sp_addumpdevice 'disk','testdevice','C:\SQL 练习\testdevice.bak'
BACKUP DATABASE StudentManagement TO testdevice

② 单击"执行"按钮，完成整个数据库的备份，如图 14-5 所示。

图 14-5 整个数据库的备份

2．差异备份数据库

对于需要频繁修改的数据库，进行差异备份可以缩短备份和还原的时间。只有当已经进行了完全数据库备份后，才能进行差异备份。在进行差异备份时，SQL Server 将备份从最近的完全数据库备份后数据库中发生了变化的部分。

SQL Server 执行差异备份时需注意：
- 若在上次完全数据库备份后，数据库的某行被修改了，则执行差异备份只保存最后一次改动的值。
- 为了使差异备份设备与完全数据库备份设备区分开来，应使用不同的设备名。

【例 14-5】 创建临时备份设备并在所创建的临时备份设备中进行差异备份。操作步骤如下。

① 单击"新建查询"按钮，在查询编辑器中输入如下 T-SQL 语句：

USE master
GO
BACKUP DATABASE StudentManagement
TO DISK ='C:\SQL 练习\SMbk.bak'
WITH DIFFERENTIAL

② 单击"执行"按钮，完成临时备份设备中的差异备份，如图 14-6 所示。

图 14-6 临时备份设备中的差异备份

3．备份数据库文件或文件组

当数据库非常大时，可以进行数据库文件或文件组的备份。

使用数据库文件或文件组备份时，要注意以下几点：
- 必须指定文件或文件组的逻辑名。
- 必须执行事务日志备份，以确保还原后的文件与数据库其他部分的一致性。
- 应轮流备份数据库中的文件或文件组，以使数据库中的所有文件或文件组都定期得到备份。

【例 14-6】 假设数据库 Example 中有两个数据文件 d1 和 d2，事务日志存储在文件 log 中。将文件 data1 备份到备份设备 d1backup 中，将事务日志备份到 backlog 中。T-SQL 语句如下：

```
EXEC sp_addumpdevice 'disk','d1backup','C:\SQL 练习\d1backup.bak'
EXEC sp_addumpdevice 'disk','backlog','C:\SQL 练习\backlog.bak'
GO
BACKUP DATABASE Example
    FILE='d1' TO d1backup
BACKUP LOG Example TO backlog
```

4．事务日志备份

当进行事务日志备份时，系统将事务日志中从前一次成功备份结束位置开始，到当前事务日志结尾处的内容进行备份。

【例 14-7】 创建一个命名的备份设备 smlogbk，并备份数据库 StudentManagement 的事务日志。操作步骤如下。

① 单击"新建查询"按钮，在查询编辑器中输入如下 T-SQL 语句：

```
USE master
GO
EXEC sp_addumpdevice 'disk','smlogbk','C:\SQL 练习\smlogbk.bak'
BACKUP LOG StudentManagement TO smlogbk
```

② 单击"执行"按钮，完成数据库事务日志的备份，如图 14-7 所示。

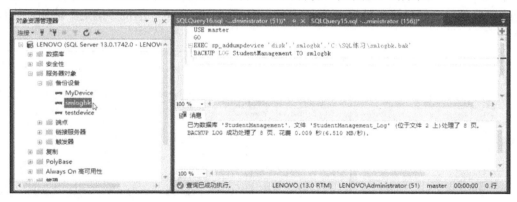

图 14-7　数据库事务日志的备份

14.2.3　使用 SSMS 备份数据库

【例 14-8】 以备份数据库 StudentManagement 为例，使用先前创建的备份设备 MyDevice，备份设备的文件名为 MyDevice.bak。操作步骤如下。

① 启动 SSMS，在对象资源管理器中右击"管理"结点，从快捷菜单中选择"备份"命令，如图 14-8 所示。

② 显示"备份数据库"对话框，选择要备份的数据库 StudentManagement，在"备份类型"下拉列表中选择备份的类型（包括 3 种类型：完整、差异、事务日志），这里选择"完整"项，如图 14-9 所示。

图 14-8　选择"备份"命令

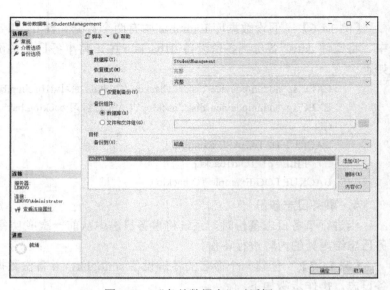

图 14-9　"备份数据库"对话框

③ 选择了要备份的数据库之后，在"目标"栏中会列出与数据库 StudentManagement 相关的备份设备。可以单击"添加"按钮，打开"选择备份目标"对话框，如图 14-10 所示。在"备份设备"下拉列表中选择目标备份设备 MyDevice，单击"确定"按钮返回"备份数据库"对话框。

④ 在"备份数据库"对话框中，可以选择不需要的备份设备，单击"删除"按钮将它们删除。最后，选择目标备份设备 MyDevice，如图 14-11 所示，单击"确定"按钮，执行备份操作。

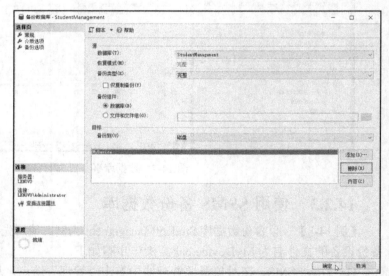

图 14-10　选择备份目标　　　　　　　　　图 14-11　确定备份目标后执行备份操作

图 14-12　提示对话框

备份操作完成后，将出现提示对话框，如图 14-12 所示，单击"确定"按钮，完成所有操作。

14.3 还原数据库

还原（恢复）数据库是指将数据库备份重新加载到系统中的过程，通常在当前的数据库出现故障或操作失误时进行。当还原数据库时，SQL Server 会自动将备份文件中的数据库备份全部还原到当前的数据库中，并回滚任何未完成的事务，以保证数据库中数据的一致性。

在执行还原操作前，应当验证备份文件的有效性，确认备份中是否含有数据库所需要的数据，关闭该数据库中的所有用户，备份事务日志。

还原数据库之前，应当断开用户与该数据库的一切连接。所有用户都不准访问该数据库，执行还原操作的用户也必须将连接的数据库更改为 master 数据库或其他数据库，否则不能启动还原任务。

14.3.1 使用 T-SQL 语句还原数据库

T-SQL 提供了 RESTORE 语句恢复（还原）数据库，其语法格式如下：

  RESTORE DATABASE { database_name | @database_name_var }
  [FROM <backup_device> [,…n]]
  [WITH [{ STOP_ON_ERROR | CONTINUE_AFTER_ERROR }]] [,]
   FILE ={ backup_set_file_number | @backup_set_file_number }] [[,]
  { RECOVERY | NORECOVERY | STANDBY = {standby_file_name | @standby_file_name_var }}]
  [[,] REPLACE][[,] RESTART][[,] RESTRICTED_USER][[,] STATS [= percentage]]][;]

主要参数的含义说明如下。

DATABASE：指定目标数据库。

{ database_name | @database_name_var }：将事务日志或整个数据库还原到的数据库中。

FROM <backup_device> [,…n]：指定要从哪些备份设备还原备份。

<backup_device> [,…n]：指定还原操作要使用的逻辑或物理备份设备。

FILE={backup_set_file_number|@backup_set_file_number}：标识要还原的备份集。

RECOVERY | NORECOVERY | STANDBY：RECOVERY 指定还原操作回滚任何未提交的事务，NORECOVERY 指定还原操作不回滚任何未提交的事务，STANDBY 指定一个允许撤销还原效果的备用文件。

需要说明的是，RECOVERY 表示在数据库还原完成后，SQL Server 将回滚被还原的数据库中所有未完成的事务，以保持数据库的一致性。还原完成后，用户就可以访问数据库了，所以 RECOVERY 选项用于最后一个备份的还原。如果使用 NORECOVERY 选项，SQL Server 不回滚被还原的数据库中所有未完成的事务，则还原后用户不能访问数据库。因此，进行数据库还原时，前面的还原应使用 NORECOVERY 选项，最后一个还原使用 RECOVERY 选项。

【例 14-9】 对数据库 StudentManagement 进行一次差异备份，然后使用 RESTORE DATABASE 语句进行数据库备份的还原。T-SQL 语句如下：

  BACKUP DATABASE StudentManagement TO MyDevice
  WITH DIFFERENTIAL   --进行数据库差异备份
  GO
  USE master   --确保不再使用数据库 StudentManagement
  GO

```
RESTORE DATABASE StudentManagement FROM MyDevice
WITH FILE=1,NORECOVERY              --还原数据库完整备份（已在 SSMS 中备份）
RESTORE DATABASE StudentManagement FROM MyDevice
WITH FILE=2,RECOVERY                --还原数据库差异备份
GO
```

14.3.2 使用 SSMS 还原数据库

使用 SSMS 还原数据库的操作步骤如下。

① 启动 SSMS，在对象资源管理器中展开"数据库"结点，右击需要还原的数据库 StudentManagement，从快捷菜单中选择"任务"→"还原"→"数据库"命令，如图 14-13 所示。

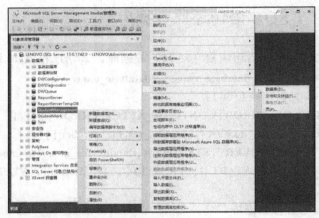

图 14-13　选择还原"数据库"命令

② 显示"还原数据库"对话框，在"源"栏中选择"设备"项，单击后面的"浏览"按钮，如图 14-14 所示。

图 14-14　"还原数据库"对话框

③ 显示"选择备份设备"对话框，在"备份介质类型"下拉列表中选择"备份设备"，如图 14-15 所示，单击"添加"按钮。

显示"选择备份设备"对话框，在"备份设备"下拉列表中选择需要还原的备份设备，如图 14-16 所示，单击"确定"按钮。

图 14-15 "选择备份设备"对话框

图 14-16 选择需要还原的备份设备

返回"选择备份设备"对话框，再单击"确定"按钮，返回"还原数据库"对话框。

④ 选择完备份设备后，在"还原数据库"对话框的"要还原的备份集"列表框中将会列出可以还原的备份集，选中要还原的备份集前的复选框，如图 14-17 所示。

图 14-17 选择要还原的备份集

⑤ 在"还原数据库"对话框中切换到"选项"页，在"还原选项"栏中，选中"覆盖现有数据库"复选框，如图 14-18 所示，单击"确定"按钮。

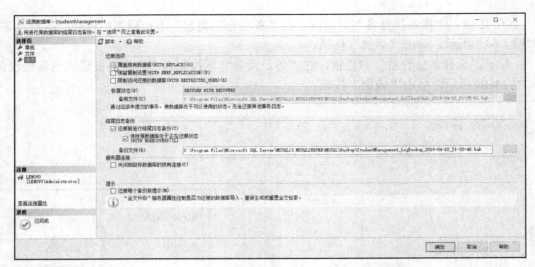

图 14-18 覆盖现有数据库

图 14-19 还原成功提示框

系统将开始还原并显示还原进度。数据库还原成功后，显示还原成功提示框，如图 14-19 所示。

此外，也可以采用分离/附加数据库的方法实现数据库的备份转移。SQL Server 允许分离数据库的数据文件和日志文件，然后将其重新附加到另一台服务器中。这对快速复制数据库是一个很方便的办法。

在 SQL Server 中，与数据库相对应的数据文件（.mdf 或.ndf）或日志文件（.ldf）都是 Windows 系统中普通的磁盘文件，用通常的方法就可以进行复制。这样的复制通常是用于数据库的转移。对数据库进行分离，能够使数据库从服务器中脱离出来。如果不想让它脱离出来，只要无人使用，也可以采用关闭 SQL Server 服务器的方法，同样可以复制数据库文件，从而达到数据库备份转移的目的。具体操作方法已经在前面的章节中详细介绍，这里不再赘述。

14.4 实训——数据库的导入与导出

通过导入和导出操作可以在 SQL Server 和其他异类数据源（如 Excel 或 Oracle 数据库）之间轻松移动数据。例如，可以将数据从 Excel 应用程序导出到数据文件中，然后将数据大容量导入 SQL Server 表中。"导出"是指将数据从 SQL Server 表复制到数据文件中。"导入"是指将数据从数据文件加载到 SQL Server 表中。

SQL Server 数据库的导入与导出可以通过 SSMS 操作，也可以使用命令行方式，例如 bcp 实用工具等。限于本书篇幅有限，这里只介绍 SSMS 操作方式。

14.4.1 数据库表数据导出

这里以导出数据库 StudentManagement 中的数据到"C:\SQL 练习"文件夹下的 Student.xlsx 文件中为例，介绍数据库的导出方法，操作步骤如下。

① 在 SSMS 的对象资源管理器中,右击数据库 StudentManagement,从快捷菜单中选择"任务"→"导出数据"命令,如图 14-20 所示。

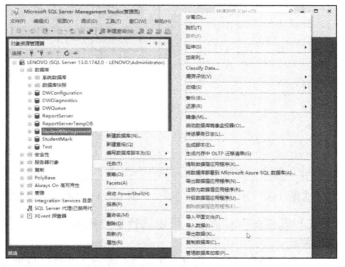

图 14-20 选择"导出数据"命令

② 显示 SQL Server 导入和导出向导,如图 14-21 所示,单击"下一步"按钮。

③ 显示"选择数据源"对话框,需要选择数据源、服务器名称、数据库等。对于 SQL Server 数据库,"数据源"选 SQL Server Native Client 11.0,其他选项会自动填写,如图 14-22 所示。如果显示的内容不正确,可以手工改正。单击"下一步"按钮。

图 14-21 SQL Server 导入和导出向导　　　　图 14-22 "选择数据源"对话框

④ 显示"选择目标"对话框。由于要导出为 Excel 表,因此"目标"选 Microsoft Excel;然后在"Excel 文件路径"框中输入 Excel 文件名,例如"C:\SQL 练习\StuM.xlsx";最后设置 Excel 版本,如图 14-23 所示。然后单击"下一步"按钮。

⑤ 显示"指定表复制或查询"对话框,如图 14-24 所示。这里选择"复制一个或多个表或视图的数据"选项,单击"下一步"按钮。

图 14-23 "选择目标"对话框

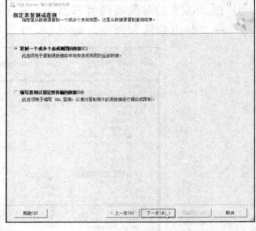
图 14-24 "指定表复制或查询"对话框

⑥ 显示"选择源表和源视图"对话框,可以选择要导出数据的表,如图 14-25 所示,选择表后单击"下一步"按钮。

⑦ 显示"查看数据类型映射"对话框,如图 14-26 所示,在对话框底部"出错时"和"截断时"下拉列表中可以选择"失败"或"忽略"。单击"下一步"按钮。

图 14-25 "选择源表和源视图"对话框

图 14-26 "查看数据类型映射"对话框

⑧ 显示"保存并运行包"对话框,如图 14-27 所示,直接单击"下一步"按钮。
⑨ 显示"完成向导"对话框,如图 14-28 所示,单击"完成"按钮。
⑩ 开始执行,执行成功后显示"执行成功"对话框,如图 14-29 所示。单击"关闭"按钮关闭向导。
⑪ 使用资源管理器找到 C:\SQL 练习\StuM.xlsx,双击打开 StuM.xlsx 文件,如图 14-30 所示。可以看到从数据库 StudentManagement 中导出的 8 个表,包括表头(属性列)和表记录。

数据库数据还可以导出到文本文件、Access 数据库文件等文件中,请读者自己操作。

图 14-27 "保存并运行包"对话框   图 14-28 "完成向导"对话框

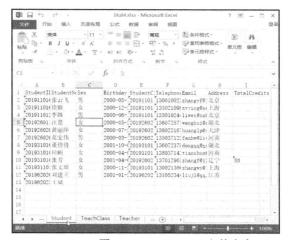

图 14-29 "执行成功"对话框   图 14-30 StuM.xlsx 文件内容

14.4.2 数据库表数据导入

也可以在 SQL Server Management Studio 中将数据导入数据库表中。

为了演示数据的导入操作,将前面导出到 Excel 表中的数据导入数据库 StuM 中。

① 在 C:\SQL 练习中新建数据库 StuM。

② 右击数据库 StuM,从快捷菜单中选择"任务"→"导入数据"命令,如图 14-31 所示。

③ 显示 SQL Server 导入和导出向导,如图 14-32 所示,单击"下一步"按钮。

④ 显示"选择数据源"对话框,在"数据源"下拉列表中选择"Microsoft Excel"项;单击"Excel 文件路径"框后的"浏览"按钮,找到并选中到"C:\SQL 练习\ StuM.xlsx",如图 14-33 所示。单击"下一步"按钮。

⑤ 显示"选择目标"对话框,由于是导入数据,因此需要设置目标、服务器名称、身份验证、数据库等。"目标"选 SQL Server Native Client 11.0,其他选项一般会自动填写,如

• 261 •

图 14-34 所示，单击"下一步"按钮。

图 14-31 选择"导入数据"命令

图 14-32 SQL Server 导入和导出向导

图 14-33 "选择数据源"对话框

图 14-34 "选择目标"对话框

⑥ 显示"指定表复制或查询"对话框，如图 14-35 所示，选择"复制一个或多个表或视图的数据"选项，单击"下一步"按钮。

⑦ 显示"选择源表和源视图"对话框，选择要导入数据的表，如图 14-36 所示，单击"下一步"按钮。

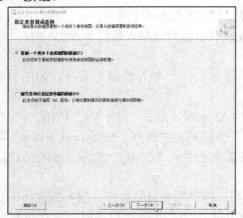

图 14-35 "指定表复制或查询"对话框

图 14-36 "选择源表和源视图"对话框

⑧ 显示"保存并运行包"对话框，如图 14-37 所示，直接单击"下一步"按钮。
⑨ 显示"完成向导"对话框，如图 14-38 所示，单击"完成"按钮。

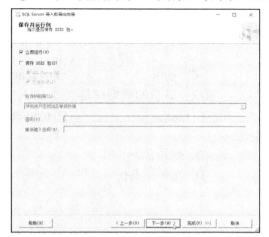

图 14-37　"保存并运行包"对话框

图 14-38　"完成向导"对话框

⑩ 开始执行，执行成功后显示"执行成功"对话框，如图 14-39 所示，单击"关闭"按钮。

⑪ 在对象资源管理器中，展开数据库 StuM 下的"表"结点，里面新生成了 8 个表。打开 Student 表，可以看到该表中的数据和之前导出的表数据相同，如图 14-40 所示。

图 14-39　"执行成功"对话框

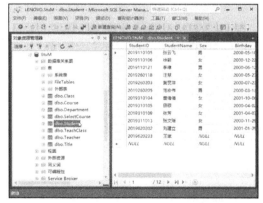

图 14-40　导入 StuM 数据库中的表

在进行不同类型数据库的导入/导出操作时，有可能出现将其他异类数据源数据导入 SQL Server 中造成数据不兼容的情况。例如，在 Access 数据库中有超链接数据类型，而 SQL Server 数据库中没有。此时，SQL Server 会自动进行数据转换，自动将不识别的数据类型转换为在 SQL Server 中比较相近的数据类型。如果数据取值不能识别，则赋以空值 NULL。

习题 14

一、选择题

1. 下面哪个不是备份数据库的理由（　　）？

A. 数据库崩溃时还原
B. 将数据从一个服务器转移到另一个服务器中
C. 记录数据的历史档案
D. 转换数据

2. 防止数据库出现意外的有效方法是（   ）。
    A. 重建   B. 追加   C. 备份   D. 删除
3. 在 SQL Server 的配置及其他数据被改变以后，都应该备份的数据库是（   ）。
    A. master   b. model   C. msdb   D. tempdb
4. 能将数据库还原到某个时间点的备份类型是（   ）。
    A. 完整数据库备份   B. 差异备份
    C. 事务日志备份   D. 文件组备份

二、简答题
1. 什么是备份设备？
2. SQL Server 数据库备份有几种方法？试比较各种不同数据备份方法的异同点。
3. 什么是还原数据库？当还原数据库时，用户可以使用这些正在还原的数据库吗？

第 15 章 数据库的安全管理

随着数据库应用领域的日益广泛及网络数据库技术的普遍应用，数据库中数据的安全问题也越来越受到重视。数据库往往集中存储着一个部门、一个企业甚至一个国家的大量重要信息，是整个计算机信息系统的核心。如何有效地保证数据库不被窃取、不遭破坏，保持数据正确、有效，是目前人们普遍关心和积极研究的课题。

本章从数据保护的角度研究在软件技术中可能实现的数据库可靠性保障。这种可靠性保障主要由数据库管理系统（DBMS）和操作系统共同来完成，也称为数据控制，包括数据库的安全性、完整性，以及数据库的备份和恢复。

15.1 数据库的安全性

数据库的一大特点是数据可以共享，但数据共享必然带来数据库的安全性问题。数据库系统中的数据共享不能是无条件的共享，必须是在 DBMS 统一的、严格的控制之下的共享，即只允许有合法使用权限的用户访问，并允许其存取数据。

15.1.1 数据库系统的安全性

数据库系统的安全保护措施是否有效是数据库系统主要的性能指标之一。数据库系统的安全性控制是指保护数据库，防止因用户非法使用数据库造成数据被泄露、更改或破坏。非法使用数据库称为数据库的滥用。数据库的滥用分为无意滥用和恶意滥用两种。前者主要指由于已授权用户的不当操作所引起的系统故障、数据库异常等现象；而后者主要指未经授权的数据读取（即偷窃数据）和未经授权的数据修改（即破坏数据）。

数据库系统自身的安全性控制主要由 DBMS 通过访问控制来实现。目前普遍采用的关系型数据库系统，如 SQL Server 和 Oracle 等，一般通过外模式或视图机制及授权机制来进行安全性控制。

1. 外模式或视图机制

外模式或视图都是数据库的子集。前面已经讲过，它们可以提高数据的独立性。对于某个用户来说，他只能接触到自己的外模式或视图，这样可以将其能看到的数据与其他数据隔离开。因此，外模式或视图是重要的安全性措施。

为不同的用户定义不同的视图，可以限制各个用户的访问范围。例如，要求学生用户只能看到自己的成绩信息，不能看到别人的成绩信息，可以建立一个带 WHERE 子句的视图将其他人的成绩信息屏蔽掉。

2. 授权机制

授权就是给予用户一定的权限。这种访问权限是针对整个数据库和某些数据库对象的某些操作的特权。未经授权的用户若要访问数据库，则该用户将被认为是非法用户；数据库的合法用户要访问其可访问数据之外的数据或执行其可操作之外的操作，也将被认为是非法操作。例如，数据库管理员（DBA）为一个登录到 SQL Server 中的用户授予数据库用户权限，则其成为该数据库的合法用户。同时，DBA 还将数据库中某个表的查询权限和该表中各列的修改权限授予该用户，则该用户可以查询这个表，还可以修改这个表中各列的值。但除此之外的其他操作，对该用户而言是非法操作。

除上述两种主要的安全机制外，还可以采用数据加密和数据库系统内部的安全审核机制实现数据库系统的安全性控制。

数据加密是指利用加密技术将数据文件中的数据进行加密，形成密文，在进行合法查询时，将其解密还原成原文的过程。因其加密过程会带来较大的时间和空间开销，故除非是一些极其敏感或机密的数据，否则不必实施这项机制。

目前大多数数据库系统都提供审核功能，用以跟踪和记录数据库系统中已发生的活动（如成功和失败的记录）。例如，SQL Server 通过"SQL 事件探查器"，使 DBA 可以监视数据库系统中的事件，捕获有关各个事件的数据并将其保存到文件或表中供以后分析复查。

15.1.2　SQL Server 的安全机制

SQL Server 的安全机制是比较健全的，它为数据库和应用程序设置了 4 层安全机制。用户要想获得 SQL Server 数据库及其对象，必须通过这 4 层安全机制。SQL Server 为 SQL 服务器提供两种安全验证模式，DBA 可选择合适的安全验证模式。

1．SQL Server 的安全体系结构

（1）操作系统的安全机制

用户在使用客户机通过网络实现对 SQL Server 服务器的访问前，首先要获得客户机操作系统的使用权。

Windows 操作系统网络管理员负责建立用户组，设置账号并注册，同时决定不同的用户对不同系统资源的访问级别。用户只有拥有了一个有效的 Windows 操作系统登录账号后，才能对网络系统资源进行访问。

（2）SQL Server 服务器的安全机制

SQL Server 服务器的安全性是建立在控制服务器登录账号和口令的基础上的。SQL Server 采用标准的 SQL Server 登录和集成 Windows 登录两种方式。无论是哪种登录方式，用户在登录时提供的登录账号和口令决定了用户能否获得对 SQL Server 服务器的访问权，以及在获得访问权后用户可以利用的资源。设计和管理合理的登录方式是 DBA 的重要任务，因此，在 SQL Server 的安全体系中，DBA 是发挥主动性的第一道防线。

（3）SQL Server 数据库的安全机制

在用户通过 SQL Server 服务器的安全性检查以后，将直接面对不同的数据库入口。这是用户接受的第三次安全性检查。

在建立用户的登录账号信息时，SQL Server 会提示用户选择默认的数据库。以后用户每次连接上服务器后，都会自动转到默认的数据库中。如果在设置登录账号时没有指定默认的数据库，则用户的权限将局限在 master 数据库中。

在默认情况下，只有数据库的所有者才可以访问该数据库中的对象。数据库的所有者可以给其他用户分配访问权限，以便让其他用户也拥有针对该数据库的访问权限。在 SQL Server 中，并不是所用的权限都可以自由地转让和分配的。

SQL Server 提供了许多固定的数据库角色，用来在当前数据库内向用户分配部分权限。同时，还可以创建用户自定义的角色，来实现特定权限的授予。

（4）SQL Server 数据库对象的安全机制

数据库对象的安全性是核查用户权限的最后一个安全防线。在创建数据库对象时，SQL Server 自动将该数据库对象的所有权赋予该对象的创建者。对象的所有者可以实现对该对象的完全控制。

在默认情况下，只有数据库的所有者可以在该数据库下进行操作。当一个普通用户想访问数据库内的对象时，必须事先由数据库的所有者赋予该用户关于某指定对象的指定操作权限。用户要想访问某数据库表中的信息，他必须在成为数据库的合法用户的前提下，获得由数据库所有者分配的针对该表的访问许可才行。

例如，一个数据库使用者，要登录服务器上的 SQL Server 数据库，并对数据库中的表执行数据更新操作，则该使用者必须经过如图 15-1 所示的安全机制。

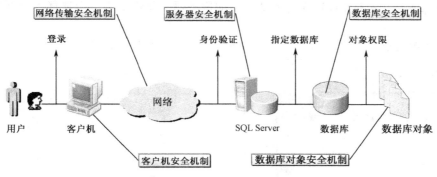

图 15-1　SQL Server 数据库安全机制

2．SQL Server 的身份验证模式

安全身份验证用来确认登录 SQL Server 用户的登录账号和密码的正确性，由此来验证该用户是否具有连接 SQL Server 的权限。SQL Server 有两种身份验证模式：Windows 身份验证模式和 SQL Server 身份验证模式。

（1）Windows 身份验证模式

Windows 身份验证模式只在用户登录 Windows 时进行身份验证，而登录 SQL Server 时不再进行身份验证，如图 15-2 所示。

以下是对于 Windows 身份验证模式登录的两点重要说明。

① 必须将 Windows 账户加到 SQL Server 中，才能采用 Windows 账户登录 SQL Server。

② 如果要使用 Windows 账户登录另一个网络中的 SQL Server，则必须在 Windows 中设置彼此的托管权限。

（2）SQL Server 身份验证模式

在 SQL Server 身份验证模式下，SQL Server 服务器要对登录的用户进行身份验证，如图 15-3 所示。

当 SQL Server 在 Windows 7/10 等操作系统中运行时，系统管理员可以设定登录验证模式的类型为 Windows 验证模式和混合模式。当采用混合模式时，SQL Server 系统既允许使用 Windows 登录名登录，也允许使用 SQL Server 登录名登录。

在该验证模式下，用户在连接 SQL Server 时必须提供登录名和登录密码。这些登录信息存储在系统表 syslogins 中，与 Windows 的登录账号无关。SQL Server 自身执行验证处理，如果输入的登录信息与系统表 syslogins 中的某个记录相匹配，则表明登录成功。

图 15-2 Windows 身份验证

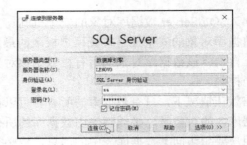
图 15-3 SQL Server 身份验证

3. 设置 SQL Server 的身份验证模式

用户可以在 SSMS 中设置身份验证模式，操作步骤如下。

① 启动 SSMS，右击要设置身份验证模式的服务器，从快捷菜单中选择"属性"命令，如图 15-4 所示。

② 显示"服务器属性"对话框，选择"安全性"页，如图 15-5 所示。

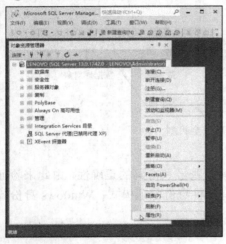
图 15-4 选择"属性"命令

图 15-5 "服务器属性"对话框

在"服务器身份验证"栏中，可以选择要设置的验证模式，同时在"登录审核"栏中还可以选择跟踪记录用户登录时的哪种信息，例如，登录成功或登录失败的信息等。

在"服务器代理账户"栏中，设置当启动并运行 SQL Server 时默认使用登录者中的哪位用户。

③ 单击"确定"按钮后，显示提示框如图 15-6 所示。改变验证模式后，用户必须停止并重新启动 SQL Server 服务，设置才会生效。

图 15-6 提示框

通过了验证并不代表用户就能访问 SQL Server 中的数据。用户只有在具有访问数据库的权限之后，才能够对服务器上的数据库进行权限许可下的各种操作，这种用户访问数据库权限的设置是通过用户账号来实现的。

15.1.3 用户和角色管理

在 SQL Server 安全防线中突出两种管理：一是用户和角色管理，即控制合法用户使用数据库；二是权限管理，即控制具有数据操作权限的用户进行合法的数据存取操作。用户是指具有合法身份的数据库使用者，角色是指具有一定权限的用户组合。SQL Server 用户和角色分为两级：一种是服务器级用户和角色；另一种是数据库级用户和角色。

1. 登录用户的管理

登录（Login）用户，即为 SQL Server 服务器用户。服务器用户通过账号和口令访问 SQL Server 的数据库。SQL Server 有一些默认的登录用户，其中，sa 和"计算机名/Administrators"最重要。sa 是系统管理员的简称，"计算机名/Administrators"是 Windows 管理员的简称。它们是特殊的用户账号，拥有 SQL Server 系统中所有数据库的全部操作权限。

（1）使用 SSMS 创建登录用户

使用 SSMS 创建登录用户的操作步骤如下。

① 在对象资源管理器中，展开"安全性"结点，右击"登录名"结点，从快捷菜单中选择"新建登录名"命令，如图 15-7 所示。

② 显示"登录名-新建"对话框，如图 15-8 所示。选择"常规"页，在其中输入用户名，并选择用户的身份验证模式及默认数据库和默认语言。

图 15-7 选择"新建登录名"

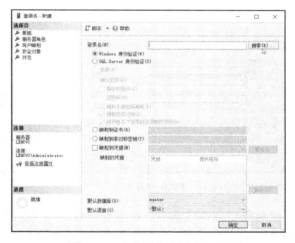

图 15-8 "登录名-新建"对话框

（a）如果选择"Windows 身份验证"模式，则单击"登录名"框右侧的"搜索"按钮。显示"选择用户或组"对话框，如图 15-9 所示，单击"高级"按钮。

显示"选择用户或组"高级对话框，单击"立即查找"按钮，在"搜索结果"列表框中将显示 Windows 已有的登录用户名，如图 15-10 所示，从中选择用户名。如果希望创建新用户，则在 Windows "控制面板"的"用户账户"中添加新用户。

选定用户名后，单击"确定"按钮，选定的用户名将出现在对话框中，如图 15-11 所示，单击"确定"按钮。

返回"登录名-新建"对话框，选定的用户名将出现在"登录名"框中，如图 15-12 所示，单击"确定"按钮，关闭"登录名-新建"对话框。

图 15-9 "选择用户或组"对话框　　　图 15-10 Windows 已有的登录用户名

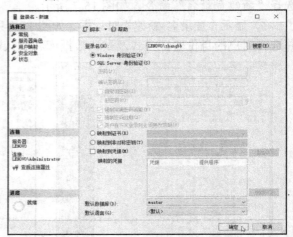

图 15-11 选定的用户名　　　图 15-12 添加用户名

在对象资源管理器中，在"安全性"→"登录名"结点下，可以看到添加的用户名，如图 15-13 所示。

为了测试刚才添加的用户名（如 zhangbb）能否连接 SQL Server，需要重新启动 Windows 系统，使用添加的用户名登录或者切换 Windows 的登录账户。然后启动 SSMS，在"连接到服务器"对话框中可以看到"用户名"框中已经变成刚才添加的登录 Windows 的用户名（如 LENOVO\zhangbb），如图 15-14 所示。

（b）如果使用"SQL Server 身份验证"模式，则在"登录名"框中输入新的登录名，如 zhangzb，然后输入密码，并取消选中"强制实施密码策略"复选框，如图 15-15 所示，设置完后单击"确定"按钮。

在对象资源管理器中刷新后，在"登录名"结点下可以看到新创建的 SQL Server 登录名（如 zhangzb），如图 15-16 所示。

为了测试创建的登录名能否连接 SQL Server，可以使用新建的登录名（如 zhangzb）来进行登录测试。关闭当前的 SSMS 或者单击当前 SSMS 的对象资源管理左上角的"连接"按钮。

图 15-13 已添加的用户名

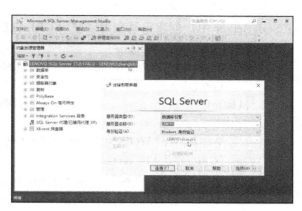

图 15-14 使用 Windows 用户名登录

图 15-15 添加的 SQL Server 登录名

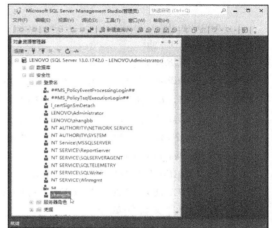

图 15-16 新创建的 SQL Server 登录名

显示"连接到服务器"对话框,在"身份验证"下拉列表中选"SQL Server 身份验证"项,在"登录名"框中输入用户名(如 zhangzb),在"密码"框中输入密码,如图 15-17 所示,单击"确定"按钮。SQL Server 身份验证成功后的对象资源管理器如图 15-18 所示。

图 15-17 设置 SQL Server 身份验证

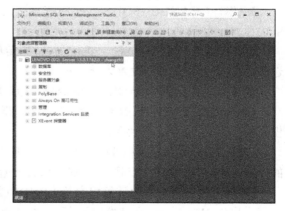

图 15-18 SQL Server 身份验证成功

（2）使用 T-SQL 语句创建登录名

在 SQL Server 中，创建登录名可以使用 CREATE LOGIN 语句。其语法格式如下：

```
CREATE LOGIN login_name
{ WITH PASSWORD = 'password' [ HASHED ] [ MUST_CHANGE ]
    [ , <option_list> [,…n] ]        /*WITH 子句用于创建 SQL Server 登录名*/
 | FROM                               /*FROM 子句用于创建其他登录名*/
    {
        WINDOWS [ WITH <windows_options> [,…n] ]
       | CERTIFICATE certname
       | ASYMMETRIC KEY asym_key_name
    }
}
```

其中：

```
<option_list> ::=
    SID = sid
   | DEFAULT_DATABASE = database
   | DEFAULT_LANGUAGE = language
   | CHECK_EXPIRATION = { ON | OFF}
   | CHECK_POLICY = { ON | OFF}
   [ CREDENTIAL = credential_name ]
<windows_options> ::=
    DEFAULT_DATABASE = database
   | DEFAULT_LANGUAGE = language
```

各个参数的含义说明如下。

login_name：指定创建的登录名。

WINDOWS：指定将登录名映射到 Windows 用户名上。

PASSWORD = 'password'：指定正在创建的登录名的密码，仅适用于 SQL Server 登录名。

HASHED：指定在 PASSWORD 参数后输入的密码已经通过哈希运算，仅适用于 SQL Server 登录名。

MUST_CHANGE：SQL Server 将在首次使用新登录名时提示用户输入新密码，仅适用于 SQL Server 登录名。

DEFAULT_DATABASE = database：指定将指派给登录名的默认数据库。如果未使用此选项，则默认数据库将设置为 master。

DEFAULT_LANGUAGE = language：指定将指派给登录名的默认语言。

CHECK_EXPIRATION = { ON | OFF }：指定是否对此登录账户强制实施密码过期策略，仅适用于 SQL Server 登录名。

CHECK_POLICY = { ON | OFF }：指定应对此登录名强制实施运行 SQL Server 的计算机的 Windows 密码策略，仅适用于 SQL Server 登录名。

【例 15-1】 假设本地计算机名为 LENOVO，使用 T-SQL 语句创建 Windows 用户名 Binbin（需要先在 Windows 的"控制面板"的"用户账户"中添加新用户），默认数据库设为 StudentManagement。操作步骤如下。

① 以系统管理员身份登录 SQL Server 服务器，单击"新建查询"按钮，在查询编辑器中输入如下 T-SQL 语句：

    CREATE LOGIN [LENOVO\Binbin]
        FROM WINDOWS
            WITH DEFAULT_DATABASE=StudentManagement

② 单击"执行"按钮执行上面的语句。在对象资源管理器中刷新后，在"安全性"→"登录名"结点下就能看见新建的 Windows 用户名 Binbin，如图 15-19 所示。

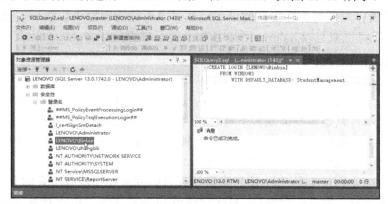

图 15-19　新建的 Windows 用户名

【例 15-2】　创建 SQL Server 登录名 SQL_Binbin，密码设置为 123456，默认数据库设为 StudentManagement。操作步骤如下。

① 以系统管理员身份登录 SQL Server 服务器，单击"新建查询"按钮，在查询编辑器中输入如下 T-SQL 语句：

    CREATE LOGIN SQL_Binbin
        WITH PASSWORD='123456',
            DEFAULT_DATABASE = StudentManagement

② 单击"执行"按钮执行上面的语句。在对象资源管理器中刷新后，在"安全性"→"登录名"结点下就能看见新建的 SQL Server 登录名 SQL_Binbin，如图 15-20 所示。

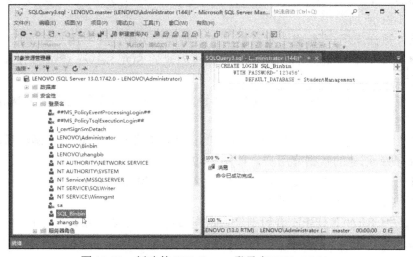

图 15-20　新建的 SQL Server 登录名 SQL_Binbin

（3）使用 T-SQL 语句删除登录名

删除登录名使用 DROP LOGIN 语句。其语法格式如下：

    DROP LOGIN login_name

【例 15-3】　删除 Windows 登录名 Binbin。操作步骤如下。

① 以系统管理员身份登录 SQL Server 服务器，单击"新建查询"按钮，在查询编辑器中输入如下 T-SQL 语句：

    DROP LOGIN [LENOVO\Binbin]

② 单击"执行"按钮执行上面的语句。在对象资源管理器中刷新后，在"安全性"→"登录名"结点下可以看见 Windows 用户名 Binbin 已被删除了。

2. 数据库用户的管理

数据库中的用户账号和登录账号是两个不同的概念。一个合法的登录账号只表明该账号通过了 Windows 身份验证或 SQL Server 身份验证，不能表明其可以对数据库数据和对象进行操作。一个登录账号总是与一个或多个数据库用户账号相对应，即一个合法的登录账号必须要映射为一个数据库用户账号，才可以访问数据库。SQL Server 的任意一个数据库中都有两个默认用户：dbo（数据库所有者）用户和 guest（客户）用户。

dbo 用户即数据库所有者，dbo 用户在其所拥有的数据库中拥有所有的操作权限。dbo 用户的身份可被重新分配给另一个用户。系统管理员 sa 可以作为他所管理系统的任何数据库的 dbo 用户。

如果 guest 用户在数据库中存在，则允许任意一个登录用户作为 guest 用户访问数据库，其中包括那些不是数据库用户的 SQL 服务器用户。除系统数据库 master 和临时数据库 tempdb 的 guest 用户不能被删除外，其他数据库都可以将自己的 guest 用户删除，以防止非数据库用户对数据库进行访问。

（1）使用 SSMS 创建数据库用户

【例 15-4】　在学籍管理数据库 StudentManagement 中创建一个数据库用户 StuM_User。操作步骤如下。

① 以系统管理员身份登录 SQL Server 服务器，启动 SSMS，展开数据库 StudentManagement 的"安全性"结点，右击"用户"结点，从快捷菜单中选择"新建用户"命令，如图 15-21 所示。

② 显示"数据库用户-新建"对话框，在"常规"页中，在"用户名"框中输入数据库用户名 StuM_User，在"登录名"框中输入已经创建的 SQL Server 登录名 SQL_Binbin，如图 15-22 所示。

③ 在"成员身份"页中，在"数据库角色成员身份"列表框中选择该数据库用户的角色，如图 15-23 所示。

④ 单击"确定"按钮，完成数据库用户的创建。对象资源管理器中刷新后，在"用户"结点下可以看到新创建的数据库用户，如图 15-24 所示。

也可以在 SSMS 中修改指定用户的角色，这里不再赘述。

（2）使用 T-SQL 语句创建数据库用户

也可以使用 CREATE USER 语句创建数据库用户，基本语法格式如下：

    CREATE USER user_name   [{ FOR | FROM }{ LOGIN login_name }| WITHOUT LOGIN]
    [WITH DEFAULT_SCHEMA = schema_name]

图 15-21　选择"新建用户"命令

图 15-23　选择数据库用户的角色

图 15-24　新创建的数据库用户

各个参数的含义说明如下。

user_name：指定在此数据库中用于识别该用户的名称。user_name 的长度最多为 128 个字符。

LOGIN login_name：指定要创建数据库用户的 SQL Server 登录名。login_name 必须是服务器中有效的登录名。

DEFAULT_SCHEMA = schema_name：指定服务器为此数据库用户解析对象名时将搜索的第一个架构。

WITHOUT LOGIN：指定不应将用户映射到现有登录名上。

在使用上述语句时，需要注意以下几点：

① 如果已忽略 FOR LOGIN，则新的数据库用户将被映射到同名的 SQL Server 登录名上。
② 如果未定义 DEFAULT_SCHEMA，则数据库用户将使用 dbo 作为默认架构名。
③ 如果用户是 sysadmin 固定服务器角色的成员，则忽略 DEFAULT_SCHEMA 的值。

【例 15-5】 使用 SQL Server 登录名 zhangzb 在数据库 StudentManagement 中创建数据库用户 StuM_Binbin，默认架构名用 dbo。操作步骤如下。

① 以系统管理员身份登录 SQL Server 服务器，单击"新建查询"按钮，在查询编辑器中输入如下 T-SQL 语句：

USE StudentManagement
GO
CREATE USER StuM_Binbin
　　FOR LOGIN zhangzb
　　WITH DEFAULT_SCHEMA=dbo

② 单击"执行"按钮执行上面的语句。在对象资源管理器中刷新后，在"安全性"→"用户"结点下就能看见新建的数据库用户 StuM_Binbin，如图 15-25 所示。

图 15-25　新建的数据库用户

（3）使用 T-SQL 语句删除数据库用户

删除数据库用户使用 DROP USER 语句。其语法格式如下：

DROP USER user_name

其中，user_name 为要删除的数据库用户名。在删除之前要使用 USE 语句指定数据库。

【例 15-6】 删除数据库 StudentManagement 的数据库用户 StuM_Binbin。操作步骤如下。

① 以系统管理员身份登录 SQL Server 服务器，单击"新建查询"按钮，在查询编辑器中输入如下 T-SQL 语句：

USE StudentManagement
GO
DROP USER StuM_Binbin

② 单击"执行"按钮，完成数据库用户的删除。在对象资源管理器中刷新后，在"安全性"→"用户"结点下可以看到用户 StuM_Binbin 被删除了。

3．服务器角色的管理

SQL Server 管理者可以将某一组用户设置为某种角色，这样，只要对角色进行权限设置便可以实现对所有用户权限的设置，大大减少了管理员的工作量。登录账户可以被指定给角色，因此，角色又是若干账户的集合。角色分为服务器角色和数据库角色两种。这里先介绍服务器角色。

（1）服务器角色的基本概念

服务器角色是指根据 SQL Server 的管理任务，以及这些任务相对的重要性等级，把具有 SQL Server 管理职能的用户划分为不同的用户组，每组所具有的管理 SQL Server 的权限都是 SQL Server 内置的。服务器角色存在于各个数据库之中。要想添加用户，则该用户必须有登录账号以便加到角色中。

服务器角色是系统预定义的，也称为 Fixed Server Roles，即固定服务器角色。SQL Server 在安装后给定了几个固定服务器角色，它们具有固定的权限。用户不能创建新的服务器角色，只能选择合适的固定服务器角色。固定服务器角色的信息存储在系统数据库 master 的 syslogins 表中。

（2）常用的固定服务器角色

SQL Server 提供了 8 种常用的固定服务器角色，其具体含义说明如下。

系统管理员（sysadmin）：拥有 SQL Server 所有的权限许可。

服务器管理员（serveradmin）：管理 SQL Server 服务器端的设置。

磁盘管理员（diskadmin）：管理磁盘文件。

进程管理员（processadmin）：管理 SQL Server 系统进程。

安全管理员（securityadmin）：管理和审核 SQL Server 系统登录。

安装管理员（setupadmin）：增加、删除连接服务器，建立数据库副本，以及管理扩展存储过程。

数据库创建者（dbcreator）：创建数据库，并对数据库进行修改。

批量数据输入管理员（bulkadmin）：管理同时输入大量数据的操作。

登录用户可以通过两种方法加到服务器角色中：一种方法是，在创建登录时，通过服务器页面中的服务器角色选项，确定登录用户应属于的角色；另一种方法是，对已有登录用户，可以将其添加或移出服务器角色。

（3）使用 SSMS 添加服务器角色成员

操作步骤如下。

① 以系统管理员身份登录 SQL Server 服务器，在对象资源管理器中展开"安全性"→"登录名"结点，右击登录名，如 zhangzb，从快捷菜单中选择"属性"命令，如图 15-26 所示。

② 打开"登录属性"对话框，选择"服务器角色"页，在右边列出了所有的固定服务器角色，默认选中 public 服务器角色。用户可以根据需要，为登录名添加相应的服务器角色，如图 15-27 所示。

图15-26　选择"属性"命令　　　　　　图15-27　选择服务器角色

③ 单击"确定"按钮，完成服务器角色成员的添加。

（4）使用系统存储过程添加服务器角色成员

利用系统存储过程 sp_addsrvrolemember 可将登录名添加到某个固定服务器角色中，使其成为该服务器角色的成员。其语法格式如下：

sp_addsrvrolemember [@loginame =] 'login', [@rolename =] 'role'

各个参数的含义说明如下。

Login：指定添加到固定服务器角色 role 中的登录名。login 可以是 SQL Server 登录名或 Windows 用户名。对于 Windows 用户名，如果还没有授予 SQL Server 访问权限，将自动对其授予访问权限。

固定服务器角色 role 取值必须为 sysadmin，securityadmin，serveradmin，setupadmin，processadmin，diskadmin，dbcreator，bulkadmin，public 之一。

【例 15-7】 将 SQL Server 登录名 zhangzb 添加到 sysadmin 服务器角色中。操作步骤如下。

① 以系统管理员身份登录 SQL Server 服务器，单击"新建查询"按钮，在查询编辑器中输入如下 T-SQL 语句：

EXEC sp_addsrvrolemember 'zhangzb','sysadmin'

② 单击"执行"按钮，完成将登录名添加到固定服务器角色中的操作。可以在"登录属性"对话框的"服务器角色"页中查看 zhangzb 的服务器角色。

（5）利用系统存储过程删除固定服务器角色成员

利用系统存储过程 sp_dropsrvrolemember 可从固定服务器角色中删除 SQL Server 登录名或 Windows 登录名。其语法格式如下：

sp_dropsrvrolemember[@loginame =] 'login' , [@rolename =] 'role'

其中，login 为将要从固定服务器角色删除的登录名。role 为服务器角色名，必须是有效的固定服务器角色名，默认值为 NULL。

【例 15-8】 从 sysadmin 固定服务器角色中删除 SQL Server 登录名 zhangzb。操作步骤如下。

① 以系统管理员身份登录 SQL Server 服务器，单击"新建查询"按钮，在查询编辑器中输入如下 T-SQL 语句：

EXEC sp_dropsrvrolemember 'zhangzb','sysadmin'

② 单击"执行"按钮，完成从固定服务器角色中删除登录名的操作。

4．数据库角色管理

数据库角色是指为某个用户或某一组用户授予不同级别的管理或访问数据库及数据库对象的权限。这些权限是数据库专有的，并且还可以给一个用户授予属于同一个数据库的多个角色。SQL Server 提供了两种类型的数据库角色：固定数据库角色和用户自定义数据库角色。

（1）固定数据库角色

固定数据库角色是指 SQL Server 已经定义了这些角色所具有的管理、访问数据库的权限，而且 SQL Server 管理者不能对其所具有的权限进行任何修改。SQL Server 中的每个数据库中都有一组固定数据库角色。在数据库中使用固定数据库角色可以将不同级别的数据库管理工作分给不同的角色，从而有效地实现工作权限的传递。

SQL Server 提供了 10 种常用的固定数据库角色来授予组合数据库级管理员权限。

public：每个数据库用户都属于 public 数据库角色。当尚未对某个用户授予或拒绝对安全对象的特定权限时，该用户将继承授予该安全对象的 public 数据库角色的权限。

db_owner：可以执行数据库的所有配置和维护活动。

db_accessadmin：可以增加或者删除数据库用户、工作组和角色。

db_ddladmin：可以在数据库中运行任何数据定义语言（DDL）命令。
db_securityadmin：可以修改角色成员身份和管理权限。
db_backupoperator：可以备份和恢复数据库。
db_datareader：能且仅能对数据库中的任何表执行 SELECT 操作。
db_datawriter：能够增加、修改和删除表中的数据，但不能进行 SELECT 操作。
db_denydatareader：不能读取数据库中任何表中的数据。
db_denydatawriter：不能对数据库任何表中的数据执行增加、修改和删除操作。

（2）用户自定义数据库角色

创建用户定义数据库角色就是创建一组用户，这些用户具有相同的一组许可。如果一组用户需要执行在 SQL Server 中指定的一组操作并且不存在对应的 Windows 组，或者没有管理 Windows 用户账号的许可，则可以在数据库中建立一个用户自定义数据库角色。用户自定义数据库角色有两种类型：标准角色和应用程序角色。

标准角色通过对用户权限等级的认定而将用户划分为不同的用户组，使用户总是对应于一个或多个角色，从而实现管理的安全性。所有的固定数据库角色或 SQL Server 管理者自定义的某个角色都是标准角色。

应用程序角色是一种比较特殊的角色。如果打算让某些用户只能通过特定的应用程序间接地存取数据库中的数据而不是直接地存取数据库数据，就应该考虑使用应用程序角色。当某个用户使用了应用程序角色后，他便放弃了已被赋予的所有数据库专有权限，他所拥有的只是应用程序角色。

（3）使用 SSMS 添加固定数据库角色成员

操作步骤如下。

① 以系统管理员身份登录 SQL Server 服务器，在对象资源管理器中展开"数据库"→"StudentManagement"→"安全性"→"用户"结点，选择一个数据库用户，如 StuM_User。该右击用户名，从快捷菜单中选择"属性"命令，如图 15-28 所示。

② 显示"数据库用户"对话框，选择"成员身份"页，在"数据库角色成员身份"栏中，根据需要选择数据库角色成员，为数据库用户添加相应的数据库角色成员，如图 15-29 所示。单击"确定"按钮，完成固定数据库角色成员的添加。

图 15-28 选择"属性"命令

图 15-29 选择数据库角色成员

③ 展开"数据库"→"StudentManagement"→"安全性"→"角色"→"数据库角色"结点，右击 db_owner 结点，从快捷菜单中选择"属性"命令，如图 15-30 所示。

显示"数据库角色属性"对话框，选择"常规"页，在"此角色的成员"栏中可以看到该数据库角色的成员列表，如图 15-31 所示。

图 15-30　选择"属性"命令　　　　图 15-31　数据库角色的成员列表

（4）使用系统存储过程添加固定数据库角色成员

使用系统存储过程 sp_addrolemember 可以将一个数据库用户添加到某个固定数据库角色中，使其成为该固定数据库角色的成员。其语法格式为：

　　　　sp_addrolemember[@rolename =] 'role', [@membername =] 'security_account'

其中，role 为当前数据库中的数据库角色的名称，security_account 为添加到该角色中的安全账户，可以是数据库用户或当前数据库角色。

【例 15-9】　将数据库 StudentManagement 中的数据库用户 StuM_User 添加为固定数据库角色 db_securityadmin 的成员。操作步骤如下：

① 单击"新建查询"按钮，在查询编辑器中输入如下 T-SQL 语句：

　　　　USE StudentManagement
　　　　GO
　　　　EXEC sp_addrolemember 'db_securityadmin','StuM_User'

② 单击"执行"按钮，完成将数据库用户添加为固定数据库角色成员的操作，如图 15-32 所示。

③ 右击 StuM_User 结点，从快捷菜单中选择"属性"命令。

图 15-32　添加固定数据库角色成员

④ 显示"数据库用户"对话框，如图 15-33 所示，可以看到已经添加成员的身份。

（5）使用系统存储过程删除固定数据库角色成员

使用系统存储过程 sp_droprolemember 可以将某个成员从固定数据库角色中去除。其语法格式为：

　　　　sp_droprolemember [@rolename =] 'role' ,[@membername =] 'security_account'

图 15-33　"数据库用户"对话框

【例 15-10】　将数据库用户 StuM_User 从固定数据库角色 db_securityadmin 中移除。操作步骤如下。

① 单击"新建查询"按钮，在查询编辑器中输入如下 T-SQL 语句：

USE StudentManagement
GO
EXEC sp_droprolemember 'db_securityadmin','StuM_User'

② 单击"执行"按钮，完成从固定数据库角色中移除数据库用户的操作。可以用例 15-9 的方法查看用户的身份。

（6）使用 SSMS 创建用户自定义数据库角色

操作步骤如下。

① 以系统管理员身份登录 SQL Server 服务器，在对象资源管理器中展开"数据库"→"StudentManagement"→"安全性"结点，右击"角色"结点，从快捷菜单中选择"新建"→"新建数据库角色"命令，如图 15-34 所示。

② 显示"数据库角色-新建"对话框，如图 15-35 所示。选择"常规"页，在"角色名称"框中输入该数据库角色的名称，如 Role1；在"此角色拥有的架构"栏中选择架构，如 db_owner；单击"添加"按钮。

图 15-34　选择"新建数据库角色"命令　　　　图 15-35　"数据库角色-新建"对话框

③ 显示"选择数据库用户或角色"对话框，如图 15-36 所示，单击"浏览"按钮。
④ 显示"查找对象"对话框，选择数据库用户或角色，例如 StuM_User，如图 15-37 所示，单击"确定"按钮。

图 15-36　"选择数据库用户或角色"对话框　　　　　图 15-37　"查找对象"对话框

⑤ 返回"选择数据库用户或角色"对话框，单击"确定"按钮。返回"数据库角色-新建"对话框，将数据库用户 Stu_User 添加到新建的数据库角色中。在"数据库角色-新建"对话框单击"确定"按钮，完成新用户自定义数据库角色的创建。

（7）通过 T-SQL 语句创建用户自定义数据库角色
创建用户自定义数据库角色可以使用 CREATE ROLE 语句。其语法格式为：
　　　　CREATE ROLE role_name [AUTHORIZATION owner_name]

【例 15-11】　在数据库 StudentManagement 中创建名为 Role2 的新角色，并指定 dbo 为该角色的所有者，并将数据库角色 Role2 添加到数据库角色 Role1 中。操作步骤如下。

① 以系统管理员身份登录 SQL Server，单击"新建查询"按钮，在查询编辑器中输入如下 T-SQL 语句：

```
USE StudentManagement
GO
CREATE ROLE Role2
    AUTHORIZATION dbo
GO
EXEC sp_addrolemember 'Role1','Role2'
```

② 单击"执行"按钮，完成用户自定义数据库角色的创建和向该数据库角色中添加成员的操作。在对象资源管理器中刷新后，在"数据库角色"结点下可以看到添加的数据库角色，如图 15-38 所示。

图 15-38　添加的数据库角色

15.1.4　权限管理

权限用来指定授权用户可以使用的数据库对象，以及对这些数据库对象可以执行的操作。用户在登录 SQL Server 之后，根据其用户账户所属的 Windows 组或角色，决定该用户能够对哪些数据库对象执行哪种操作，以及能够访问、修改哪些数据。在每个数据库中，用户的权限独立于用户账户和用户在数据库中的角色。每个数据库都有自己独立的权限系统。

1．权限的类型

在 SQL Server 中有三种类型的权限：对象权限、语句权限和预定义权限。

（1）对象权限

对象权限表示对特定的数据库对象（即表、视图、字段和存储过程）的操作权限，它决定了能对表、视图等数据库对象执行哪些操作。如果用户想要对某个对象进行操作，则他必须具有相应的操作权限。表和视图权限用来控制用户在表和视图上执行 SELECT，INSERT，UPDATE，DELETE 语句的能力。字段权限用来控制用户在单个字段上执行 SELECT，UPDATE，REFERENCES 语句的能力。存储过程权限用来控制用户执行 EXECUTE 语句的能力。

（2）语句权限

语句权限表示对数据库的操作权限，也就是说，创建数据库或者创建数据库中的其他内容所需要的权限类型为语句权限。这些语句通常是一些具有管理性质的操作，如创建数据库、表和存储过程等。这种语句虽然仍包含有操作的对象，但这些对象在执行该语句之前并不存在于数据库中。因此，语句权限针对的是某条 SQL 语句，而不是数据库中已经创建的特定的数据库对象。

（3）预定义权限

预定义权限是指系统安装后有些用户和角色不必授权就有的权限。其中的角色包括固定服务器角色和固定数据库角色，用户包括数据库对象所有者。只有固定角色或者数据库对象所有者的成员才可以执行某些操作。执行这些操作的权限称为预定义权限。

2．权限的管理

权限的管理主要完成对权限的授予、拒绝和取消。

授予权限：允许某个用户或角色对一个对象执行某种操作。使用 GRANT 语句实现。

拒绝权限：拒绝某个用户或角色对一个对象进行某种操作。使用 DENY 语句实现。

取消权限：不允许某个用户或角色对一个对象执行某种操作。使用 REVOKE 语句实现。

其中，不允许和拒绝是不同的。不允许执行某种操作，可以通过间接授权来获得相应的权限；而拒绝执行某种操作，间接授权无法起作用，只有通过直接授权才能改变。

可以使用 SSMS 和 T_SQL 语句两种方式来管理权限。

（1）授予权限

使用 GRANT 语句可以给数据库用户或数据库角色授予数据库级别或对象级别的权限。其语法格式如下：

      GRANT { ALL [PRIVILEGES] } | permission [(column [,…n])] [,…n]

         [ON securable] TO principal [,…n]

         [WITH GRANT OPTION]

其中，GRANT OPTION 表示被授权者在获得指定权限的同时还可以将指定权限授予其他用户或角色。

【例 15-12】 给数据库 StudentManagement 中的用户 StuM_User 授予创建表的权限。操作步骤如下：

① 以系统管理员身份登录 SQL Server，单击"新建查询"按钮，在查询编辑器中输入如下 T-SQL 语句：

    USE StudentManagement
    GO
    GRANT CREATE TABLE

        TO StuM_User
    GO

② 单击"执行"按钮，完成权限的授予。

③ 右击数据库 StudentManagement，从快捷菜单中选择"属性"命令，显示"数据库属性"对话框，选择"权限"页，可以看到用户 StuM_User 被授予了创建表的权限在下方的列表框中，"创建表"权限对应的"授予"列为选中状态，如图 15-39 所示。

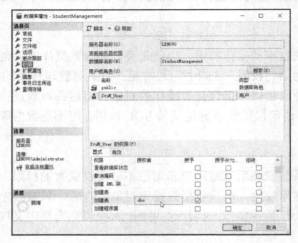

图 15-39 授予创建表的权限

【例 15-13】 在数据库 StudentManagement 中，给 public 服务器角色授予 Class 表中班级编号和班级名称字段的 SELECT 操作权限，然后给用户 StuM_User 授予 Class 表的 INSERT，UPDATE 和 DELETE 操作权限。操作步骤如下。

① 以系统管理员身份登录 SQL Server，单击"新建查询"按钮，在查询编辑器中输入如下 T-SQL 语句：

    USE StudentManagement
    GO
    GRANT SELECT
        (ClassID,ClassName) ON Class
        TO public
    GO
    GRANT INSERT,UPDATE,DELETE
        ON Class
        TO StuM_User
    GO

② 单击"执行"按钮，完成权限的授予。

【例 15-14】 将 CREATE TABLE 操作权限授予数据库角色 Role1 的所有成员。操作步骤如下。

① 以系统管理员身份登录 SQL Server，单击"新建查询"按钮，在查询编辑器中输入如下 T-SQL 语句：

    GRANT CREATE TABLE
        TO Role1

② 单击"执行"按钮，完成权限的授予。

（2）拒绝权限

使用 DENY 语句可以拒绝给当前数据库中的用户授予的权限，并防止数据库用户通过其组或角色成员资格继承权限。其语法格式如下：

    DENY { ALL [PRIVILEGES] }
      | permission [(column [,…n])] [,…n]
      [ON securable] TO principal [,…n]
      [CASCADE] [AS principal]

其中，CASCADE 指示拒绝授予指定用户该权限，同时，对给该用户授予了该权限的所有其他用户，也拒绝授予该权限。如果授权时使用了 WITH GRANT OPTION，则此处为必选项。

【例 15-15】 不允许用户 StuM_User 使用 CREATE VIEW 和 CREATE TABLE 语句。操作步骤如下。

① 以系统管理员身份登录 SQL Server，单击"新建查询"按钮，在查询编辑器中输入如下 T-SQL 语句：

    DENY CREATE VIEW,CREATE TABLE
      TO StuM_User
    GO

② 单击"执行"按钮，完成拒绝权限的操作。

（3）取消权限

REVOKE 语句用来收回用户所拥有的某些权限，使其不能执行此操作，除非该用户被加到某个角色中，从而通过角色获得授权。其语法格式如下：

    REVOKE [GRANT OPTION FOR]
      { [ALL [PRIVILEGES]]
       | permission [(column [,…n])] [,…n]
      }
      [ON securable]
      { TO | FROM } principal [,…n]
      [CASCADE] [AS principal]

其中，CASCADE 指示当前正在撤销的权限也将从被该用户授权的其他用户中撤销。使用 CASCADE 时，还必须同时指定 GRANT OPTION FOR。

【例 15-16】 取消已授予角色 Role1 的 CREATE TABLE 操作权限。操作步骤如下。

① 以系统管理员身份登录 SQL Server，单击"新建查询"按钮，在查询编辑器中输入如下 T-SQL 语句：

    REVOKE CREATE TABLE
      FROM Role1
    GO

② 单击"执行"按钮，完成取消权限的操作。

15.2 数据库的完整性

数据完整性（Data Integrity）是指数据的正确性和相容性。为了防止数据库中的数据发生错误而造成无效操作，数据库管理系统必须建立相应的机制，对进入数据库的数据或更新的数据进行校验，以保证数据库中的数据都符合语义规定。

本节主要讲解使用约束、规则和默认值保证数据完整性的方法。

15.2.1 数据完整性的基本概念

为了维护数据库中的数据和现实世界的一致性，SQL Server 提供了确保数据库完整性的技术。

数据完整性包括实体完整性、域完整性和参照完整性。

1．数据完整性

数据完整性是指数据的正确性和相容性。数据的正确性是指保证数据库中不存在不符合语义的数据，而造成无效操作或错误信息。数据的相容性是保护数据库，防止恶意的破坏和非法的存取。数据完整性能够确保数据库中数据的质量。

（1）实体完整性

实体完整性（Entity Integrity）也称为行完整性，要求表中的每行必须是唯一的。通过索引、UNIQUE 约束、PRIMARY KEY 约束或 IDENTITY 属性可实现数据的实体完整性。现实世界中的实体是可区分的，即它们具有某种唯一性标识。相应地，关系型数据库中以主键作为唯一性标识，且主键不能取空值。主键约束是强制实体完整性的主要方法。

例如，对于数据库 StudentManagement 中的 Student 表，学号 StudentID 作为主键。每个学生的学号能唯一地标识该学生对应的行记录信息。在输入数据时，则不能有相同学号的行记录。通过对学号这一字段建立主键约束可实现 Student 表的实体完整性。

（2）域完整性

域完整性（Domain Integrity）也称为列完整性，用于保证数据库中数据取值的合理性。域完整性指定一个数据集对某列是否有效和确定是否允许为空值。

实现域完整性的方法有：限制类型（通过数据类型），格式（通过 CHECK 约束和规则），或可能的取值范围（通过 CHECK 约束、DEFALUT 定义、NOT NULL 定义和规则）等。

例如，对于 SelectCourse 表，学生某门课程的成绩应在 0～100 之间。为了对成绩这一数据项输入的数据范围进行限制，可以在定义 SelectCourse 表的同时定义成绩的约束条件来达到这一目的。

（3）参照完整性

参照完整性（Referential Integrity）又称为引用完整性，用于保证主表中数据与从表（被参照表）中数据的一致性。在 SQL Server 中，参照完整性的实现是通过定义外键与主键之间或外键与唯一键之间的对应关系来实现的。参照完整性确保键值在所有表中一致。

例如，对于 Student 表中的每个学号，在 SelectCourse 表中都有相关的课程成绩记录，将 Student 表作为主表，"学号"字段定义为主键，SelectCourse 表作为从表，表中的"学号"字段定义为外键，从而建立主表和从表之间的联系，实现参照完整性。

如果定义了两个表之间的参照完整性，则要求：

① 从表不能引用不存在的键值。例如，Student 表中出现的学号必须是 Student 表中已存在的学号。

② 如果主表中的键值更改了，那么在整个数据库中，对从表中该键值的所有引用要进行一致的更改。例如，如果修改 Student 表中的某个学号，则 SelectCourse 表中所有对应的学

号也要进行相应的修改。

③ 如果主表中没有关联的记录，则不能将记录添加到从表中。

④ 如果要删除主表中的某个记录，应先删除从表中与该记录匹配的相关记录。

2. 约束的类型

约束（Constraint）定义关于列中允许值的规则，是强制完整性的标准机制。约束优先于触发器、规则和默认。查询优化器使用约束定义生成高性能的查询执行计划。约束用来确保列的有效性，从而实现数据完整性。

SQL Server 中有 5 种约束类型，分别是：PRIMARY KEY 约束、CHECK 约束、DEFAULT 约束、FOREIGN KEY 约束、UNIQUE 约束。

（1）PRIMARY KEY 约束

PRIMARY KEY（主键）是表中一列或多列的组合，其值能唯一地标识表中的每行，通过它可以强制表的实体完整性。

主键是在创建或修改表时定义主键约束创建的。一个表只能有一个主键，并且主键列不能为空值。因为主键约束确保了记录的唯一性，所以经常定义为标识列。

（2）CHECK 约束

CHECK 约束用于限制输入一列或多列中的值的范围，根据逻辑表达式判断数据的有效性。也就是说，一列的输入内容必须满足 CHECK 约束的条件，否则数据无法正常输入，从而强制实现数据的域完整性。

（3）DEFAULT 约束

对表中某列定义了 DEFAULT 约束后，用户在插入新的数据时，如果没有为该列指定数据，那么系统将默认值赋给该列。当然，该默认值也可以是空值（NULL）。

（4）FOREIGN KEY 约束

FOREIGN KEY（外键）用于建立和加强两个表（被参照表与参照表）中的一列或多列数据之间的链接。当添加、修改或删除数据时，通过外键约束可以保证它们之间数据的一致性。

定义表之间的参照完整性需要先定义被参照表的主键，再为参照表定义外键约束。

（5）UNIQUE 约束

UNIQUE 约束用于确保表中某列或某些列（非主键列）没有相同的值。与 PRIMARY KEY 约束类似，UNIQUE 约束也强制唯一性，但 UNIQUE 约束用于非主键的一列或多列组合，且对一个表可以定义多个 UNIQUE 约束。另外，UNIQUE 约束可以用于定义允许空值的列，而 PRIMARY KEY 约束只能用于不能为空值的列。

需要说明的是，约束的命名同样采用 Pascal 命名规则。主键以"PK_表名_列名"形式命名，唯一键以"UK_表名_列名"形式命名，外键以"FK_从表名_主表名"形式命名，CHECK 约束以"CK_表名_列名"形式命名。

15.2.2 实体完整性的实现

实体完整性主要通过 PRIMARY KEY 约束、UNIQUE 约束、索引或 IDENTITY 属性来实现。如果 PRIMARY KEY 约束是由多列组合定义的，则某列的值可以重复，但 PRIMARY KEY 约束定义中所有列的组合值必须唯一。如果要确保一个表中的非主键列不输入重复值，则应在该列上定义 UNIQUE 约束。

例如，对于 Student 表，"学号"字段是主键，在 Student 表中增加一个"身份证号码"

字段，可以定义一个 UNIQUE 约束来要求表中"身份证号码"字段的取值是唯一的。

PRIMARY KEY 约束与 UNIQUE 约束的主要区别如下：

① 一个表只能创建一个 PRIMARY KEY 约束，但可以根据需要对一个表中不同的列创建若干 UNIQUE 约束。

② PRIMARY KEY 字段的值不允许为 NULL，而 UNIQUE 字段的值可取 NULL。

③ 一般在创建 PRIMARY KEY 约束时，系统会自动产生索引，索引的默认类型为聚集索引。在创建 UNIQUE 约束时，系统会自动产生一个 UNIQUE 索引，索引的默认类型为非聚集索引。

前面章节中已经讲解了使用 SMSS 创建索引实现约束的方法，本节主要讲解使用 T-SQL 语句实现实体完整性的方法。

1. 使用 T-SQL 语句定义 PRIMARY KEY 约束或 UNIQUE 约束

使用 T-SQL 语句定义 PRIMARY KEY 约束的语法格式如下：

CONSTRAINT constraint_name
  PRIMARY KEY [CLUSTERED|NONCLUSTERED]
  （**column_name[,…n]**）

使用 T-SQL 语句定义 UNIQUE 约束的语法格式如下：

CONSTRAINT constraint_name
  UNIQUE [CLUSTERED|NONCLUSTERED]
  （**column_name[,…n]**）

【例 15-17】 创建 StudentOne 表，并对"学号"字段 Student_No 定义 PRIMARY KEY 约束，对"姓名"字段 Student_Name 定义 UNIQUE 约束。操作步骤如下。

① 单击"新建查询"按钮，在查询编辑器中输入如下 T-SQL 语句：

```
USE StudentManagement
GO
CREATE TABLE StudentOne
(
    StudentID char(10) NOT NULL CONSTRAINT PK_StudentOne_StudentID PRIMARY KEY,
    StudentName char(22) NOT NULL CONSTRAINT UK_StudentOne_StudentName UNIQUE,
    Sex char(2) NULL,
    Birthday date NULL,
    StudentClassID char(8) NULL,
    Telephone varchar(13) NULL,
    Email varchar(50) NULL,
    Address varchar(30) NULL
)
```

② 单击"执行"按钮，执行上面的语句。在对象资源管理器中刷新后，可以看到在新建的 StudentOne 表中，"学号"字段 StudentID 加上了 PRIMARY KEY 约束，"姓名"字段 StudentName 加上了 UNIQUE 约束，如图 15-40 所示。

2. 使用 T-SQL 语句删除 PRIMARY KEY 约束或 UNIQUE 约束

删除 PRIMARY KEY 约束或 UNIQUE 约束需要使用 ALTER TABLE 语句的 DROP 子句。

其语法格式如下：

ALTER TABLE table_name
　　DROP CONSTRAINT constraint_name [,…n]

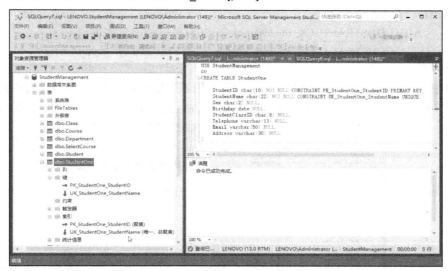

图 15-40　创建 PRIMARY KEY 约束和 UNIQUE 约束

【例 15-18】　删除 StudentOne 表中定义的 PRIMARY KEY 约束和 UNIQUE 约束。操作步骤如下。

① 单击"新建查询"按钮，在查询编辑器中输入如下 T-SQL 语句：

ALTER TABLE StudentOne
　　DROP CONSTRAINT PK_StudentOne_StudentID, UK_StudentOne_StudentName
GO

② 单击"执行"按钮，完成 PRIMARY KEY 约束和 UNIQUE 约束的删除。

15.2.3　域完整性的实现

域完整性主要由用户定义的完整性组成。通常使用有效性检查强制实现域完整性。

1. CHECK 约束

CHECK 约束实际上是字段输入内容的验证规则，表示一个字段的输入内容必须满足 CHECK 约束的条件。若不满足，则数据无法正常输入。

（1）使用 T-SQL 语句定义 CHECK 约束

用户可以在创建表或修改表的同时定义 CHECK 约束。其语法格式如下：

CONSTRAINT constraint_name
　　CHECK [NOT FOR REPLICATION]
　　　　（logical_expression）

其中，NOT FOR REPLICATION 表示，在将其他表中复制过来的数据插入此表中时，指定的检查约束对其不发生作用。logical_expression 指定逻辑条件表达式，返回值为 True 或者 False。

【例 15-19】　修改 StudentOne 表，对"性别"字段 Sex 加上 CHECK 约束，只能包含"男"或"女"；对"出生日期"字段 Birthday 加上 CHECK 约束，要求出生日期必须大于（晚于）2000 年 1 月 1 日。操作步骤如下。

① 单击"新建查询"按钮,在查询编辑器中输入如下 T-SQL 语句:
```
USE StudentManagement
GO
ALTER TABLE StudentOne
    ADD CONSTRAINT CK_Student_Sex CHECK(Sex IN ('男', '女')),
        CONSTRAINT CK_Student_Birthday CHECK(Birthday>'2000-01-01')
GO
```
② 单击"执行"按钮,执行上面的语句。在对象资源管理器中刷新后,可以看到 StudentOne 表的"性别"字段 Sex 和"出生日期"字段 Birthday 加上了 CHECK 约束,如图 15-41 所示。

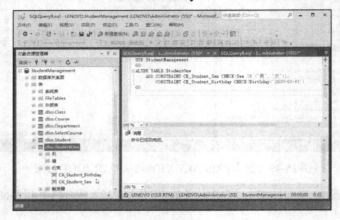

图 15-41 定义 CHECK 约束

(2) 使用 T-SQL 语句删除 CHECK 约束

使用 ALTER TABLE 语句的 DROP 子句可以删除 CHECK 约束。其语法格式如下:

ALTER TABLE table_name
    DROP CONSTRAINT check_name

【例 15-20】 删除 StudentOne 表中"出生日期"字段的 CHECK 约束。操作步骤如下。
① 单击"新建查询"按钮,在查询编辑器中输入如下 T-SQL 语句:
```
USE StudentManagement
GO
ALTER TABLE StudentOne
    DROP CONSTRAINT CK_Student_Birthday
GO
```
② 单击"执行"按钮,完成 CHECK 约束的删除。

2. DEFAULT 约束

DEFAULT 约束也是强制实现域完整性的一种手段。定义 DEFAULT 约束需要注意:
- 表中的每列都可以包含一个 DEFAULT 约束,但每列只能有一个 DEFAULT 约束。
- DEFAULT 约束不能引用表中的其他列,也不能引用其他表、视图或存储过程。
- 不能对数据类型为 timestamp 的列或具有 IDENTITY 属性的列定义 DEFAULT 约束。
- 不能对使用用户定义数据类型的列定义 DEFAULT 约束。

(1) 使用 T-SQL 语句定义 DEFAULT 约束

定义 DEFAULT 约束的语法格式如下:

CONSTRAINT constraint_name
    DEFAULT constraint_expression [FOR column_name]

【例 15-21】 修改 StudentOne 表，对"性别"字段 Student_Sex 加上 DEFAULT 约束，默认值为"男"。操作步骤如下。

① 单击"新建查询"按钮，在查询编辑器中输入如下 T-SQL 语句：

USE StudentManagement
GO
ALTER TABLE StudentOne
    ADD CONSTRAINT DF_Student_Sex DEFAULT '男' FOR Sex
GO

② 单击"执行"按钮，对 StudentOne 表的"性别"字段 Sex 加上 DEFAULT 约束。在对象资源管理器中，右击 StudentOne 表，从快捷菜单中选"设计"命令，在打开的对话框中，单击上方列表框中的 Sex 项，在下方的"列属性"选项卡中可以看到默认值，如图 15-42 所示。

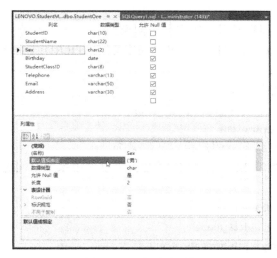

图 15-42 查看默认值

（2）使用 T-SQL 语句删除 DEFAULT 约束

使用 ALTER TABLE 语句的 DROP 子句可以删除 DEFAULT 约束。其语法格式如下：

ALTER TABLE table_name
    DROP CONSTRAINT default_name

【例 15-22】 删除 StudentOne 表中"性别"字段的 DEFAULT 约束。操作步骤如下。

① 单击"新建查询"按钮，在查询编辑器中输入如下 T-SQL 语句：

USE StudentManagement
GO
ALTER TABLE StudentOne
    DROP CONSTRAINT DF_Student_Sex
GO

② 单击"执行"按钮，完成 DEFAULT 约束的删除。

3. 规则

规则是一组 T-SQL 语句组成的条件语句。规则提供了另一种在数据库中实现域完整性与用户定义完整性的方法。

规则和 CHECK 约束功能类似，只不过规则可用于多个表中的列，以及用户自定义的数据类型，而 CHECK 约束只能用于它所限制的列。一列上只能使用一个规则，但可以使用多个 CHECK 约束。规则一旦定义为对象，就可以被多个表的多列所引用。

使用规则时需要注意：
- 规则不能绑定到系统数据类型上。
- 规则只可以在当前的数据库中创建。
- 规则必须与列的数据类型兼容。
- 规则不能绑定到 image，text 或 timestamp 型的列上。
- 使用字符型或日期时间型常量时，要用单引号括起来，二进制常量前要加 0X。

规则对象的使用步骤如下：
① 定义规则对象。
② 将规则对象绑定到列或用户自定义数据类型上。

在 SQL Server 中，规则对象的定义可以利用 CREATE RULE 语句来实现。

（1）规则对象的定义

定义规则对象的语法格式如下：

  CREATE RULE [schema_name.] rule_name
    AS condition_expression

（2）将规则对象绑定到列或用户自定义数据类型上

将规则对象绑定到列或用户定义数据类型上可以使用系统存储过程 sp_bindrule。其语法格式如下：

  sp_bindrule [@rulename =] 'rule' ,
    [@objname =] 'object_name'
    [, [@futureonly =] 'futureonly_flag']

（3）使用 T-SQL 语句创建并应用规则

【例 15-23】 创建一个规则，并绑定 Title 表的"职称编号"字段 TitleID，用于限制职称编号的输入范围。操作步骤如下。

① 单击"新建查询"按钮，在查询编辑器中输入如下 T-SQL 语句：

USE StudentManagement
GO
CREATE RULE R_Title_TitleID
  AS @range LIKE '[0][1-4]'
GO
EXEC sp_bindrule 'R_Title_TitleID','Title.TitleID'
GO

② 单击"执行"按钮，完成规则的创建与绑定，执行结果如图 15-43 所示。

图 15-43 规则的创建与绑定

（4）使用 T-SQL 语句删除规则

在删除规则对象前，首先应使用系统存储过程 sp_unbindrule 解除被绑定对象与规则对象之间的绑定关系。其语法格式如下：

sp_unbindrule [@objname =] 'object_name'
    [, [@futureonly =] 'futureonly_flag']

在解除列或用户自定义数据类型与规则对象之间的绑定关系后，就可以删除规则对象了。其语法格式如下：

DROP RULE { [schema_name .] rule_name } [,…n] [;]

【例 15-24】 解除规则 R_TitleCode 与字段的绑定关系，并删除规则对象 R_TitleCode。操作步骤如下：

① 单击"新建查询"按钮，在查询编辑器中输入如下 T-SQL 语句：

EXEC sp_unbindrule 'Title.TitleID'
GO
DROP RULE R_Title_TitleID
GO

② 单击"执行"按钮，完成解除规则与字段的绑定关系，并删除规则对象。

15.2.4 参照完整性的实现

参照完整性的实现是通过定义外键与主键之间的对应关系来实现的。可以使用 SSMS 定义表之间的参照关系，也可以使用 T-SQL 语句定义表之间的参照关系。

1. 使用 SSMS 定义表之间的参照关系

【例 15-25】 实现 Student 表与 SelectCourse 表之间的参照完整性。操作步骤如下。

① 首先定义主表 Student 表的主键。因为之前在创建表的时候已经定义 Student 表中的"学号"字段 StudentID 为主键，所以这里就不需要再定义主表的主键了。

② 启动 SSMS，在对象资源管理器中展开数据库 StudentManagement，右击"数据库关系图"结点，从快捷菜单中选择"新建数据库关系图"命令，如图 15-44 所示。

③ 显示"添加表"对话框，选择 Student 表和 SelectCourse 表，如图 15-45 所示，单击"添加"按钮完成表的添加，之后单击"关闭"按钮退出对话框。

图 15-44　选择"新建数据库关系图"命令　　　　图 15-45　"添加表"对话框

④ 显示"数据库关系图设计"窗格，选中主表的主键，将其拖动到从表中，即将 Student 表中的"学号"字段 StudentID 拖动到 SelectCourse 表中的"学号"字段 SelectCourseStudentID 上，如图 15-46 所示。

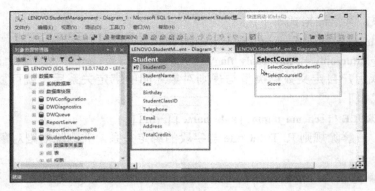

图 15-46 拖动主表的主键到从表的外键上

⑤ 显示"表和列"对话框，如果显示的关系名、主键表和外键表正确，如图 15-47 所示，则直接单击"确定"按钮。

⑥ 显示"外键关系"对话框，如图 15-48 所示，单击"确定"按钮。

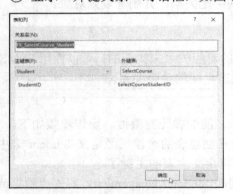
图 15-47 "表和列"对话框

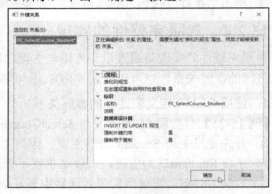
图 15-48 "外键关系"对话框

⑦ 完成 Student 表与 SelectCourse 表之间的参照完整性的设置，结果如图 15-49 所示。

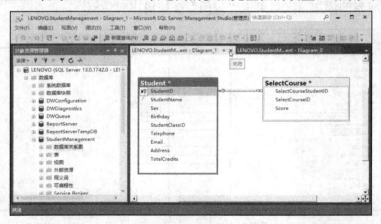

图 15-49 参照完整性的设置结果

⑧ 单击"数据库关系图设计"窗格中的"关闭"按钮×，将提示"是否保存对以下各项的更改？"如图 15-50 所示，单击"是"按钮。

⑨ 显示"选择名称"对话框，输入关系图的名称，如图 15-51 所示，单击"确定"按钮。

⑩ 显示"保存"对话框，单击"是"按钮保存设置，如图 15-52 所示。

图 15-50　提示框　　　　图 15-51　"选择名称"对话框　　　图 15-52　"保存"对话框

可以在上面参照关系的基础上再添加 Course 表，并建立相应的参照关系，结果如图 15-53 所示。

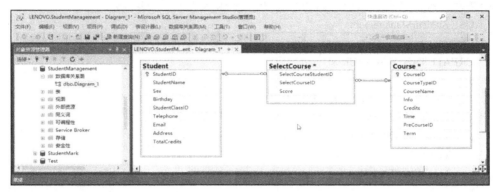

图 15-53　添加 Course 表后的参照关系

如果要删除表之间的参照关系，可以在"数据库关系图设计"窗格中，右击已经建立的参照关系，从弹出的快捷菜单中选择"从数据库中删除关系"命令，如图 15-54 所示。在随后弹出的对话框中，单击"是"按钮，删除表之间的参照关系。

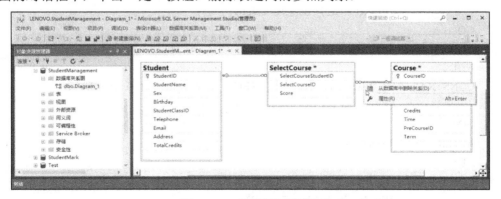

图 15-54　从数据库中删除关系

2. 使用 T-SQL 语句定义表之间的参照关系

前面已介绍了定义 PRIMARY KEY 约束及 UNIQUE 约束的方法，这里将介绍使用

T-SQL 语句定义外键的方法。用户可以在创建表或修改表的同时定义外键约束。其语法格式如下：

  CONSTRAINT constraint_name
  FOREIGN KEY (column_name[,…n])
  REFERENCES ref_table [(ref_column[,…n])]

各个参数的含义说明如下。

REFERENCES：指定要建立关系的表的信息。

ref_table：指定要建立关系的表的名称。

ref_column：指定要建立关系的表中相关列的名称。

说明：FOREIGN KEY 从句中的字段数目和每个字段指定的数据类型都必须与 REFERENCES 从句中的字段数目和数据类型相匹配。

【例 15-26】 使用 T-SQL 语句定义 Teacher 表、TeachClass 表与 Course 表之间的外键约束关系。操作步骤如下。

① 单击"新建查询"按钮，在查询编辑器中输入如下 T-SQL 语句：

```
USE StudentManagement
GO
CREATE TABLE TeachClass
(
    TeachClassTeacherID char(10) NOT NULL,
    TeachClassCourseID char(6) NOT NULL,
    TeachClassID char(8) NOT NULL,
    TeachClassAddress nvarchar(30),
    TeachClassTerm char(11)
)
GO
ALTER TABLE TeachClass
ADD
CONSTRAINT FK_TeachClass_Course FOREIGN KEY(TeachClassCourseID)
        REFERENCES Course(CourseID)
GO
ALTER TABLE TeachClass
ADD
CONSTRAINT FK_TeachClass_Teacher FOREIGN KEY(TeachClassTeacherID)
        REFERENCES Teacher(TeacherID)
GO
ALTER TABLE TeachClass
ADD
CONSTRAINT FK_TeachClass_Class FOREIGN KEY(TeachClassID)
        REFERENCES Class(ClassID)
GO
```

② 单击"执行"按钮，完成表之间的外键约束关系定义，如图 15-55 所示。

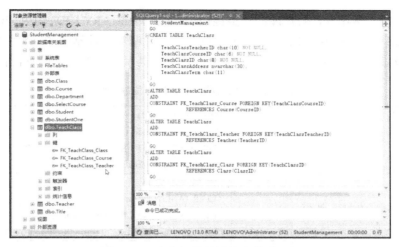

图 15-55 表之间的外键约束关系定义

15.3 实训——学籍管理系统中的安全与保护

【实训 15-1】 学籍管理数据库的安全性控制。按照 SQL Server 的安全体系结构，首先为学籍管理数据库 StudentManagement 建立一个管理员级登录账户和若干一般账户，具体见表 15-1，并把它们分别映射为数据库用户，最后为数据库用户授予相应的权限。

表 15-1 学籍管理数据库的安全性控制

studentAM	创建	EXEC sp_addlogin 'studentAM','abc','StudentManagement'
	映射为数据库用户	EXEC sp_grantdbaccess 'studentAM','stuDBAdmin'
	创建角色	数据库所有角色
	授予权限	Sp_addrolemember 'db_owner','stuDBAdmin'
	权限说明	由于其为数据库所有者角色，故所有对数据库的操作都可执行
Student01	创建	EXEC sp_addlogin 'student01','abc','StudentManagement'
	映射为数据库用户	EXEC sp_ grantdbaccess 'student01','student01DB'
	创建视图	CREATE VIEW student01 AS SELECT * FROM Student 　　　　WHERE Student_ClassNo IN (SELECT Class_No 　　　　　　　　　　　　　　　FROM Class 　　　　　　　　　　　　　　　WHERE Class_Name='微机 0801')
	创建角色 为角色授权	Sp_addrole 'student01role' GRANT SELECT,UPDATE(Student_Telephone), UPDATE(Student_Email),UPDATE(Student_Address) ON Student TO student01role
	授予权限	Sp_addrolemember 'student01role','student01DB'
	权限说明	可查询班级名称为"微机 0801"的学生信息，并仅可修改这些学生的电话、电子邮件和家庭地址信息
Student02	创建	EXEC sp_addlogin 'student02','abc','StudentManagement'
	映射为数据库用户	EXEC sp_ grantdbaccess 'student02','student02DB'

【实训15-2】 学籍管理数据库的完整性控制。通过 PRIMARY KEY 约束、FOREIGN KEY 约束、UNIQUE 约束、CHECK 约束及规则、默认值等机制实现数据库的完整性控制。表 15-2 以 Student 表为例，列出了一部分具有代表性的约束。其余相关约束请读者自行完成。

表 15-2 学籍管理数据库的完整性控制

Student 表完整性控制	电子邮件的唯一性	使用 UNIQUE 约束： ALTER TABLE Student ADD CONSTRAINT UK_Student_StudentEmail UNIQUE(Student_Email)
	学号为6位，数字	使用 CHECK 约束： ALTER TABLE Student ADD CONSTRAINT CK_Student_StudentNo CHECK(Student_No LIKE '[0-9][0-9][0-9][0-9][0-9][0-9]')
	性别的默认值为'男'	使用 DEFAULT 约束： CREATE DEFAULT DF_Student_StudentSex AS '男' EXEC sp_bindefault 'DF_Student_StudentSex','Student.Student_Sex'
	出生日期为 1980/01/01 至今	使用规则： CREATE RULE R_Student_Birthday AS @birth >= '1980/01/01' AND @birth <= getdate() EXEC sp_bindrule 'R_Student_Birthday','Student.Student_Birthday'

习题 15

一、选择题

1. 当采用 Windows 身份验证模式登录时，只要用户通过 Windows 用户账户验证，就可以_____到 SQL Server 数据库服务器。
　　A．连接　　　　B．集成　　　　C．控制　　　　D．转换
2. T-SQL 语句的 GRANT 和 REMOVE 语句主要用来维护数据库的_____。
　　A．完整性　　　B．可靠性　　　C．安全性　　　D．一致性
3. 可以对固定服务器角色和固定数据库角色进行的操作是_____。
　　A．添加　　　　B．查看　　　　C．删除　　　　D．修改
4. 下列用户对视图数据库对象执行操作的权限中，不具备的权限是_____。
　　A．SELECT　　B．INSERT　　C．EXECUTE　　D．UPDATE
5. "保护数据库，防止未经授权的或不合法的使用造成的数据泄露、更改破坏"是指数据的_____。
　　A．安全性　　　B．完整性　　　C．并发控制　　D．恢复
6. 在 SQL Server 中，为便于管理用户及权限，可以将一组具有相同权限的用户组织在一起，这一组具有相同权限的用户称为_____。
　　A．账户　　　　B．角色　　　　C．登录　　　　D．SQL Server 用户

二、简答题

1. 简述 SQL Server 的安全体系结构。
2. SQL Server 的身份验证模式有几种？各是什么？

3．SQL Server 提供哪些类型的约束？

4．什么是角色？服务器角色和数据库角色有什么不同？用户可以创建哪种角色？

5．SQL Server 的权限有哪几种？各自的作用对象是什么？

6．简述规则和 CHECK 约束的区别。如果在列上已经绑定了规则，当再次给它绑定规则时，会发生什么情况？

7．简述 SQL Server 实现数据完整性的方法。

三、设计题

使用学籍管理数据库完成下面的设计任务。

1．为班级表 Class 中教师编号 ClassTeacherID 和系编号 ClassDepartmentID 列建立外键约束，其主键为教师表 Teacher 中的教师编号 TeacherID 和系表 Department 中的系编号 DepartmentID。

2．为教师表 Teacher 中的系编号 TeacherDepartmentID 和职称编号 TeacherTitleID 列建立外键约束，其主键为系表 Department 中的系编号 DepartmentID 和职称表 Title 中的职称编号 TitleID。

3．为课程表 Course 中的课程类型编号 CourseTypeID 列建立外键约束，其主键为课程类型表 CourseType 中的课程类型编号 CourseTypeID。

其中课程类型 CourseType 表中的列有：课程类型编号 CourseTypeID 和课程名称 CourseName。

参 考 文 献

[1] 苗雪兰. 数据库系统原理及应用教程（第4版）. 北京：机械工业出版社，2014.
[2] 张立新. 数据库原理与 SQL Server 应用教程. 北京：电子工业出版社，2017.
[3] 程云志. 数据库原理与 SQL Server 2012 应用教程（第2版）. 北京：机械工业出版社，2015.
[4] 刘瑞新. SQL Server 数据库技术及应用教程. 北京：电子工业出版社，2012.
[5] 郑阿奇. SQL Server 实用教程（第5版）. 北京：电子工业出版社，2019.
[6] 黄能耿. SQL Server 2016 数据库应用与开发. 北京：高等教育出版社，2017.
[7] 贾铁军. 数据库原理及应用与实践：基于 SQL Server2016（第3版）. 北京：高等教育出版社，2017.
[8] 王英英. SQL Server 2016 从入门到精通. 北京：清华大学出版社，2018.